农产品安全生产技术

杜相革 主编

中国农业大学出版社

主　编　杜相革

副主编　刘志琦　钟国华　但建国　董　民

内 容 提 要

本书以农业标准化和农产品安全为主要线索，详尽介绍了农产品安全的标准体系、生产技术规程、实施使用技术和实施案例，适合于从事无公害农产品、绿色食品和有机产品生产、经营、管理、教育和科研等各方面的行业人员使用。

前　言

“民以食为天,食以安为先”,农产品安全是我国现代农业发展的战略方向,随着经济发展和健康要求的提高,农产品安全质量已经成为促进农业可持续发展、农产品市场准入和农产品出口的重要技术措施和保证。绿色安全农产品包括无公害农产品、绿色食品和有机产品。这3个层次从化学投入品的控制、生产技术要求和产品安全评定规定了各自的标准和程序,最基本的出发点是基于餐桌的安全源于田头,食品安全源自生产过程。

农产品生产的主体是农民,只有让广大农民转变观念,充分认识到提高农产品质量安全的重要意义,树立以质量求效益、求发展的观念,才能调动他们自觉参与农产品安全生产的积极性。提高农产品生产主体的质量安全意识,提高生产技能,生产符合市场需求的安全农产品,为此,安全农产品生产实用技术是本书的特色。

本书分4部分,第一部分为无公害农产品,第二部分为绿色食品,第三部分为有机产品,第四部分为安全农产品质量管理体系。无公害农产品部分主要从无公害农产品标准、种植技术和养殖技术3个方面,将技术标准和生产过程要求有机结合,并通过实例详细介绍了无公害农产品生产不同环节的技术指标和实施程序,是本书的重点章节;绿色食品部分介绍了绿色食品标准、生产关键技术和标志管理3个章节;有机产品部分涵盖有机产品标准、种植技术和养殖技术等内容;安全农产品质量管理体系部分重点介绍追踪体系和安全农产品管理。

本书以农业标准化和农产品安全为主要线索,详尽介绍了农产品安全的标准体系、生产技术规程、实施使用技术和实施案例,适合于从事无公害农产品、绿色食品和有机产品生产、经营、管理、教育和科研等各方面的行业人员使用。

由于我国实施农产品安全生产和管理的时间较短,市场要求随着科技发展和需求不断地发生变化,加之编者的水平和时间的限制,本书难免有不足之处,衷心希望广大读者和有关专家提出宝贵意见和建议,以推动我国食品安全质量和管理水平,提高农产品在国内和国际市场的竞争能力。

特别值得提出的是本书得到“北京市教育委员会共建项目”专项资助。

编　者

2007年7月于北京

目　录

第一部分　无公害农产品

第二部分　绿 色 食 品

第三部分 有机产品

第四部分 安全农产品质量管理体系

第一章 绪 论

第一节 概念和意义

一、安全农产品的概念

随着经济的发展，人民生活水平的不断提高，消费者对安全食品的需求与关注程度越来越高。什么样的食品才能称其为“安全食品”呢？从国家标准的角度来讲，以国家颁布的《食品卫生标准》为衡量尺度，农药、重金属、硝酸盐、有害生物（包括有害微生物、寄生虫卵等）等多种对人体有毒物质的残留量均在限定的范围或阈值以内的农产品都属于安全农产品。目前国内市场上常见的安全农产品有3类，它们分别是无公害农产品、绿色食品和有机产品。

（一）概念

无公害农产品 系指产地环境、生产过程和产品质量符合国家有关标准和规范的要求，经认证合格获得认证证书并允许使用无公害农产品标志的未经加工或者初加工的食用农产品。其具体内容包括：农药、重金属、硝酸盐、有害生物（包括有害微生物、寄生虫卵等）等多种对人体有毒的物质的残留量，以国家颁布的《食品卫生标准》为标准，限定在安全阈值范围以内的产品。

绿色食品 系指遵循可持续发展原则，按照特定生产方式生产，经专门机构认定，许可使用特殊标志的，无污染的、安全、优质、营养类食品。绿色食品又分A级绿色食品和AA级绿色食品。A级绿色食品，系指生产地的环境质量符合NYA391要求，生产过程中严格按照绿色食品生产资料使用准则和生产操作规程要求，限量使用限定的化学合成生产资料，产品质量符合绿色食品产品标准，经专门机构认定，许可使用A级绿色食品标志的产品。

有机产品 通常是指来自于有机农业生产体系，按照GB/T 19630相关生产要求和标准生产、加工的，并通过独立的有机产品认证机构认证的供人类消费、动

物食用的产品。

(二)区别

3类安全食品在概念、产生背景、技术标准、认证管理、生产发生及市场定位等方面均有一定的区别。下面以表格的形式对3类产品作以简要的比较,见表1.1。

表1.1 无公害农产品、绿色食品和有机产品比较表

项目		无公害农产品	绿色食品	有机产品
历史背景	定义	产地环境、生产过程和产品质量符合国家质量有关标准和规范的要求,经认证合格获得认证证书并允许使用无公害农产品标志的未加工品或者初加工品	遵循可持续发展原则,按照特定的生产方式生产,经专门机构认定,许可使用绿色食品商标标志的,无污染的安全、优质、营养类食品中,分为A级、AA级绿色食品,AA级绿色食品等同于有机食品	根据有机农业原则和有机农产品生产、加工标准生产出的经过有机农产品颁证组织颁发证书的一切农产品。有机农业是一种完全不用或基本不用人工合成的化肥、农药、生长调节剂和饲料添加剂的生产体系
	范围	食用初级农产品及初加工产品	食品(初级产品及加工产品)	食用(初级及加工)农产品、纺织品、木材、日用品等
	标志	国家统一的名称及标志	统一的绿色食品名称及商标标志,在中国内地、中国香港和日本注册使用	国家统一的名称及标志
	特征	安全、环保(重安全、需环保)	安全、环保(两者并重)	环保(重环保、强调特殊农产品安全)
	产生时间	20世纪90年代后期,部分省市开始试点实施。2001年,农业部正式提出《无公害食品行动计划》	1990年由农业部发起,1993年农业部发布了《绿色食品标志管理办法》	国际:研究于20世纪40年代,起步于70年代,80年代进入稳步发展阶段(标志事件:1991年国际有机运动联盟(IFOAM)成立,1991年欧盟委员会通过有机农业条例(2092/91),2000年美国联邦立法) 国内:20世纪90年代进入我国(标志事件:2005年4月1日有机产品国家标准正式实施)

续表 1.1

项　目		无公害农产品	绿色食品	有机产品
	产生背景	在解决数量的供需矛盾后，解决农产品质量安全问题	20 世纪 90 年代初期，重视农产品的质量安全和环境问题	环保主义运动；发达国家农产品过剩与生态环境恶化的矛盾
	目标	基本安全	环境良好，食品安全优质	回归自然
法规	法律法规	2002 年 4 月农业部发布《无公害农产品管理办法》	农业部《绿色食品标志管理办法》、《国家商标法》、《产品质量法》等有关证明商标注册、管理条文	GB/T 19630《有机产品》
	法律结构	产地环境质量、投入品使用准则、生产技术规范、产品标准质量	产地环境质量、投入品使用准则、产品标准质量、包装贮运等全程质量控制标准	生产、加工、标志与销售、管理体系
认证体系	标准水平	部分等同于国内普通食品标准，部分稍高于国内普通食品标准	产品标准参照联合国粮农和世界卫生组织食品法典委员会（CAC）标准、欧盟质量安全标准，高于国内普通食品标准	强调生产过程的自然回归，与传统所指的检测标准无可比性
	认证机构	农业部（农产品质量安全中心）	农业部（绿色食品发展中心）所属事业单位	国家认证认可监督管理委员会（CNCA）授权的有机产品认证机构
	认证办法	农产品产地认证和产品认证	依据标准，实施全过程的质量控制	依据标准检查生产、加工过程，表示与销售以及质量管理体系
	认证程序	按《无公害农产品管理办法》第四章执行	①申请：填写表格和提供有关材料；②产地环境质量监测（水、土、大气）；③全面审查申报材料和环境监测评价报告	①申请和受理：填写表格和提供地图和生产记录，购销单据等；②实地检查：检查员实地核查其真实性；③检查后活动：检查员提交报告；④颁证委员会审批；⑤产品质量抽检

续表 1.1

项	目	无公害农产品	绿色食品	有机产品
检测体系	检测机构	农业部所属监测机构、国家质量监督检验检疫部门	①环境质量监测机构必须经过省级以上计量认证，产品质量检测机构必须经过国家级计量认证；②遵守《绿色食品监测机构委托管理办法》；③熟练掌握绿色食品标准	无
生产体系	生产者	所有公司和农户	企业	企业、农场、农户
	生产开发方式	各级农业行政主管部门的质量监督检验检疫部门应当在政策、资金、技术等方面扶持无公害农产品的发展，组织无公害农产品新技术的研究、开发和推广	优良的传统农业技术与现代常规农业技术的结合。从选择、改善农业生态环境入手，通过在生产、加工过程中执行特定的生产操作规程，限制或禁止使用化学合成物及其他有毒有害生产资料，并实行“从土地到餐桌”全程质量监控	有机生产方式。在认证机构的监督下，完全按有机生产方式生产1～3年（转化期），即被确认为有机农场，并可在其产品上使用认证机构标志和“有机产品”字样上市
市场定位及格局	生产资料	生产资料符合国家标准和法规要求	生产资料符合6项绿色食品生产资料通用性准则（农药、肥料、兽药、饲料及饲料添加剂）要求加工主原料是绿色原料产品	生产资料和原料满足GB/T 19630.1～2中（包括附录）的要求，且尽量是同一生产体系内部循环的自然物质
	质量水平	我国普通农产品质量水平（有农药、有化肥）	等同发达国家普通农产品质量水平（减农药、减化肥）	等同生产国或销售国有机农产品质量水平（无农药、无化肥）
	产品结构	初级农产品为主	初级农产品和加工产品	初级农产品和加工产品
	价格	等同或略高于普通食品	高于普通食品10%～20%	高于普通农产品50%到数倍

二、发展安全农产品的意义

1. 满足我国社会主义市场经济的需要 随着我国社会主义市场经济体制的逐步建立和完善，对我国农业生产提出了更高要求，不仅要保障社会上农产品消费供给，而且要面对市场，适应市场，寻求农业自身的发展。同时，我国经济的快速稳定增长，人民生活水平不断提高，对食品消费的要求也越来越高。回归大自然，消费安全食品，已成为新时期消费的潮流和市场走向。但是环境污染对农产品的卫生质量造成了很大威胁，食物中毒事件不断见诸报道，已引起人们的广泛关注。人们对环境保护，对消费无公害食品的意识大大增强，迫切需要政府及有关部门采取措施，满足人们绿色消费的需要。发展安全农产品，不仅可以全面提高我国农产品质量，而且可以树立我国农产品的品牌，有利于扩大影响，增强农产品的市场竞争力，从而提高农业生产适应市场经济的能力。

2. 应对农产品的国际贸易 农畜产品是我国出口创汇的重要组成部分，近年来，出口创汇额不断增加。1980 年我国农畜产品食品出口创汇为 29.85 亿美元，1985 年为 38.00 亿美元，1990 年为 66.09 亿美元，1994 年达到 100.17 亿美元。但是，目前在国际贸易中，环境管制措施越来越严，标准越来越高，以环境标志为代表的绿色贸易这一非关税壁垒正在构筑，并且已经对我国的农产品出口带来重大影响。正如我国《关于环境与发展十大对策》中所指出的："国际市场上出现了绿色食品，这是一个信号，那些在生产、使用过程中危害环境的产品将日益受到抵制。"据外经贸部有关方面的信息，我国出口农产品和食品品种档次低，质量差，安全优质性能较为缺乏，常常因为有害物质残留超标而出现贸易纠纷、索赔等问题。因此，我国加快发展安全农产品生产，将有利于提高我国农产品质量档次，有利于冲破国际市场中正在构建的非关税贸易壁垒，有利于提高我国农产品在国际市场中的竞争能力，促进出口创汇。

3. 树立环境保护的国际新形象 当前环境问题已经成为国际政治的热点，国际社会和联合国有关机构已制订了范围广泛的国际环境公约和法律规定。控制污染，保护环境已成为国际合作的重要行为准则。我国政府已先后签署了包括关于保护臭氧层的《蒙特利尔议定书》在内的 30 多项保护资源和环境国际公约、协定，并率先制定出《中国 21 世纪议程》，提出发展安全农产品生产。通过发展安全农产品生产，有效地保护和改善生态环境，同时促进我国对国际环境公约、协定的贯彻和落实，表示我国对人类环境问题高度负责的政治态度，从而有助于树立我国在国际上的良好形象。发展安全农产品生产，生产和消费安全、优质、营养的食品，是人类饮食文化的变革，提倡安全食品，也就是提倡一种新的饮食文化，一种新的消费观念，一种新的生活方式，一种新的与环境共处的依存关系，是人类文明进步的重要表现。

4. *是保护与改善农业生态环境的需要* 随着工农业的快速发展，工业“三废”的大量排放与农用化学物资的大量施用，导致农田受污染的情况十分严峻，农产品质量受到影响，部分地区的农产品受到较严重的污染。因食用受污染食物引起中毒的事件屡见报端。进行安全农产品生产，首先要求产地环境必须符合质量要求，一旦产地受到污染，就失去了生产的基本条件。因此要创建和保持安全农产品基地，就必须保护和改善农业环境。其次，就是要推广安全农产品生产技术，合理使用农用化学物质，树立环境保护的观念，形成安全农业产业体系。所以发展安全农产品生产的同时，可以加大生态环境建设与保护的力度，从而有效地保护和改善生态环境。

5. *是提高农业经济效益，促进农业可持续发展的需要* 国内外市场表明，安全、营养健康的食品比一般食品价格高 5%～20%，而且市场需求旺盛。显而易见，开发安全农产品可以提高农业经济效益，具有较强的市场发展前景。目前我国正在实施西部大开发战略，充分发挥西部自然资源优势与生态环境优势，大力发展无公害农业，开发具有地方特色的无公害农产品，形成规模，促进农业产业化建设，既可以提高农业经济效益，增加农民收入，又保护了农业生态环境，促进农业的可持续发展。可以说，发展环保型农业是一项利国利民的“双赢”事业。

6. *是构建和谐社会，建设社会主义新农村的需要* 发展安全农产品生产，一方面保护环境，提高了农产品安全质量，可以更好地满足都市人们日益提高的消费需求，应对“消费结构升级”现状；另一方面安全农产品生产尤其是绿色食品和有机产品生产提倡使用农家肥，提倡生产体系内部物质循环，又可以有效解决农村的面源污染问题，改善农村的生产和生活条件。由此可见，进行安全农产品生产既是当前构建和谐社会的历史需要，又是建设社会主义新农村的具体实践途径之一。

第二节 现状及发展趋势

一、农产品质量安全的现状

“民以食为天”，农业问题始终是关系国计民生的大问题，是国家发展和社会稳定的基础。中国是世界上人口最多的国家，解决食物供给更具有特别重要的意义。20 世纪 90 年代中、后期，我国主要农产品总产量持续增长，谷物、棉花、水果、肉类、禽蛋、水产品6类产品总产量位居世界第一。粮食基本稳定在4.5亿t以上，人均粮食占有量超过360 kg。在粮食生产发展的同时，油料、糖料、水果、蔬菜、畜牧、渔业生产也迅速发展。2001年全国油料产量达到2 865万t，比1949年增加9倍多；糖料产量达到8 655万t，比1949年增加28倍多；水果产量达到6 658万t，比1949年增加51倍；蔬菜产量达到48 337万t；肉类总产量达到6 334万t，禽蛋总产量达到2 337万t，奶类总产量达到1 123万t，我国人均肉、蛋和奶占有量分别从1949年的4.1，0.7，0.4 kg提高到47.3，16.5，6.3 kg；水产品总产量达到4 382万t，是1949年的79倍，人均水产品占有量达到33 kg，超过世界的平均水平。随着中国农业连年丰产丰收，中国粮食和其他食用农产品实现了由长期短缺到总量基本平衡、丰年有余的历史性转变。以1991年国务院发布了“两高一优(高产、优质、高效)”的决定为标志，中国农产品进入了一个数量与质量并重的阶段。

(一)无公害农产品

在解决农产品数量安全的同时，也着力解决农产品质量安全问题。为全面提高我国农产品的质量安全水平，对农产品实施“从农田到餐桌”全过程的质量控制，2001年4月，经国务院批准，农业部启动了“无公害食品行动计划”，并率先在北京、天津、上海和深圳4个城市进行了试点工作。试点工作取得明显成效，并有力地推动了全国其他省(自治区、直辖市)农产品质量安全工作的全面开展。

无公害农产品在遵守国家相关的法律法规基础上，通过对生产过程农业化学投入品(化肥和农药)的控制和管理，保证农产品最基本安全要求的农产品类型。推行“标准化生产、投入品监管、关键点控制、安全性保障”的技术和管理制度；采取产地认定与产品认证相结合的方式；产品的市场定位基本安全，满足大众消费的产品。认证属于公益性事业，不收取费用，实行政府推动、产品检测、市场准入的监督管理机制。制定了无公害食品行业标准199项，农业地方标准1.6万余项，组建全国农业标准化技术委员会20多个。标准范围从农作物种子、种畜禽发展到种植业、畜牧业、渔业、热带作物、饲料工业、农机化、农村能源与环境、农业高新技术等各个领域，标准的内容也从原来的产品标准延伸到关键技术以及加工、包装、贮运等各环节。建立了179个部级农产品质检中心，目前已有164个部级质检中心获得农业部授权认可和国家计量认证。同时，已有近50%的省(区、市)建立了省级农产品质量安全检测中心，400多个县建立了以速测为主的农产品质量安全检测站。

截至2005年6月底，全国共有9 043个生产单位的14 088个产品获得全国统一标志的无公害农产品认证，总产量8 297万t，认定产地16 679个，其中种植业生产面积 1 311 万 hm^2，畜牧业饲养规模 17.5 亿头（只），渔业养殖面积 167 万 hm^2，总产量 8 297 万 t。

无公害农产品现有省级承办机构 67 个，委托环境监测机构 150 个，产品检测机构 120 个，注册认证检查员 1 169 名，聘请专家 283 名。

（二）绿色食品

绿色食品是以保护农业生态环境、增进消费者健康为基本理念，产品质量安全标准整体达到发达国家先进水平，充分体现农产品的更安全和优质营养以及保护农田生态环境，以农业科技为支撑，它不追求完全不使用化学品，而是减少使用对环境造成不利影响大的做法，提倡使用对环境产生不利影响小的高技术。推行“两端监测、过程控制、质量认证、标志管理”的监督管理制度；采取质量认证与证明商标管理相结合的方式；采取政府推动与市场拉动相结合的发展机制。全国共有 3 044 家企业的 7 219 个产品获得绿色食品标志使用权，总产量 4 988 万 t，产地环境监测面积 611 万 hm^2。

绿色食品现有委托管理机构 42 个，地市县级管理机构 1 020 个，定点环境监测机构 60 个，产品检测机构 30 个，注册认证检查员 269 人，注册标志监管员 362 人，聘请专家 439 人。

（三）有机产品

有机食品强调出自有机生产体系，按照有机农业方式生产的产品，其标准、认证和监控的核心是生产过程，不对最终产品质量安全做特殊要求，环境检测和产品检测是有机生产的必要监控程序而不是必须程序；产品以初级和初加工农产品为主；产品以出口贸易和大中城市为主；认证程序按照国际惯例，1 年一认证，采取外部监管（政府和认证机构）和内部控制相结合，产品认证与体系认证相结合的原则，采取市场化运作的发展机制。截止 2003 年底，中国经认证的有机产品有粮食、蔬菜、水果、茶叶、蜂蜜、天然香料、中药材、奶制品、禽畜产品和水产品等 369 个品种，经认证的有机产品生产企业 540 家，有机生产期总产量 82.31 万 t，产值达 25.62 亿元，有机种植面积达 386 万亩；有机转换期总生产量 26.91 万 t，产值达 8.32 亿元，有机转换种植面积 62 万亩。许多有机产品已销往美国、加拿大、日本、欧洲等地，中国有机产品出口贸易额已从 1995 年的 30 万美元，增加到 2003 年的 15.42 万 t，出口额 1.42 亿美元，出口量增长迅猛。

截至 2006 年底，在国家认证认可监督管理委员会注册的认证机构有 27 家，申请认可的有机产品认证 12 家，有机产品认证国家注册检查员 400 多人。

二、农产品质量安全的发展特点

1. 发展速度持续加快　与2003年相比，2004年无公害农产品数量增长了3倍，产地数量增长了3.6倍，总产量扩大了1.6倍。2002—2004年，绿色食品企业和产品平均增长速度分别达到27.1%和46.0%，总产量增长了84%。2004年有机食品企业和产品比2003年分别增长了1.2倍和1.4倍，总产量扩大了1.7倍。

2. 产品质量稳定可靠　按照保持认证有效性的基本要求，整个工作系统规范运作，加强监管，保证了产品质量。2003年以来，无公害农产品、绿色食品和有机食品产品质量管理监督抽检合格率平均达到97.3%。从近几年国家有关部门开展的食品质量抽查以及去年国家认监委开展的农产品认证专项检查的结果来看，无公害农产品、绿色食品和有机食品均未发现不合格产品。

3. 品牌影响日益扩大　无公害农产品、绿色食品和有机产品日益受到消费者的欢迎，打造出了我国安全优质农产品的主导品牌。认证产品越来越多地进入大型超市，走向国际市场，成为国内商家的“新卖点”和农产品出口的新的“增长点”。在优质优价的市场机制作用下，企业和农户发展认证产品的积极性不断增长。

4. 综合效益不断提高　发展无公害农产品、绿色食品和有机食产品，实现了经济效益、生态效益和社会效益的同步增长。强化了安全消费意识，增进了消费者健康；提高了农产品附加值，促进了农业增效和农民增收；培育和壮大了龙头企业，推动了农业产业化发展；突破了国际贸易技术壁垒，带动了农产品扩大出口；保护了农业生态环境，促进了可持续发展。

三、农产品质量安全的发展趋势

借鉴国际通行做法，结合中国实际，我国在农产品质量安全管理方面应重点加强如下方面。

1. 加强生产监管

(1)强化生产基地建设。在全国范围内分期分批创建一批无公害农产品生产基地、标准化生产综合示范区，加强动植物无规定疫病区建设。

(2)净化产地环境。加大农产品产地环境监测力度，严格控制工业“三废”和城市生活垃圾对农业生态环境的污染，重点解决化肥、农药、兽药、饲料添加剂等农业投入品对农业生态环境和农产品的污染。

(3)严格农业投入品管理。按照国家法律法规，建立农业投入品禁用、限用公告制度。强化农业投入品市场的监督管理，严厉打击制售和使用假冒伪劣农业投入品行为。

(4)推行标准化生产。加大无公害农产品生产技术标准和规范的实施力度，指导农产品生产者、经营者严格按照标准组织生产和加工，科学合理地使用肥料、农药、兽药、饲料和饲料添加剂等农业投入品以及灌溉、养殖用水，加强动植物病虫害的检疫、防疫和防治工作，提高农产品分级、包装、保鲜、贮藏和加工业标准化水平。

(5)提高生产经营组织化程度。积极扶持和发展专业技术协会、流通协会等农村专业合作经济组织和经纪人队伍，通过公司加农户、协会加农户等多种产业化经营方式，促进农业产业化龙头企业带动农产品生产者按照市场需求调整农产品品种布局和结构，提高农产品生产规模化和组织化程度，提升农产品质量安全水平。

2. 推行市场准入制

(1)建立监测制度。定期或不定期地开展农产品产地环境、农业投入品和农产品质量安全状况的监测，确保上市农产品质量安全符合国家有关标准和规范要求。坚持和完善全国农产品质量安全定点跟踪监测制度，深入开展以农残、兽残为重点的专项检查和整治活动。

(2)推广速测技术。在全国大中城市农产品生产基地、批发市场、农贸市场开展农药残留、兽药残留等有毒有害物质残留检测，推广速测技术，检测结果以适当的方式公布，确保消费者的知情权和监督权。

(3)创建专销网点。在全国和省级定点农产品批发市场以及连锁超市，积极推进安全优质认证农产品的专销区建设。对获得无公害农产品、绿色食品、有机产品认证和经检测合格的农产品实行专区销售。积极推进农产品和农业投入品连锁经营与集中配送。

(4)实施标志管理。根据不同农产品的特点，积极推行产品分级包装上市和产地标志制度。对包装上市的农产品，要求标明产地和生产者(经营者)。凡列入农业转基因生物标志管理目录的产品，严格按照农业转基因生物标志管理规定，予以正确标志或标注。

(5)实施追溯和承诺制度。按照从生产到销售的每一个环节可相互追查的原则，建立农产品生产、经营记录制度，在全国范围内推行了猪、牛、羊耳标管理，实现农产品质量安全的可追溯。在蔬菜、猪肉等“菜篮子”产品上推行了“产地与销地”、“市场与基地”、“屠宰厂与养殖场”的对接与互认，建立农产品质量安全承诺制度。

3. 完善保障体系

(1)健全标准体系。根据农产品质量安全监管需要，按照产前、产中、产后标准相配套的原则，积极采用国际标准，及时清理和修订过时的农业国家标准、行业标准，抓紧制定急需的农产品质量安全标准。

(2)完善检验检测体系。组织实施农产品质量安全检验检测体系建设规划，积极引进先进的检测技术和设备,努力缩小与发达国家在检验检疫方面的差距。

(3)加快认证体系建设。加强农产品质量安全认证体系的建设,组建农产品质量安全认证机构,做好安全农产品产地认定、产品认证和标志管理工作,在已开展的无公害农产品、绿色和有机产品、水产品、农机产品的认证的基础上,积极推行GAP(良好农业规范)、HACCP(危害分析与关键控制点)体系认证。

(4)加强技术研究和推广。加强农产品质量安全关键控制技术和综合配套技术的研究,加快农药残留、兽药残留等有毒有害物质快速检测仪器设备、方法的筛选比对和推广,抓好新品种、新技术、新产品的研究、开发、推广和技术服务工作。积极推广农产品产地环境净化技术。

(5)建立信息服务网络。将农产品质量安全信息作为农业市场信息体系的重要内容,及时向农产品生产、加工、经营和使用者提供质量、安全、标准、品牌、市场等方面的信息。尽快建立农产品质量安全信息系统。

第三节 市场与消费

一、开发安全农产品的优势

安全农产品在我国具有广阔的前景及消费市场,下面以“有机产品”为例,对安全农产品的市场与消费作一简要介绍。

我国是发展中国家,又是农业大国,农产品生产和出口在我国国民总产值和出口总额中一直占很大的比重。从各方面看,我国都具备发展有机农业的潜在优势,表现为以下几个方面:

以轮作、有机肥等为基本生产方式的普通农产品,其生产方式与有机农业相似,需要对其生产过程进行有机认证和管理。虽然我国农业生产地区普遍使用化肥和农药,但同发达国家相比所受污染仍然较低,因此转换成本也低。

我国从 1989 年开始了绿色标志产品认证活动,为开发有机产品奠定了基础。

出口有机产品能带来更高的经济效益。国外有机食品的售价比同类普通食品高得多,据德国经济部相关资料报道,在美国市场,大部分有机食品的销售价格比同类普遍食品销售价格约高 50%;在欧洲,有机食品的零售价比普通食品高 50%～150%,生产商可获利 10%～50%。因此在我国出口农产品普遍受到欧美市场配额限制的情况下,在相等的配额下出口有机产品,必然能带来较高的经济效益,促进农业深加工发展,增加农业与农民收入。同时,我国仍有不少地区,尤其是山区和内陆偏远地区，很少，甚至不用化肥农药，只要对其生产过程及管理方法进行认证，就可以发展成为有机产品。

另外，自2000年以来，我国有机产品的生产和销售更加重视发展国内市场，目前在国内市场上销售的有机产品主要有茶叶、蜂蜜、蔬菜、粮食和奶粉等几十个品种。在北京、上海等大城市已出现了有机产品专卖店，有机产品正在逐渐被国人接受。

二、有机产品的流通渠道

随着中国人民生活水平的不断提高，在1999年前还基本不存在的国内有机食品市场，到2000年就开始启动了，此后的几年中，国内有机食品市场的增长趋势明显。目前，国内市场上销售的有机食品主要是新鲜蔬菜、茶叶、大米、水果和蜂蜜等。在北京和上海的超市里人们可以比较方便地买到认证的有机蔬菜、杂粮和肉食品(如有机农庄)，在北京的马连道茶叶一条街上，有数十家商店都在销售经过认证的有机茶；在北京、上海、厦门、南京开设了有机茶专卖店和连锁店，如北京更香茶叶、厦门云香茶叶；广西的凌云、百色和南宁正在开设有机产品专卖店，有机产品企业开设有机庄园等。

(一)有机产品的出口

自20世纪90年代初到现在，根据不完全统计，全国有机认证项目有1 400多个，认证产品包括豆类、茶叶、花生、葵花子、中草药、蔬菜、水果、小麦、大米、银杏、动物产品等，涉及的主要省份包括黑龙江、吉林、辽宁、山东、内蒙古、河北、江西、云南等。2000年以前，有机控制的地块面积约5万 hm^2，有机农产品产量约20万 t。其中90%以上的有机农产品销售到欧盟、日本、澳大利亚和美国等市场。近几年的出口额为1995年30万元，1996年50万元，1999年1 500万元，2001年3 000万元，中国有机产品出口贸易额已从1995年的30万美元，增加到2003年的15.42万 t，出口额1.42亿美元。许多有机产品已销往美国、加拿大、日本、欧洲等地。

(二)国内有机产品市场

2000年以前中国国内有机食品的销售额几乎为零，主要原因是国内市场未发展，认证机构未国外的认证机构，企业生产的产品主要是为了出口；2000年后，国内市场才刚刚启动，主要在国内的少数超市，2001年国内销售量占有机食品生产总量的20%，2002—2003年，销售量增加到30%，2004年增加到50%左右，目前有机产品国内销售额占常规食品销售额的比例约为 0.02%，与发达国家平均水平 2%相比，相差 100 倍。

据调查，38%的人认为他们选购有机食品是因为有机食品“口味”更好，而愿意多花几倍的钱买有机食品，其主要原因是为了健康。

记者在超市上调查了一些有机食品的消费者，发现消费观念与收入水平之间无绝对关系。比如有一对老年夫妇，两人月收入仅在 1 600 元左右，可依然把有机蔬菜和绿色蔬菜当成主要食品，按每千克蔬菜 8 元每天消费 3 kg 计，仅蔬菜一项的月消费额就要几百元。调查中发现，有相当部分有机食品消费者的家庭月收入在 2 000 元以下，如果主要消费有机食品，那么其收入分配比例大有回归趋势。随着消费者对安全农产品的关注、企业的宣传及政府的推动、监管，安全农产品的市场将不断规范与扩大。

第一部分

无公害农产品

第二章　无公害农产品标准

第一节　无公害农产品生产标准

无公害农产品标准数量众多，就框架而言，其标准体系可分为“产品类”标准和“通则类”标准。其中“通则类”标准分别包括：产地环境条件（蔬菜、水果、茶叶、畜禽、水产）、投入品使用准则（农药、肥料、饲料、饲料添加剂、兽药）、生产技术规范（种植、养殖、水产）及7个认证管理技术规范。按产品类型来讲，“产品类”标准可以分为大类、类、小类和种4个层次，共计1 000余种产品类标准。

无公害食品标准体系构架将根据“保证基本安全、满足大众消费”的要求，以“科学、统一、协调、适用”为目标，提出构架内的各个层次及层次内容。无公害食品标准体系构架的遵循以下主要原则：

(1)体现“从农田到餐桌”全程质量控制的要求。标准体系构架包括产品标准、农业投入品使用准则、产地环境条件、生产技术规范和认证管理技术规范5个方面。

(2)突出重点、分清层次。标准体系构架以产品标准为主线，分为大类、类、小类和种类4个层次。首先，按行业产品分为种植业、畜牧业和渔业三大类；其次，按各行业的习惯分为23类，再按产品特性和安全指标相似的分为85小类，其中种植业大类计44小类和5个种类。畜牧业大类计9小类；渔业大类计32小类和10个种类。

(3)加强针对性、注重实用性。标准的制定（修订）以产品小类标准和通则类标准为主，使一个产品小类标准的覆盖面尽可能广，避免标准内容基本相似的种类重复制标、标准间技术内容的重复交叉和同一小类中的某些种类无标可依（如制定仁果小类标准，可适用于苹果、沙果、海棠果、梨、山楂等种类水果）。安全和特性指标与其小类中其他种类不同的产品，可制定专门的种类标准。

(4)明确标准涵盖的产品范围。产品标准的范围为农产品及其初加工产品（即经脱壳、干燥、磨碎、冷冻、分割、杀灭菌等初级加工工艺，基本不改变化学组分，仅改变物理性状的加工产品)或简单加工品(如豆腐、粉丝、腌制品、糖渍品等)。有毒、有害物质限量指标已分别体现在各产品标准中,构架内不再单独制定限量标准。

(5)加强通则类标准的制定。根据无公害农产品认证工作的特点和要求,增加了通则类标准,如产地环境技术(5个)、农业投入品使用准则(5个)、生产技术规范(3个)和认证管理技术规范(7个),将更有利于促进无公害农产品生产管理和认证监管工作的科学性和规范化。

(6)强调标准的协调性。以农产品质量安全为核心,构架与我国有关法律、法规和标准的要求以及国外标准体系制定的原则基本协调一致。兽药、农药残留限量以国家卫生标准、农业行业标准和有关文件为依据,完善与之配套的相关标准。

一、无公害食品标准体系构架

无公害食品标准体系总体框架见图 2.1。产品类标准框架图见图 2.2。通则类标准构架图(按行业分)见图 2.3。通则类标准框架图(按环节分)见图 2.4。

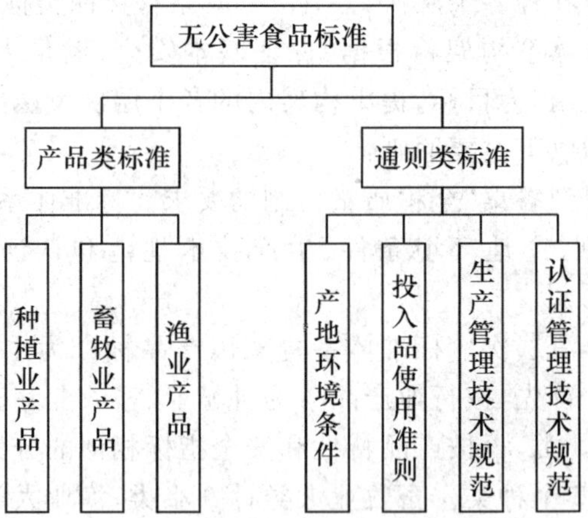

图 2.1 无公害农产品标准框架

二、环境标准

产地环境质量标准、生产技术规程和产品质量标准是无公害农产品标准化生产的主要依据,其中产地环境是基础,生产技术规程是保证,产品质量是目标。

无公害农产品生产基地的空气、灌溉水及土壤必须满足相关的环境标准。

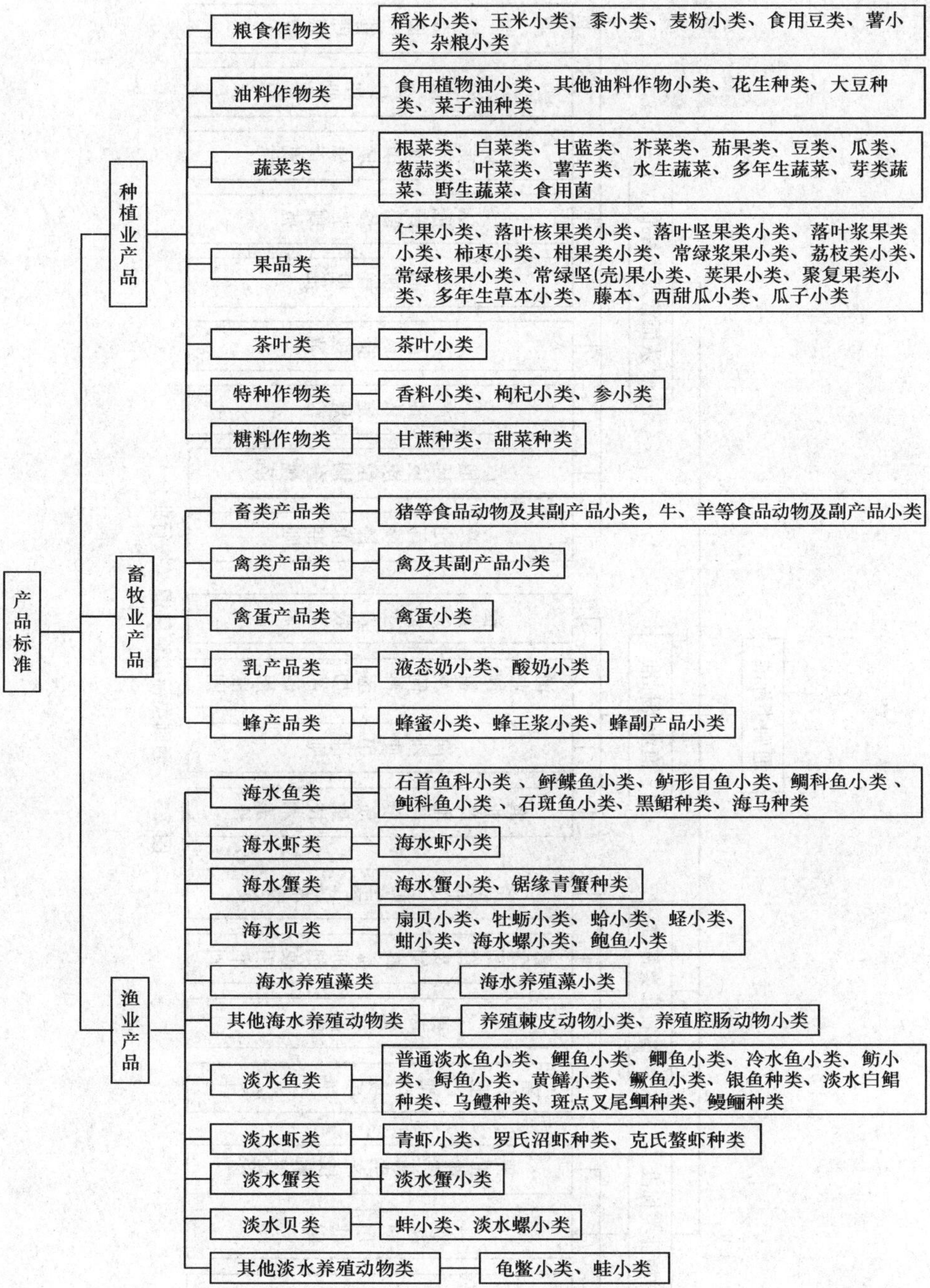

图 2.2 产品类标准框架图

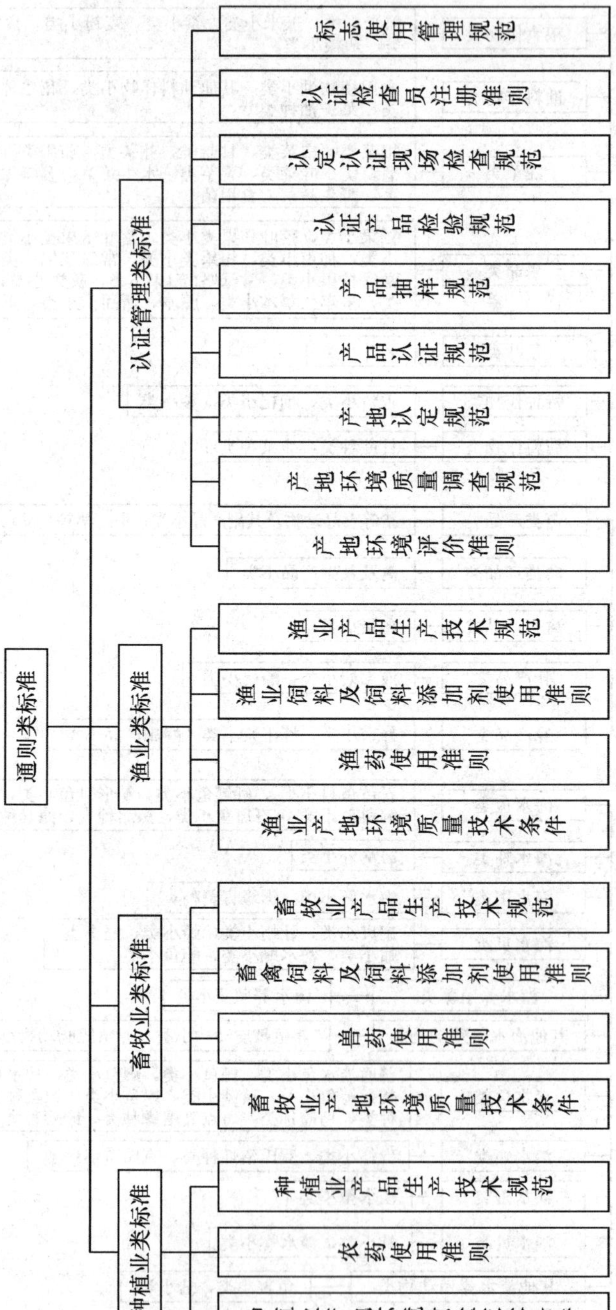

图 2.3 通则类标准框架图（按行业分）

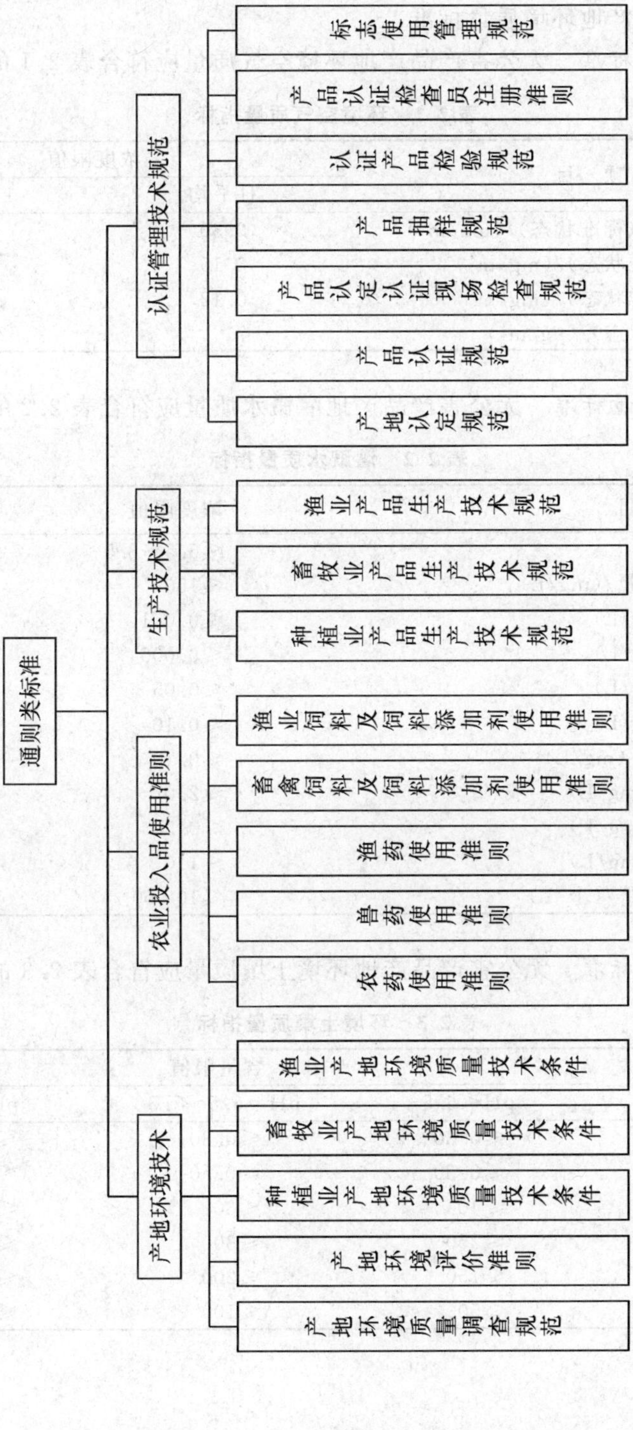

图 2.4　通则类标准框架图（按环节分）

(一)种植业产地环境质量标准

1. 空气质量标准　无公害产品产地环境空气质量应符合表2.1的规定。

表2.1　环境空气质量指标

项　目	浓度限值	
	日平均	1 h平均
总悬浮颗粒物(标准状态)/(mg/m^3)	0.30	—
二氧化硫(标准状态)/(mg/m^3)	0.15	0.50
二氧化氮(标准状态)/(mg/m^3)	0.12	0.24
氟化物(标准状态)/($\mu g/m^3$)	7	20

2. 灌溉水质量标准　无公害产品产地灌溉水质量应符合表2.2的规定。

表2.2　灌溉水质量指标

项　目	浓度限值
pH值	≤5.5～8.5
化学需氧量/(mg/L)	≤150
总汞/(mg/L)	≤0.001
总镉/(mg/L)	≤0.005
总砷/(mg/L)	≤0.05
总铅/(mg/L)	≤0.10
铬(六价)/(mg/L)	≤0.10
氟化物/(mg/L)	≤2.0
氰化物/(mg/L)	≤0.50
石油类/(mg/L)	≤1.0
粪大肠菌群/(个/L)	≤10 000

3. 土壤质量标准　无公害产品产地环境土壤质量应符合表2.3的规定。

表2.3　环境土壤质量指标　mg/L

项目	含量限值		
	pH<6.5	pH=6.5～7.5	pH>7.5
镉	≤0.30	≤0.30	≤0.60
汞	≤0.30	≤0.50	≤1.0
砷	≤40	≤30	≤25
铅	≤250	≤300	≤350
铬(六价)	≤150	≤200	≤250
铜	≤50	≤100	≤100

(二)畜禽养殖环境质量标准

1. 养殖场地的环境标准 根据国家质量监督检验检疫总局批准发布的《无公害畜禽肉产品产地环境要求》,养殖场地的环境标准包括:

土 要求土壤中农药(如滴滴涕、六六六、乐果粉等化学药品)、化肥、有机污染物和重金属汞、镉、铅、砷、铬、硒等不能超过标准。

水 要求外观清澈、无色无味,水中(可溶性)总盐分(TDS),硫酸盐、磷酸盐、硝酸盐、亚硝酸盐,微量的成分:铅、汞、砷等重金属,有机农药、氰化物等有毒物质,病原微生物、特别是大肠杆菌、寄生虫(卵)、有机物腐败产物等不能超标。

气 要求养殖场环境中一氧化碳、尘埃、病原微生物等不能超标。

创建能保持畜禽健康、行为自然的生活条件,选择饲养场地时应保证动物在荫凉处、畜禽棚、活动场所能呼吸到新鲜空气,能得到直接的阳光照射,能达到动物生产所要求的适宜地点、气候及环境条件。散养的家禽,应能够满足他们自然的行为类型。需要充足的空间去展示自然的运动和呈现自然姿势,同时还应有丰富的环境和秸秆垫草、同伴、舒适和娱乐。

2. 畜禽养殖用水质量标准 畜禽养殖用水的质量必须满足如下标准,见表2.4。

表 2.4 畜禽养殖用水质量标准

项目		标准值	
		畜	禽
感官性状及一般化学指标	色	色度不超过 30°	
	浑浊度	不超过 20°	
	臭和味	不得有异臭、异味	
	肉眼可见物	不得含有	
	总硬度/(mg/L)	≤1 500	
	pH 值	5.5～9	6.4～8.0
	溶解性总固体/(mg/L)	≤4 000	≤2 000
	氯化物(以 Cl^- 计)/(mg/L)	≤1 000	≤250
	硫酸盐(以 SO_4^{2-} 计)/(mg/L)	≤500	≤250

续表 2.4

	项　目	标　准　值	
		畜	禽
细菌指标	总大肠菌群/(个/100 mL)	成年畜≤10,幼畜和禽≤1	
毒理学指标	氟化物(以 F^- 计)/(mg/L)	≤2.0	≤2.0
	氰化物/(mg/L)	≤0.2	≤0.05
	总砷/(mg/L)	≤0.2	≤0.2
	总汞/(mg/L)	≤0.01	≤0.001
	铅/(mg/L)	≤0.1	≤0.1
	铬(六价)/(mg/L)	≤0.1	≤0.05
	镉/(mg/L)	≤0.05	≤0.01
	硝酸盐(以 N 计)/(mg/L)	≤30	≤30

(三)水产养殖环境质量标准

1.淡水养殖的水质标准　淡水养殖业用水的质量必须满足如下标准,见表 2-5。

表 2.5　淡水养殖的水质标准

序号	项　目	标　准　值
1	色、臭、味	不得使养殖水体带有异色、异臭、异味
2	总大肠菌群/(个/L)	≤5 000
3	镉/(mg/L)	≤0.005
4	汞/(mg/L)	≤0.000 5
5	砷/(mg/L)	≤0.05
6	铅/(mg/L)	≤0.05
7	铬(六价)/(mg/L)	≤0.1
8	铜/(mg/L)	≤0.01
9	锌/(mg/L)	≤0.1
10	氟化物/(mg/L)	≤1
11	挥发性酚/(mg/L)	≤0.005
12	石油类/(mg/L)	≤0.05

续表 2.5

序号	项　目	标　准　值
13	甲基对硫磷/(mg/L)	≤0.000 5
14	马拉硫磷/(mg/L)	≤0.005
15	乐果/(mg/L)	≤0.1
16	滴滴涕/(mg/L)	≤0.002
17	六六六(丙体)/(mg/L)	≤0.001

2.海水养殖的水质标准　海水养殖业水质必须达到如下标准,见表 2.6。

表 2.6　海水养殖的水质标准

序号	项　目	标　准　值
1	色、臭、味	海水养殖水体不得有异色、异臭、异味
2	大肠菌群/(个/L)	≤45 000,供人生食的贝类养殖水质≤500
3	粪大肠菌群/(个/L)	≤2 000,供人生食的贝类养殖水质≤140
4	汞/(mg/L)	≤0.000 2
5	镉/(mg/L)	≤0.005
6	铅/(mg/L)	≤0.05
7	价铬/(mg/L)	≤0.01
8	总铬/(mg/L)	≤0.1
9	砷/(mg/L)	≤0.03
10	铜/(mg/L)	≤0.01
11	锌/(mg/L)	≤0.1
12	硒/(mg/L)	≤0.02
13	氰化物/(mg/L)	≤0.005
14	挥发性酚/(mg/L)	0.005
15	石油类/(mg/L)	≤0.05
16	六六六/(mg/L)	≤0.001
17	滴滴涕/(mg/L)	≤0.000 05
18	马拉硫酸/(mg/L)	≤0.000 5
19	甲基对硫磷/(mg/L)	≤0.000 5
20	乐果/(mg/L)	≤0.1
21	多氯联苯/(mg/L)	≤0.000 02

三、生产过程标准

(一)种植业生产过程标准

1. 肥料使用准则

(1)施肥原则。无公害农产品生产的施肥原则:肥料使用必须满足作物对营养元素的需要,使足够数量的有机物质返回土壤,以保持或增加土壤肥力及土壤生物活性。所有有机或无机(矿质)肥料,尤其是富含氮的肥料应对环境和作物(营养、味道、品质和植物抗性)不产生不良后果方可使用。

以有机肥为主,以化肥为辅,实行测土配方施肥,最大程度地保持农田土壤养分平衡和土壤肥力的提高,减少肥料成分的过分流失对农产品和环境造成的污染。以多元复合肥为主,单元素肥料为辅;以施基肥为主,追肥为辅。为降低污染,充分发挥肥效,应实施配方施肥,即根据农作物营养生理特点、吸肥规律、土壤供肥性能及肥料效应,确定有机肥、氮、磷、钾及微量元素肥料的适宜用量和比例以及相应的施肥技术,做到对症配方。具体应包括肥料的品种和用量;基肥、追肥比例:追肥次数和时期;根据肥料特征采用的施肥方式。配方施肥是无公害农产品生产的基本施肥技术。尽量限制化肥的施用,如确实需要,可以有限度有选择地施用部分化肥。

(2)施肥要求。商品肥料必须通过国家有关部门登记认证及生产许可,质量达到国家有关标准要求方可使用;化肥必须与有机肥配合使用,有机氮与无机氮的比例以 1∶1 为宜;不得使用硝态氮肥和含硝态氮的复合肥、复混肥等;提倡使用长效缓释化肥,如涂层尿素、包膜尿素等;除秸秆还田和绿肥翻压外,其他有机肥料应作无害化处理和充分腐熟后施用;禁止使用未经处理并符合国家标准的城市垃圾、污泥和粉煤灰作为肥料或土壤改良剂;在速生叶菜类生产上不得使用垃圾肥或粪肥;作物收获前 20 d,不得施用任何化肥。

(3)允许使用的肥料和种类,见表 2.7。

(4)施肥的方式。以底肥为主的原则:增加底肥比重,一方面有利于培育壮苗,另一方面可通过减少追肥(氮肥为主)数量,减轻因追肥过迟距临近成熟对吸收的营养不能充分同化所造成的污染,还可提高产品的无公害程度。生产中宜将有机肥料全部底施,如有机氮与无机氮比例偏低,辅以一定量无机氮肥,使底肥氮与追肥氮比达 6∶4,施用的磷、钾肥及各种微肥均采用底施方式。

表 2.7　允许使用的肥料和种类

种类	肥料	说明
有机肥	堆肥	以各类秸秆、落叶、柴草等为主要原料并与人畜粪便和适量泥土混合堆制，经好气微生物分解而成的一类有机肥
	沤肥	所有物料与堆肥基本相同，只是在淹水条件下，经微生物嫌气发酵而成的一类有机肥
	人粪尿	腐熟的人的粪便和尿液的混合物
	厩肥	以猪、马、牛、羊等家畜和鸡、鸭、鹅等家禽的粪尿为主，与秸秆、泥土等垫料堆积并经微生物发酵而成的一类有机肥料
	沼气肥	在密封的沼气池中，有机物在嫌气条件下经微生物发酵制取沼气后的副产物，主要由沼气水肥和沼气渣肥两部分组成
	绿肥	以新鲜植物体就地翻压、异地施用或经沤、堆后而的肥料，主要分为豆科绿肥和非豆科绿肥两大类
	作物秸秆肥	以麦秸、稻草、玉米秸、豆秸、油菜秆等直接还田的肥料
	饼肥	以各种含油分较多的种子经压榨去油后的残渣制成的肥料，如菜子饼、棉子饼、豆饼、芝麻饼、花生饼等
	腐殖酸类肥料	以含有腐殖酸类物质的泥炭（草炭）、褐煤、风化煤等经过加工制成含有植物营养成分的肥料
化肥	氮肥类	碳酸氢铵、尿素、硫酸铵等
	磷肥类	过磷酸钙、磷矿粉等
	钾肥类	硫酸钾、氯化钾等
	复合（混）肥类	氮磷钾复合肥、配方肥等
	微肥	硫酸锌、硫酸锰、硫酸铜、硫酸亚铁、硼砂、硼酸等
叶面肥	叶面肥料	氨基酸类、腐殖酸类肥料、植物氨基酸
微生物肥料	根瘤菌肥料	以特定微生物菌种培育生产的含有活性微生物的肥料
	固氮菌肥料	以特定微生物菌种培育生产的含有活性微生物的肥料
	磷细菌肥料	以特定微生物菌种培育生产的含有活性微生物的肥料
	钾细菌肥料	以特定微生物菌种培育生产的含有活性微生物的肥料
	复合微生物肥料	以特定微生物菌种培育生产的含有活性微生物的肥料

(5)使用技术。

以有机肥为主。宜使用的优质有机肥的种类有堆肥、厩肥、腐熟人畜粪便、沼气肥、绿肥、腐殖酸类肥料以及腐熟的作物秸秆和饼肥等。通过增施优质有机肥料，培肥地力。允许限量使用的化肥及微肥有尿素、碳酸氢铵、硫酸铵、磷肥（磷酸二铵、过磷酸钙、钙镁磷肥等）、钾肥（氯化钾、硫酸钾等）、Cu（硫酸铜）、Fe（氯化铁)、Zn(硫酸锌)、Mn(硫酸锰)、B(硼砂)等。掌握有机氮与无机氮之比为(7∶3)～(6∶4)不低于5∶5。

提高无机氮肥的有效利用率。氮素是作物吸收的大量元素之一,生产中需施用大量氮肥补充土壤供应的不足。但大量施用氮素化肥对环境、农产品及人类健康具有潜在的不良影响。这是由于无机氮肥在土壤中易转化为 NO_3-N 和 NO_2-N,其中 NO_3 易被淋溶而污染地下水,NO_2-N 除影响作物生长外,还可经反硝化途径形成氮氧化物释放至大气中,对环境造成不利影响。因此,无公害农产品生产中应减少无机氮肥的施用量,尤其注意避免使用硝态氮肥。对于必须补充的无机氮肥,提倡使用长效氮肥,以减少氮素因淋溶或反硝化作用而造成的损失,提高氮素利用率,减轻环境污染。因此,在常规氮肥的使用中,应配合施用氮肥增效剂,抑制土壤微生物的硝化作用或脲酶的活性,达到减少氮素硝化或氮挥发损失的目的。

从施肥的技术上:根据经济产品确定施肥量;在测土配方施肥的基础上,采用平衡施肥的方法确定适宜的施肥量。某种肥料需要量的估测,可用下式计算:

$$\text{肥料需要量}=\frac{\text{一季作物的总吸收量}-\text{土壤养分供应量}}{\text{肥料中该养分含量}\times\text{肥料当季利用率}}$$

$$\text{一季作物的总吸收量}=\text{目标产量}\times\text{每千克产量养分的需要量}$$

测土配方施肥,保持生产基地的农田土壤中的养分输入、输出相平衡的原则做到氮、磷、钾肥以及微肥的均衡供应。农家肥以及人、畜粪便应腐熟达到无害化标准的原则。禁止使用未经处理的城市垃圾和污泥,以减少硝酸盐的积累和污染。

2. 农药使用准则

(1)基本原则。禁止使用国家明令禁止的高毒、剧毒、高残留的农药及其混配农药品种。使用化学农药时,应严格执行农药合理使用准则 GB 4286 和 GB/T 8321 的有关标准;合理混用、轮换、交替用药,防止和推迟病虫害抗性的产生和发展;选用高效、低毒的无公害农药。

所谓无公害农药就是指用药量少,防治效果好,对人畜及各种有益生物毒性小或无毒,要求在外界环境中易于分解,不造成对环境及农产品污染的高效、低毒、低残留农药。

(2)禁止使用的农药。众多的化学合成物以各种形式排放到环境中,在环境中逐渐累积到对环境、农产品和人类健康造成危害。因此,随着社会的发展和科学的进步,从已经使用的农药中,筛选出危害性大的有毒污染物的作为控制对象,提出一份"黑名单"或"灰名单",称为优先污染物。

优先污染物具备的条件:难以降解,在环境中有一定的残留水平,如滴滴涕、六六六等;具有生物积累性;有三致作用(致癌、致畸、致突变);高毒、高残留的农药;对人体和生态环境构成潜在的威胁。

根据这样的原则,1975 年,欧共体公布的"黑名单"或"灰名单"有八大类;1996 年,美国公布了 129 种;1980 年,德国公布了 120 种水中有害物质;1993 年,我国公布了 52 种有毒化学品的名单。其中涉及到农药的有甲萘维(西维因)、滴滴涕、六六六、除草醚、杀虫脒、敌敌畏、对硫磷、狄氏剂、艾氏剂、硫丹、毒杀芬等。

在无公害食品生产中,"黑名单"或"灰名单"的种类应该更严格些,才能保证食品的安全质量。禁止使用的农药名单见表 2.8。

表 2.8　禁止使用农药名单

农药中文通用名称	农药英文通用名称
六六六	HCH
滴滴涕	DDT
毒杀芬	camphechlor
二溴氯丙烷	dibromochloropane
杀虫脒	chlordimeform
二溴乙烷	EDB
除草醚	nitrofen
艾氏剂	aldrin
狄氏剂	dieldrin
汞制剂	Mercury compound
砷	arsena
铅	plumbum
敌枯双	
氟乙酰胺	fluoroacetamide
甘氟	gliftor
毒鼠强	tetramine
氟乙酸钠	sodium fluoroacetate
毒鼠硅	silatrane

(3)限制使用的农药。禁止使用的农药适合所有的作物。根据作物种类不同,安全程度要求不同,对某些农药的使用范围进行进一步的限制,如溴氰菊酯、三氯杀螨醇因为欧盟对进口茶叶标准的提高而限制或禁止使用。不得使用的限制使用的农药见表 2.9。

表 2.9 不得使用和限制使用的农药

农药中文通用名称	农药应用通用名称	作 物
甲胺磷	methamidophos	蔬菜、果树、茶叶、中草药
甲基对硫磷	parathion-methyl	蔬菜、果树、茶叶、中草药
对硫磷	parathion	蔬菜、果树、茶叶、中草药
久效磷	monocrotophos	蔬菜、果树、茶叶、中草药
磷胺	phosphamidon	蔬菜、果树、茶叶、中草药
甲拌磷	phorate	蔬菜、果树、茶叶、中草药
甲基异柳磷	Isofenphos-methyl	蔬菜、果树、茶叶、中草药
特丁硫磷	terbufos	蔬菜、果树、茶叶、中草药
甲基硫环磷	phosfolan-methyl	蔬菜、果树、茶叶、中草药
治螟磷	sulfotep	蔬菜、果树、茶叶、中草药
内吸磷	demeton	蔬菜、果树、茶叶、中草药
克百威	carbofuran	蔬菜、果树、茶叶、中草药
涕灭威	aldicarb	蔬菜、果树、茶叶、中草药
灭线磷	ethoprophos	蔬菜、果树、茶叶、中草药
硫环磷	phosfolan	蔬菜、果树、茶叶、中草药
蝇毒磷	coumaphos	蔬菜、果树、茶叶、中草药
地虫硫磷	fonofos	蔬菜、果树、茶叶、中草药
氯唑磷	isazofos	蔬菜、果树、茶叶、中草药
苯线磷	fenamiphos	蔬菜、果树、茶叶、中草药
三氯杀螨醇	dicofol	茶叶
氰戊菊酯	fenvalerate	茶叶

(4)推荐使用的农药。

①杀虫、杀螨剂。

生物制剂和天然物质:苏云金杆菌、甜菜夜蛾核多角体病毒、银纹夜蛾核多角体病毒、小菜蛾颗粒体病毒、茶尺蠖核多角体病毒、棉铃虫核多角体病毒、苦参碱、印楝素、烟碱、鱼藤酮、苦皮藤素、阿维菌素、多杀霉素、浏阳霉素、白僵菌、除虫菊素、硫磺。

合成制剂:

菊酯类 溴氰菊酯、氟氯氰菊酯、氯氟氰菊酯、氯氰菊酯、联苯菊酯、氰戊菊酯、甲氰菊酯、氟丙菊酯。

氨基甲酸酯类 硫双威、丁硫克百威、抗蚜威、异丙威、速灭威。

有机磷类　辛硫磷、毒死蜱、敌百虫、敌敌畏、马拉硫磷、乐果、三唑磷、杀螟硫磷、倍硫磷、丙溴磷、二嗪磷、亚胺硫磷。

昆虫生长调节剂　灭幼脲、氟啶脲、氟铃脲、氟虫脲、除虫脲、噻嗪酮、抑食肼、虫酰肼。

专用杀螨剂　哒螨灵、四螨嗪、唑螨酯、三唑锡、炔螨特、噻螨酮、苯丁锡、单甲脒、双甲脒。

其他　杀虫单、杀虫双、杀螟丹、甲胺基阿维菌素、啶虫脒、吡虫啉、灭蝇胺、氟虫腈、溴虫腈、丁醚脲。

②杀菌剂。

无机杀菌剂：碱式硫酸铜、王铜、氢氧化铜、氧化亚铜、石硫合剂。

合成杀菌剂：代森锌、代森锰锌、福美双、乙磷铝、多菌灵、甲基硫菌灵、噻菌灵、百菌清、三唑酮、三唑醇、烯唑醇、戊唑醇、已唑醇、腈菌唑、乙霉威·硫菌灵、腐霉利、异菌脲、霜霉威、烯酰吗啉·锰锌、霜脲氰·锰锌、邻烯丙基苯酚、咪霉胺、氟吗啉、盐酸吗啉胍、恶霉灵、噻菌铜、咪鲜胺、咪鲜胺锰盐、抑霉唑、氨基寡糖素、甲霜灵·锰锌、亚胺唑、春·王铜、恶唑烷酮·锰锌、酯肪酸铜、松酯酸铜、腈嘧菌酯。

生物制剂：井岗霉素、农抗120、菇类蛋白多糖、春雷霉素、多抗霉素、宁南霉素、木霉菌、农用链霉素。

(二)畜禽养殖过程标准

1.饲料和饲料添加剂使用准则

(1)无公害饲料使用准则。饲料能提供饲养动物所需养分，保证健康，促进生产和生长，且在合理使用下不发生有害作用的可饲物质。

无公害畜产品的生产首先以改善饲养环境、善待动物、加强饲养管理为主，按照饲养标准配置的配合饲料，做到营养全面，各营养元素之间相互平衡。所使用的饲料和饲料添加剂等生产资料必须符合《饲料卫生标准》、《饲料标签标准》、各种饲料原料标准、饲料产品标准和饲料添加剂标准的有关规定。所用饲料添加剂和添加剂预混合饲料必须来自于有生产许可证的企业，并且具有企业、行业或国家标准，产品批准文号，进口饲料和饲料添加剂产品登记证及配套的质量检验手段。同时还应遵守以下准则：优先使用无公害生产资料的饲料类产品。至少90%的饲料来源于已认定的无公害产品及其副产品。

禁止使用转基因方法生产的饲料原料。

禁止使用以哺乳类动物为原料的动物性饲料产品(不包括乳及乳制品)饲喂反刍动物。

禁止使用工业合成的油脂。

禁止使用畜禽粪便。

(2)无公害的饲料添加剂使用准则。饲料添加剂(feed additives):在饲料加工、制作、使用过程中添加的少量或者微量物质,包括营养性饲料添加剂、一般性饲料添加剂。

优先使用符合无公害产品标准的生产资料的饲料添加剂类产品。

所选饲料添加剂应是《允许使用的饲料添加剂品种目录》中所列的饲料添加剂和允许进口的饲料添加剂品种。

禁止使用任何药物性饲料添加剂。

禁止使用激素类、安眠镇静类药品。

营养性饲料添加剂的使用量应符合NY/T14,NY/T33,NY/T34,NY/T65中所规定的营养需要量及营养安全幅度。

无公害生产中禁止使用的饲料添加剂种类见表2.10。

表2.10 生产无公害食品禁止使用的饲料添加剂

种类	品种	备注
调味剂、香料	各种人工合成的调味剂和香料	
着色剂	各种人工合成的着色剂	
抗氧化剂	乙氧基喹啉,二丁基羟基甲苯(BHT),丁基羟基茴香醚(BHA)	
黏结剂、抗结剂和稳定剂	羟甲基纤维素钠,聚氧乙烯20山梨醇酐单油酸酯,聚丙烯酸树脂Ⅱ	反刍动物除外
防腐剂	苯甲酸,苯甲酸钠	
非蛋白氮类	尿素,硫酸铵,液氮,磷酸氢二铵,磷酸二氢铵,缩二脲,异丁叉二脲,磷酸脲,羟甲基脲	

2.兽药使用准则

(1)基本概念。

兽药　用于预防、治疗和诊断畜禽等动物疾病,有目的地调节其生理机能并规定作用、用途和用量的物质,包括:血清、菌(疫)苗、诊断液等生物制品;兽用的中药材、中成药、化学原料及其制剂;抗生素、生化药品、放射性药品。

抗寄生虫药　能够杀灭或驱除体内、体外寄生虫的兽药,其中包括中药材、中成药、化学药品、抗生素及其制剂。

抗菌药　能够抑制或杀灭病原菌的兽药,其中包括中药材、中成药、化学药品、抗生素及其制剂。

消毒防腐剂　用于抑制或杀灭环境中的有害微生物、防止疾病发生和传染的兽药。

疫苗　由特定细菌、病毒、立克次体、螺旋体、支原体等微生物以及寄生虫制成的主动免疫制品。凡将特定细菌、病毒等微生物及寄生虫毒力致弱或采用异源毒制成的疫苗称活疫苗，用物理或化学方法将其灭活制成的疫苗称灭活疫苗。

(2)使用准则。生产者应供给动物充足的营养，提供良好的饲养环境，加强饲养管理，采取各种措施以减少应激，增强动物自身的抗病力。应严格按《中华人民共和国动物防疫法》的规定防止畜禽发病和死亡，力争不用或少用药物。畜禽疾病以预防为主，建立严格的生物安全体系。必要时，进行预防、治疗和诊断疾病所用的兽药必须符合《中华人民共和国兽药典》、《兽药质量标准》、《兽用生物制品质量标准》和《进口兽药质量标准》有关规定。所用兽药必须来自具有生产许可证的生产企业，并且具有企业、行业或国家标准，产品批准文号；或者具有《进口兽药登记许可证》。所用兽药的标签必须遵守兽药标签和使用说明书管理规定。使用兽药时还应遵循以下原则：

优先使用无公害畜禽产品生产资料的兽药产品。

允许使用消毒防腐剂对饲养环境、厩舍和器具进行消毒，但不准对动物直接施用。不能使用酚类消毒剂。

允许使用疫苗预防动物疾病。但是活疫苗应无外源病原污染，灭活疫苗的佐剂未被动物完全吸收前，该动物产品不能作为无公害畜禽产品。

允许使用钙、磷、硒、钾等补充药，酸碱平衡药，体液补充药，电解质补充药，营养药，血容量补充药，抗贫血药，维生素类药，吸附药，泻药，润滑剂，酸化剂，局部止血药，收敛药和助消化药。

允许使用表 2.11 中的抗寄生虫药和抗菌药，使用中应注意以下几点：严格遵守规定的作用与用途、使用对象、使用途径、使用剂量、疗程和注意事项；停药期必须遵守附录 A 中规定的时间；产品中的兽药残留量应符合《动物性食品中兽药最高残留限量》规定，认证机构负责监督生产单位执行标准并抽检产品中的兽药残留量；建立并保持患病动物的治疗记录，包括患病家畜的畜号或其他标志、发病时间及症状、治疗用药的经过、治疗时间、疗程、所用药物的商品名称及主要成分；禁止使用有致畸、致癌、致突变作用的兽药；禁止在饲料中添加兽药；禁止使用激素类药品；禁止使用安眠镇静药、中枢兴奋药、镇痛药、解热镇痛药、麻醉药、肌肉松弛药、化学保定药、巴比妥类药等用于调节神经系统机能的兽药；禁止使用基因工程兽药。无公害生产中允许使用的抗寄生虫及抗菌的化学药品和抗生素种类见表 2.11。

表 2.11 生产无公害畜禽产品允许使用的抗寄生虫和抗菌化学药品和抗生素

药　名	剂型	途径	动物	剂量	停药期
抗寄生虫药					
阿苯达唑	片剂	口服	牛	10～15 mg/kg	27 d,产奶不用
			羊	10 mg/kg	10 d,产奶不用
地克珠利	溶液	饮水	鸡	0.5～1 mg/kg	5 d
芬苯哒唑	片剂、粉剂	口服	牛	5～7.5 mg/kg	28 d,奶 4 d
			羊	5～7.5 mg/kg	21 d,产奶禁用
			猪	5～7.5 mg/kg	7 d
伊维菌素	注射液	皮下	牛	0.2 mg/kg	35 d,产奶禁用
			羊	0.2 mg/kg	42 d,产奶禁用
			猪	0.3 mg/kg	28 d
左旋咪唑	浇泼剂	外用	牛	0.5 mg/kg	2 d,产奶禁用
(盐酸,磷酸)	片剂	口服	牛	7.5 mg/kg	3 d,产奶禁用
			羊	7.5 mg/kg	3 d,产奶禁用
			猪	7.5 mg/kg	3 d
	注射液	肌内或皮下	牛	7.5 mg/kg	28 d,产奶禁用
			羊	7.5 mg/kg	28 d,产奶禁用
奥芬达唑	片剂	口服	牛	5 mg/kg	28 d,产奶禁用
			羊	5～7.5 mg/kg	42 d,产奶禁用
HCl 盐酸氯苯胍	片剂	口服	兔	10～15 mg/kg	7 d
噻苯咪唑	粉剂	口服	牛	50～100 mg/kg	3 d,奶 4 d
			羊	50～70 mg/kg	30 d,奶 4 d
			猪	60～90 mg/kg	30 d
抗菌药					
大观霉素	可溶粉	饮水	鸡	1 g/L	5 d,产蛋禁用
	可溶粉(＋林可)	饮水	鸡	0.5～0.8 g/L	5 d,产蛋禁用
泰乐菌素	可溶粉	饮水	鸡	500 mg/L	1 d,产蛋禁用
	酒石酸注射剂	皮下,肌内	猪、禽	5～13 mg/L	14 d
氨苄西林	钠盐注射剂	肌内,静脉	牛	5～10 mg/kg	12 d,奶 2 d
			羊		12 d,产奶不用
			猪		15 d

续表 2.11

药　名	剂型	途径	动物	剂量	停药期
苄星青霉素	注射剂	肌内	牛	2～3 万 IU/kg	30 d,奶 3 d
			羊	3～4 万 IU/kg	14 d,产奶禁用
			猪	4～5 万 IU/kg	14 d
普鲁卡因青霉素	注射剂（钠或钾）	肌内	牛	1～2 万 IU/kg	10 d,奶 3 d
			羊	1～2 万 IU/kg	9 d
			猪	2～3 万 IU/kg	7 d
硫酸小檗碱		口服	牛	3～5 g	0 d
			羊、猪	0.5～1 g	
	注射液	肌内	马、牛	0.15～0.4 g	0 d
			羊、猪	0.05～0.1 g	
氯唑西林	注射剂	乳管	泌乳期牛	200 mg/乳室	10 d,奶 3 d
	（钠）		干乳期牛	200～500 mg/乳室	30 d
红霉素	乳糖酸注射剂	静脉	牛、羊	3～5 mg/kg	21 d,产奶禁用
	硫氰酸盐粉剂	饮水	猪		10 d
			鸡	125 mg/L	5 d,产蛋禁用
庆大霉素	注射液	肌内	猪	2～4 mg/kg	40 d
林可霉素	片剂	口服	猪	10 mg/kg	5 d
			鸡	10 mg/kg	5 d,产蛋禁用
	注射液	肌内	猪	10 mg/kg	2 d
新霉素	可溶粉	饮水	禽	50～75 mg/L	5 d,产蛋禁用

（三）水产养殖过程标准

1.配合饲料

(1)原则。

加工渔业用饲料所用原料应符合各类原料标准的规定,不得使用受潮、发霉、生虫、腐败变质及受到石油、农药、有害金属等污染的原料。

皮革粉应经过脱铬、脱毒处理。

大豆原料应经过破坏蛋白酶抑制因子的处理。

鱼粉的质量应符合 SC 3501 的规定。

鱼油的质量应符合 SC/T 3502 中二级精制鱼油的要求。

使用的药物添加剂种类及用量应符合 NY 5071、《饲料药物添加剂使用规范》、《禁止在饲料和动物饮用水中使用的药物品种目录》、《食品动物禁用的兽药及其他化合物清单》的规定;若有新的公告发布,按新规定执行。

(2)安全指标。

渔用配合饲料的安全指标限量应符合下列规定,见表2.12。

表2.12 渔用配合饲料的安全指标限量

项 目	限量	适用范围
铅(以Pb计)/(mg/kg)	≤5.0	各类渔用配合饲料
汞(以Hg计)/(mg/kg)	≤0.5	各类渔用配合饲料
无机砷(以As计)/(mg/kg)	≤3	各类渔用配合饲料
镉(以Cd计)/(mg/kg)	≤3	海水鱼类、虾类配合饲料
	≤0.5	其他渔用配合饲料
铬(以Cr计)/(mg/kg)	≤10	各类渔用配合饲料
氟(以F计)/(mg/kg)	≤350	各类渔用配合饲料
游离棉酚/(mg/kg)	≤300	温水杂食性鱼类、虾类配合饲料
	≤150	冷水性鱼类、海水鱼类配合饲料
氰化物/(mg/kg)	≤50	各类渔用配合饲料
多氯联苯/(mg/kg)	≤0.3	各类渔用配合饲料
异硫氰酸酯/(mg/kg)	≤500	各类渔用配合饲料
恶唑烷硫酮/(mg/kg)	≤500	各类渔用配合饲料
	≤2	渔用育苗配合饲料
油脂酸价(KOH)/(mg/g)	≤6	渔用育成配合饲料
	≤3	鳗鲡育成配合饲料
黄曲霉毒素B/(mg/kg)	≤0.01	各类渔用配合饲料
六六六/(mg/kg)	≤0.3	各类渔用配合饲料
滴滴涕/(mg/kg)	≤0.2	各类渔用配合饲料
沙门氏菌/(cfu/25 g)	不得检出	各类渔用配合饲料
霉菌/(cfu/g)	$\leqslant 3\times10^4$	各类渔用配合饲料

2.渔用药物的使用准则

(1)渔用药物使用基本原则。

渔用药物的使用应以不危害人类健康和不破坏水域生态环境为基本原则。

水生动植物增养殖过程中对病虫害的防治,坚持"以防为主,防治结合"。

渔药的使用应严格遵循国家和有关部门的有关规定,严禁生产、销售和使用未经取得生产许可证、批准文号与没有生产执行标准的渔药。

积极鼓励研制、生产和使用“三效”(高效、速效、长效)、“三小”(毒性小、副作用小、用量小)的渔药,提倡使用水产专用渔药、生物源渔药和渔用生物制品。

病害发生时应对症用药,防止滥用渔药与盲目增大用药量或增加用药次数、延长用药时间。食用鱼上市前,应有相应的休药期。休药期的长短,应确保上市水产品的药物残留限量符合 NY 5070 要求。

水产饲料中药物的添加应符合 NY 5072 要求,不得选用国家规定禁止使用的药物或添加剂,也不得在饲料中长期添加抗菌药物。

渔用药物使用方法见表 2.13。

表 2.13 渔用药物使用方法

渔药名称	用途	用法与用量	休药期/d	注意事项
氧化钙(生石灰)	用于改善池塘环境,清除敌害生物及预防部分细菌性鱼病	带水清塘:200～250 mg/L(虾类:350～400 mg/L) 全池泼洒:20～25 mg/L(虾类:15～30 mg/L)		不能与漂白粉、有机氯、重金属盐、有机络合物混用
漂白粉	用于清塘、改善池塘环境及防治细菌性皮肤病、烂鳃病、出血病	带水清塘:20 mg/L 全池泼洒:1.0～1.5 mg/L	≥5	勿用金属容器盛装;勿与酸、铵盐、生石灰混用
二氯异氰尿酸钠	用于清塘及防治细菌性皮肤溃疡病、烂鳃病、出血病	全池泼洒:0.3～0.6 mg/L	≥10	勿用金属容器盛装
三氯异氰尿酸	用于清塘及防治细菌性皮肤溃疡病、烂鳃病、出血病	全池泼洒:0.2～0.5 mg/L	≥10	勿用金属容器盛装;针对不同的鱼类和水体的pH,使用量应适当增减
二氧化氯	用于防治细菌性皮肤病、烂鳃病、出血病	浸浴:20～40 mg/L,5～10 min 全池泼洒:0.1～0.2 mg/L,严重时 0.3～0.6 mg/L	≥10	勿用金属容器盛装;勿与其他消毒剂混用
二溴海因	用于防治细菌性和病毒性疾病	全池泼洒:0.2～0.3 mg/L		
氯化钠(食盐)	用于防治细菌、真菌或寄生虫疾病	浸浴:1%～3%,5～20 min		

续表 2.13

渔药名称	用途	用法与用量	休药期/d	注意事项
硫酸铜(蓝矾、胆矾、石胆)	用于治疗纤毛虫、鞭毛虫等寄生性原虫病	浸浴:8 mg/L(海水鱼类:8～10 mg/L),15～30 min 全池泼洒:0.5～0.7 mg/L(海水鱼类:0.7～1.0 mg/L)		常与硫酸亚铁合用;广东鲂慎用;勿用金属容器盛装;使用后注意池塘增氧;不宜用于治疗小瓜虫病
硫酸亚铁(硫酸低铁、绿矾、青矾)	用于治疗纤毛虫、鞭毛虫等寄生性原虫病	全池泼洒:0.2 mg/L(与硫酸铜合用)		治疗寄生性原虫病时需与硫酸铜合用;乌鳢慎用
高锰酸钾(锰酸钾、灰锰氧、锰强灰)	用于杀灭锚头鳋	浸浴:10～20 mg/L,15～30 min 全池泼洒:4～7 mg/L		水中有机物含量高时药效降低;不宜在强烈阳光下使用
四烷基季铵盐络合碘(季铵盐含量为50%)	对病毒、细菌、纤毛虫、藻类有杀灭作用	全池泼洒:0.3 mg/L(虾类相同)		勿与碱性物质同时使用;勿与阴性离子表面活性剂混用;使用后注意池塘增氧;勿用金属容器盛装
大蒜	用于防治细菌性肠炎	拌饵投喂:每千克体重10～30 g,连用4～6 d(海水鱼类相同)		
大蒜素粉(含大蒜素10%)	用于防治细菌性肠炎	每千克体重0.2 g,连用4～6 d(海水鱼类相同)		
大黄	用于防治细菌性肠炎、烂鳃	全池泼洒:2.5～4.0 mg/L(海水鱼类相同) 拌饵投喂:每千克体重5～10 g,连用4～6 d(海水鱼类相同)		投喂时常与黄芩、黄柏合用(三者比例为5∶2∶3)
黄芩	用于防治细菌性肠炎、烂鳃、赤皮、出血病	拌饵投喂:每千克体重2～4 g,连用4～6 d(海水鱼类相同)		投喂时需与大黄、黄柏合用(三者比例为2∶5∶3)
黄柏	用于防治细菌性肠炎、出血	拌饵投喂:每千克体重3～6 g,连用4～6 d(海水鱼类相同)		投喂时需与大黄、黄芩合用(三者比例为3∶5∶2)

续表 2.13

渔药名称	用途	用法与用量	休药期/d	注意事项
五倍子	用于防治细菌性烂鳃、赤皮、白皮、疖疮	全池泼洒:2～4 mg/L(海水鱼类相同)		
穿心莲	用于防治细菌性肠炎、烂鳃、赤皮	全池泼洒:15～20 mg/L 拌饵投喂:每千克体重10～20 g,连用4～6 d		
苦参	用于防治细菌性肠炎,竖鳞	全池泼洒:1.0～1.5 mg/L 拌饵投喂:每千克体重1～2 g,连用4～6 d		
土霉素	用于治疗肠炎病、弧菌病	拌饵投喂:每千克体重50～80 mg,连用4～6 d(海水鱼类相同),虾类:每千克体重50～80 mg,连用5～10 d	≥30(鳗鲡) ≥21(鲶鱼)	勿与铝、镁离子及卤素、碳酸氢钠、凝胶合用
恶喹酸	用于治疗细菌性肠炎病、赤鳍病,香鱼、对虾弧菌病,鲈鱼结节病,鲱鱼疖疮病	拌饵投喂:每千克体重10～30 mg,连用5～7 d,海水鱼类:1～20 mg,对虾:每千克体重6～60 mg,连用5 d	≥25(鳗鲡) ≥21(鲤鱼、香鱼) ≥16(其他鱼类)	用药量视不同的疾病有所增减
磺胺嘧啶(磺胺哒嗪)	用于治疗鲤科鱼类的赤皮病、肠炎病,海水鱼链球菌病	拌饵投喂:每千克体重100 mg,连用5 d(海水鱼类相同)		与甲氧苄氨嘧啶(TMP)同用,可产生增效作用;第一天药量加倍
磺胺甲嘿唑(新诺明、新明磺)	用于治疗鲤科鱼类的肠炎病	拌饵投喂:每千克体重100 mg,连用5～7 d	≥30	不能与酸性药物同用;与甲氧苄氨嘧啶(TMP)同用,可产生增效作用;第一天药量加倍
磺胺间甲氧嘧啶(制菌磺、磺胺-6-甲氧嘧啶)	用于治疗鲤科鱼类的竖鳞病、赤皮病及弧菌病	拌饵投喂:每千克体重50～100 mg,连用4～6 d	≥37(鳗鲡)	与甲氧苄氨嘧啶(TMP)同用,可产生增效作用;第一天药量加倍

续表 2.13

渔药名称	用途	用法与用量	休药期/d	注意事项
氟苯尼考	用于治疗鳗鲡爱德华氏病、赤鳍病	拌饵投喂:10.0 mg/(d·kg)体重,连用4~6 d	≥7(鳗鲡)	
聚维酮碘(聚乙烯吡咯烷酮碘、皮维碘、PVP-1、伏碘)(有效碘1.0%)	用于防治细菌性烂鳃病、弧菌病、鳗鲡红头病,并可用于预防病毒病,如草鱼出血病、传染性胰腺坏死病、传染性造血组织坏死病、病毒性出血败血症	全池泼洒:海、淡水幼鱼、幼虾:0.2~0.5 mg/L;海、淡水成鱼、成虾:1~2 mg/L;鳗鲡:2~4 mg/L 浸浴:草鱼种:30 mg/L,15~20 min;鱼卵:30~50 mg/L(海水鱼卵:25~30 mg/L),5~15 min		勿与金属物品接触;勿与季铵盐类消毒剂直接混合使用

说明:用法与用量栏未标明海水鱼类与虾类的均适用于淡水鱼类;休药期为强制性。

(2)禁用渔药。严禁使用高毒、高残留或具有三致毒性(致癌、致畸、致突变)的渔药。严禁使用对水域环境有严重破坏而又难以修复的渔药,严禁直接向养殖水域泼洒抗菌素,严禁将新近开发的人用新药作为渔药的主要或次要成分。禁用渔药见表2.14。

表2.14 禁用渔药

药物名称	化学名称(组成)	别 名
地虫硫磷	O-2基-S苯基二硫代磷酸乙酯	大风雷
六六六	1,2,3,4,5,6-六氯环已烷	
林丹	γ-1,2,3,4,5,6-六氯环已烷	丙体六六六
毒杀芬	八氯莰烯	氯化莰烯
滴滴涕	2,2-双(对氯苯基)-1,1,1-三氯乙烷	
甘汞	二氯化汞	
硝酸亚汞	硝酸亚汞	
醋酸汞	醋酸汞	
呋喃丹	2,3-二氢-2,2-二甲基-7-苯并呋喃基-甲基氨基甲酸酯	克百威、大扶农
杀虫脒	N-(2-甲基-4-氯苯基)N′,N′-二甲基甲脒盐酸盐	克死螨
双甲脒	1,5-双-(2,4-二甲基苯基)-3-甲基-1,3,5-三氮戊二烯-1,4	二甲苯胺脒

续表 2.14

药物名称	化学名称(组成)	别 名
氟氯氰菊酯	α-氰基-3-苯氧基-4-氟苄基(1R,3R)-3-(2,2-二氯乙烯基)-2,2-二甲基环丙烷羧酸酯	百树菊酯、百树得
氟氰戊菊酯	(R,s)-″-氰基-3-苯氧苄基-(R,s)-2-(4-二氧甲氧基)-3-甲基丁酸酯	保好江乌 氟氰菊酯
五氯酚钠(PCP-Na)	五氯酚钠	
孔雀石绿	$C_{23}H_{25}ClN_2$	碱性绿、盐基块绿、孔雀绿
锥虫胂胺		
酒石酸锑钾	酒石酸锑钾	
磺胺噻唑	2-(对氨基苯磺酰胺)-噻唑	消治龙
磺胺脒	N_1-脒基磺胺	磺胺胍
呋喃西林	5-硝基呋喃醛缩氨基脲	呋喃新
呋喃唑酮	3-(5-硝基糠叉胺基)-2-恶唑烷酮	痢特灵
呋喃那斯	6-羟甲基-2-[-(5-硝基-2-呋喃基乙烯基)]吡啶	P-7138 (实验名)
氯霉素(包括其盐、酯及制剂)	由委内瑞拉链霉素产生或合成法制成	
红霉素	属微生物合成	
杆菌肽锌	由枯草杆菌所产生的抗生素,为一含有噻唑环的多肽化合物	枯草菌肽
泰乐菌素	*S. fradiae* 所产生的抗生素	
环丙沙星	为合成的第三代喹诺酮类抗菌药,常用盐酸盐水合物	环丙氟哌酸
阿伏帕星		阿伏霉素
喹乙醇	喹乙醇	喹酰胺醇羟乙喹氧
速达肥	5-苯硫基-2-苯并咪唑	苯硫哒唑氨甲基甲酯
己烯雌酚(包括雌二醇等其他类似合成等雌性激素)	人工合成的非甾体雌激素	乙烯雌酚,人造求偶素
甲基睾丸酮(包括丙酸睾丸素、去氢甲睾 酮以及同化物等雄性激素)	睾丸素 C_{17} 的甲基衍生物	甲睾酮甲基睾酮

四、产品标准

无公害产品基地经过产地认定后，在生产过程中，根据无公害食品生产对投入品使用的原则和技术，制定单一产品的生产技术规程，在审查和评判生产过程后，针对生产的具体产品进行产品检测，产品的残留指标达到无公害食品相应产品的标准后，才可视为无公害食品或农产品。

(一)技术规程

无公害食品生产技术规程是根据每一个作物品种的特殊性而制订的，其内容包括：范围、引用文件、术语和定义、产地环境和生产管理措施。另有不同数量的附录。为了更好地了解，每一类举例如下。

1. 种植业产品(蔬菜和水果) 蔬菜类以白菜为例，水果类以苹果为例说明。

无公害食品　大白菜生产技术规程

1　范围

本标准规定了无公害食品大白菜的生产技术措施要求。

本标准适用于我国无公害食品大白菜的生产。

2　规范性引用文件

下列文件中的条款通过本标准的引用而成为本标准的条款。凡是注日期的引用文件，其随后所有的修改单(不包括勘误的内容)或修订版均不适用于本标准，然而，鼓励根据本标准达成协议的各方研究是否可使用这些文件的最新版本。凡是不注日期的引用文件，其最新版本适用于本标准。

GB 4285　农药安全使用标准

GB/T 8321　(所有部分)农药合理使用准则

GB 16715.2—1999　瓜菜作物种子　白菜类

NY 5010　无公害食品　蔬菜产地环境条件

3　生产技术措施

3.1　产地环境条件

3.1.1　产地环境条件符合 NY 5010 要求。

3.1.2　土壤条件：地势平坦、排灌方便、土壤耕层深厚、土壤结构适宜、理化性状良好，以粉沙壤土、壤土及轻黏土为宜，土壤肥力较高。

3.2　栽培措施

3.2.1　品种选择：选用抗病、优质丰产、抗逆性强、适应性广、商品性好的品种。种子质量应符合 GB 16715.2 要求。

3.2.2　整地：采用高畦栽培，地膜覆盖，便于排灌，减少病虫害。

3.2.3　播种：根据气象条件和品种特性选择适宜的播期，秋白菜一般在夏末初秋播种。华南地区一般秋季播种，叶球成熟后随时采收。可采用穴播或条播，播后盖细土 0.5～1 cm，搂平压实。

3.2.4　田间管理：

3.2.4.1　间苗定苗：出苗后及时间苗，7～8 叶时定苗。如缺苗应及时补栽。

3.2.4.2　中耕除草：间苗后及时中耕除草，封垄前进行最后一次中耕。中耕时前浅后深，避免伤根。

3.2.4.3　合理浇水：播种后及时浇水，保证齐苗壮苗；定苗、定植或补栽后浇水，促进返苗；莲座初期浇水促进发棵；包心初中期结合追肥浇水，后期适当控水促进包心。

3.3　施肥

3.3.1　施肥原则：根据大白菜需肥规律、土壤养分状况和肥料效应，通过土壤测试，确定相应的施肥量和施肥方法，按照有机与无机相结合、基肥与追肥相结合的原则，实行平衡施肥。

3.3.2　基肥：每亩(666.7 m^2)优质有机肥施用量不低于 3 000 kg。有机肥料应根据附录 C 表中的要求充分腐熟。氮肥总用量的 30%～50%、大部分磷、钾肥料可基施，结合耕翻整地与耕层充分混匀。宜合理种植绿肥、秸秆还田、氮肥深施和磷肥分层施用。适当补充钙、铁等中、微量元素。

3.3.3　追肥：追肥以速效氮肥为主，应根据土壤肥力和生长状况在幼苗期、莲座期、结球初期和结球中期分期施用。为保证大白菜优质，在结球初期重点追施氮肥，并注意追施速效磷钾肥。收获前 20 d 内不应使用速效氮肥。合理采用根外施肥技术，通过叶面喷施快速补充营养。

3.3.4　不应使用工业废弃物、城市垃圾和污泥。不应使用未经发酵腐熟、未达到无害化指标的人畜粪尿等有机肥料。

3.3.5　选用的肥料应达到国家有关产品质量标准，满足无公害大白菜对肥料的要求。

3.4　病虫害防治

3.4.1　病虫害防治原则以防为主、综合防治，优先采用农业防治、物理防治、生物防治，配合科学合理地使用化学防治，达到生产安全、优质的无公害大白菜的目的。不应使用国家明令禁止的高毒、高残留、高生物富集性、高三致（致畸、致癌、致突变）农药及其混配农药。农药施用严格执行 GB 4285 和 GB/T 8321 的规定。

3.4.2 农业防治：

3.4.2.1 因地制宜选用抗（耐）病优良品种。

3.4.2.2 合理布局，实行轮作倒茬，加强中耕除草，清洁田园，降低病虫源数量。

3.4.2.3 培育无病虫害壮苗。播前种子应进行消毒处理：防治霜霉病、黑斑病可用 50%福美双可湿性粉剂，或 75%百菌清可湿性粉剂按种子量的 0.4%拌种；也可用 25%瑞毒霉可湿性粉剂按种子量的 0.3%拌种；防治软腐病可用菜丰宁或专用种衣剂拌种。

3.4.3 物理防治：可采用银灰膜避蚜或黄板（柱）诱杀蚜虫。

3.4.4 生物防治：保护天敌，创造有利于天敌生存的环境条件，选择对天敌杀伤力低的农药；释放天敌，如捕食螨、寄生蜂等。

3.4.5 药剂防治：

3.4.5.1 对菜青虫、小菜蛾、甜菜夜蛾等采用病毒如银纹夜蛾病毒（奥绿一号）、甜菜夜蛾病毒、小菜蛾病毒及白僵菌、苏云金杆菌制剂等进行生物防治，或 5%定虫隆（抑太保）乳油 2 500 倍液喷雾，或 5%氟虫脲（卡死克）1 500 倍液，或 50%辛硫磷 1 000 倍液喷雾，或齐墩螨素乳油、5%氟虫腈（锐劲特）、苦参碱、印楝素、鱼藤酮、高效氯氰菊酯、氯氟氰菊酯、联苯菊酯等喷雾进行防治，根据使用说明正确使用剂量。

3.4.5.2 对软腐病用 72%农用硫酸链霉素可溶性粉剂 4 000 倍液，或新植霉素 4 000～5 000 倍液喷雾。

3.4.5.3 防治霜霉病可选用 25%甲霜灵可湿性粉剂 750 倍液，或 69%安克锰锌可湿性粉剂 500～600 倍液，或 69%霜脲锰锌可湿性粉剂 600～750 倍液，或 75%百菌清可湿性粉剂 500 倍液等喷雾。交替、轮换使用，7～10 d 一次，连续防治 2～3 次。

3.4.5.4 防治炭疽病、黑斑病可选用 69%安克锰锌可湿性粉剂 500～600 倍液，或 80%炭疽福美可湿性粉剂 800 倍液等喷雾。

3.4.5.5 防治病毒病可在定植前后喷一次 20%病毒 A 可湿性粉剂 600 倍液，或 1.5%植病灵乳油 1 000～1 500 倍液喷雾。

3.4.5.6 防治菜蚜可用 10%吡虫啉 1 500 倍液，或 3%啶虫脒 3 000 倍液，或 5%啶高氯 3 000 倍液，或 50%抗蚜威可湿性粉剂 2 000～3 000 倍液喷雾。

3.4.5.7 防治甜菜夜蛾可用 52.25%农地乐乳油 1 000～1 500 倍液，或 4.5%高效氯氰菊酯乳油 11.25～22.5 g/hm^2，或 20%溴虫腈(除尽)，或 20%虫酰肼(米满)悬浮剂 200～300 g/hm^2 喷雾，晴天傍晚用药，阴天可全天用药。

附录 A　无公害大白菜生产中禁止使用的农药品种

(规范性附录)

甲拌磷(3911)、治螟磷(苏化 203)、对硫磷(1605)、甲基对硫磷(甲基 1605)、内吸磷(1059)、杀螟威、久效磷、磷胺、甲胺磷、异丙磷、三硫磷、氧化乐果、磷化锌、磷化铝、甲基硫环磷、甲基异柳磷、氰化物、克百威、氟乙酰胺、砒霜、杀虫脒、西力生、赛力散、溃疡净、氯化苦、五氯酚、二溴氯丙院、401、六六六、滴滴涕、氯丹及其他高毒、高残留农药。

(引自 1982 年 6 月 5 日原农牧渔业部和卫生部颁发的《农药安全使用规定》)

附录 B　农药合理使用准则(大白菜常用农药部分)

(规范性附录)

农药名称	剂型	常用药量型	最高用药量	施药方法	最多施药次数(每季作物)	安全间隔期/d
敌敌畏	80%乳油	100 mL/(次·667 m^2)	200 mL/(次·667 m^2)	喷雾	5	≥5
乐果	40%乳油	50 mL/(次·667 m^2)	100 mL/(次·667 m^2)	喷雾	≥10	
辛硫磷	50%乳油	50 mL/(次·667 m^2)	100 mL/(次·667 m^2)	喷雾	3	≥6
敌百虫	90%固体	50 g/(次·667 m^2)	100 g/(次·667 m^2)	喷雾	5	≥7
氯氰菊酯	±0%乳油	20 mL/(次·667 m^2)	30 mL/(次·667 m^2)	喷雾	3	≥5
溴氰菊酯	2.5%乳油	20 mL/(次·667 m^2)	40 mL/(次·667 m^2)	喷雾	3	≥2
氰戊菊酯	20%乳油	15 mL/(次·667 m^2)	40 mL/(次·667 m^2)	喷雾	3	≥12
甲氰菊酯	20%乳油	25 mL/(次·667 m^2)	30 mL/(次·667 m^2)	喷雾	3	≥3
氯氟氰菊酯	2.5%乳油	25 mL/(次·667 m^2)	50 mL/(次·667 m^2)	喷雾	3	≥7
顺式氰戊菊酯	5%乳油	10 mL/(次·667 m^2)	20 mL/(次·667 m^2)	喷雾	3	≥3
顺式氯氰菊酯	10%乳油	5 mL/(次·667 m^2)	10 mL/(次·667 m^2)	喷雾	3	≥3
抗蚜威	50%可湿性粉剂	10 g/(次·667 m^2)	30 g/(次·667 m^2)	喷雾	3	≥11
定虫隆	5%乳油	40 mL/(次·667 m^2)	80 mL/(次·667 m^2)	喷雾	3	≥7
毒死蜱	40.7%乳油	50 mL/(次·667 m^2)	75 mL/(次·667 m^2)	喷雾	3	≥7
齐墩螨素	1.8%乳油	30 mL/(次·667 m^2)	50 mL/(次·667 m^2)	喷雾	1	≥7
百菌清	75%可湿性粉剂	100 g/(次·667 m^2)	120 g/(次·667 m^2)	喷雾	3	≥10

说明：摘自 GB 4285 和 GB/T 8321。

附录C 有机肥料无害化卫生标准

（规范性附录）

项目		卫生标准及要求
高温堆肥	堆肥温度	最高堆温达50～55℃，持续5～7 d
	蛔虫卵死亡率	95%～100%
	粪大肠菌值	10^{-2}～10^{-1}
	苍蝇	有效地控制苍蝇孳生，肥堆周围没有活的蛆、蛹或新羽化的成蝇
沼气发酵肥	密封贮存期	30 d以上
	高温沼气发酵温度	(53±2)℃持续2 d
	寄生虫卵沉降率	95%以上
	血吸虫卵和钩虫卵	在使用粪液中不得检出活的血吸虫卵和钩虫卵
	粪大肠菌值	普通沼气发酵10^{-4}，高温沼气发酵10^{-2}～10^{-1}
	蚊子、苍蝇	有效地控制蚊蝇孳生，粪液中无孑孓。池的周围无活的蛆、蛹或新羽化的成蝇
	沼气池残渣	经无害化处理后方可用作农肥

无公害食品 苹果生产技术规程

1 范围(略)

2 规范性引用文件(略)

3 园地的选择与规划

3.1 园地选择

无公害苹果园地的环境条件应符合NY 5013的规定，其他按NY/T 441—2001中3.1规定执行。

3.2 园地规划

按NY/T 441—2001中3.2规定执行。

4 品种和砧木选择

按NY/T 441—2001的第4章规定执行。

5 栽植

按 NY/T 441－2001 的 5.1～5.6 执行。

6 土壤管理

6.1 土壤耕作

6.1.1 深翻改土：分为扩穴深翻和全国深翻，每年秋季果实采收后结合秋施基肥进行。扩穴深翻为在定植穴（沟）外挖环状沟或放射状沟，沟宽 60～80 cm，深 40～60 cm。全国深翻为将栽植穴外的土壤全部深翻，深度 30～40 cm。

6.1.2 覆草和埋草：覆草在春季施肥、灌水后进行。覆盖材料可以用麦秸、麦糠、玉米秸、稻草等。把覆盖物覆盖在树冠下，厚度 15～20 cm，上面压少量土，连覆 3～4 年后浅翻一次，浅翻结合秋施基肥进行，面积不超过树盘的 1/4。也可结合深翻开大沟埋草，提高土壤肥力和蓄水肥力。

6.1.3 种植绿肥和行间生草：按 NY/T 441—2001 中 6.1.2 的规定执行。

6.1.4 中耕：清耕制果园生长季降雨或灌水后，及时中耕松土，保持土壤疏松无杂草，或用除草剂除草。中耕深度 5～10 cm，以利调温保墒。

6.2 施肥

6.2.1 施肥原则：按照 NY/T 496－2002 规定的标准执行。所施用的肥料应为农业行政主管登记的肥料或免于登记的肥料，限制使用含氯化肥。

6.2.2 允许使用的肥料种类：

6.2.2.1 有机肥料：包括堆肥、沤肥、厩肥、沼气肥、绿肥、作物秸秆肥、泥炭肥、饼肥、腐殖酸类肥、人畜废弃物加工而成的肥料等。

6.2.2.2 微生物肥料：包括微生物制剂和微生物处理肥料等。

6.2.2.3 化肥：包括氮肥、磷肥、钾肥、硫肥、钙肥、镁肥及复合（混）肥等。

6.2.2.4 叶面肥：包括大量元素类、微量元素类、氨基酸类、腐殖酸类肥料等。

6.2.3 施肥方法和数量：

6.2.3.1 基肥：秋季果实采收后施入，以农家肥为主，混加少量铵态氮肥或尿素化肥。施肥量按每生产 1 kg 苹果施 1.5～2.0 kg 优质农家肥计算。施用方法以沟施为主，施肥部位在树冠投影范围内。挖放射状沟（在树冠下距树干 80～100 cm 开始向外挖至树冠外缘）或在树冠外围挖环状沟，沟深 60～80 cm，施基肥后灌足水。

6.2.3.2 追肥：

6.2.3.2.1 土壤追肥：每年 3 次。第一次在萌芽前后，以氮肥为主；第二次在花芽分化及果实膨大期，以磷钾肥为主，氮磷钾混合使用；第三次在果实生长后期，以钾肥为主。施肥量以当地的土壤供肥能力和目标产量确定。结果树一般每生产100 kg苹果需追施氮1.0 kg、磷(P_2O_5)0.5 kg、钾(K_2O)1.0 kg计算。施肥方法是树冠下开沟，沟深15～20 cm，追肥后及时灌水。最后一次追肥在距果实采收期30 d以前进行。

6.2.3.2.2 叶面喷肥：全年4～5次，一般生长前期2次，以氮肥为主；后期2～3次，以磷、钾肥为主，可补施果树生长发育所需的微量元素。常用肥料浓度：尿素0.3%～0.5%，磷酸二氢钾0.2%～0.3%，硼砂0.1%～0.3%，氨基酸类叶面肥600～800倍液。最后一次叶面喷肥应在距果实采收期20 d以前喷施。

6.3 水分管理

灌溉水的质量应符合NY 5013的要求。其他按NY/T 441—2001中6.3的规定执行。

7 整形修剪

按NY/T 441—2001中7.1～7.2的规定执行。冬季修剪时剪除病虫枝，清除病僵果。加强苹果生长季修剪，拉枝开角，及时疏除树冠内直立旺枝、密生枝和剪锯口处的萌蘖枝等，以增加树冠内通风透光度。

8 花果管理

按NY/T 441—2001中第8章的规定执行。

9 病虫害防治

9.1 防治原则

积极贯彻"预防为主，综合防治"的植保方针。以农业和物理防治为基础，提倡生物防治，按照病虫害的发生规律和经济阈值，科学使用化学防治技术，有效控制病虫危害。

9.2 农业防治

采取剪除病虫枝、清除枯枝落叶、刮除树干翘裂皮和枝干病斑，集中烧毁或深埋，加强土肥水管理、合理修剪、适量留果、果实套袋等措施防治病虫害。

9.3 物理防治

根据害虫生物学特性，采取糖醋液、树干缠草绳和诱虫灯等方法诱杀害虫。

9.4 生物防治

人工释放赤眼蜂，以助迁和保护瓢虫、草蛉、捕食螨等天敌。土壤施用白僵菌防治桃小食心虫，并利用昆虫性外激素诱杀或干扰成虫交配。

9.5 化学防治

9.5.1 药剂使用原则：

9.5.1.1 提倡使用生物源农药、矿物源农药。

9.5.1.2 禁止使用剧毒、高毒、高残留农药和致畸、致癌、致突变农药（见附录A）。

9.5.1.3 使用化学农药时，按GB 4285和GB/T 8321（所有部分）规定执行；农药的混剂执行其中残留性最大的有效成分的安全间隔期，见附录B。

9.5.2 科学合理使用农药：

9.5.2.1 加强病虫害的预测预报，有针对性地适时用药，未达到防治指标或益害虫比合理的情况下不用药。

9.5.2.2 根据天敌发生特点，合理选择农药种类、施用时间和施用方法，保护天敌，充分发挥天敌对害虫的自然控制作用。

9.5.2.3 注意不同作用机理农药的交替使用和合理混用，以延缓病菌和害虫产生抗药性，提高防治效果。

9.5.2.4 严格按照规定的浓度、每年使用次数和安全间隔期要求施用，喷药均匀周到。

9.6 主要病虫害

9.6.1 主要病害：包括苹果腐烂病、干腐病、轮纹病、白粉病、斑点落叶病、褐斑病和炭疽病。

9.6.2 主要害虫：包括蚜虫类、叶螨（山楂叶螨、苹果全爪螨、二斑叶螨）、卷叶虫类、桃小食心虫、金纹细蛾和苹果绵蚜。

10 植物生长调节剂类物质的使用

10.1 使用原则

在苹果生产中应用的植物生长调节剂主要有赤霉素类、细胞分裂素类及延缓生长和促进成花类物质等。允许有限度使用对改善树冠结构和提高果实品质及产量有显著作用的植物生长调节剂，禁止使用对环境造成污染和对人体健康有危害的植物生长调节剂。

10.2 允许使用的植物生长调节剂及技术要求

10.2.1 主要种类：苄基腺嘌呤、6-苄基腺嘌呤、赤霉素类、乙烯利、矮壮素等。

10.2.2 技术要求：严格按照规定的浓度、时期使用，每年可使用一次，安全间隔期在20 d以上。

10.3　禁止使用的植物生长调节剂

比久、萘乙酸、2,4-二氯苯氧乙酸(2,4-D)等。

11　果实采收

根据果实成熟度、用途和市场需求综合确定采收适期。成熟期不一致的品种，应分期采收。采收时，轻拿轻放。

附录A　苹果生产中禁止使用的农药

（规范性附录）

包括六六六、滴滴涕、毒杀芬、二溴氯丙烷、杀虫脒、甲拌磷、甲胺磷、甲基对硫磷、对硫磷、久效磷、磷胺、甲基异柳磷、特丁硫磷、甲基硫环磷、治螟磷、内吸磷、克百威、涕灭威、灭线磷、硫环磷、蝇毒磷、地虫硫磷、氯唑磷、苯线磷、水胺硫磷、氧乐果、灭多威、福美胂等砷制剂以及国家规定禁止使用的其他农药。

附录B　苹果生产中常用化学药剂

（规范性附录）

表B.1　杀虫杀螨剂

序号	农药名称	主要防治对象	每年最多使用次数	安全间隔期/d
1	三唑锡	叶螨	3	14
2	联苯菊酯	桃小食心虫、叶螨等	3	10
3	毒死蜱	苹果绵蚜、桃小食心虫	—	—
4	四螨嗪	叶螨	2	30
5	溴螨酯	叶螨	2	21
6	氯氟氰菊酯	桃小食心虫	2	21
7	氯氰菊酯	桃小食心虫	3	21
8	溴氰菊酯	桃小食心虫	3	5
9	顺式氰戊菊酯	桃小食心虫	3	14
10	甲氰菊酯	桃小食心虫	3	30
11	氰戊菊酯	桃小食心虫	3	14
12	吡虫啉	蚜虫	—	—
13	丁硫克百威	蚜虫	3	30
14	炔螨特	叶螨	3	30

表 B.2　杀菌剂

序号	农药名称	每年最多使用次数	安全间隔期/d
1	异菌脲	3	7
2	双胍辛胺乙酸盐	3	21
3	氯苯嘧啶醇	3	14
4	百菌清	4	20
5	多菌灵	—	—
6	甲基硫菌灵	—	—
7	硫磺锰锌	—	—
8	石硫合剂	—	—
9	波尔多液	—	—
10	菌毒清	—	—
11	腐殖酸铜水剂	—	—

说明：使用方法及浓度按有关国家规定执行。

2.畜禽业产品　以肉牛为例说明。

无公害食品　肉牛饲养管理准则

1　范围

本标准规定了无公害肉牛生产中环境、引种和购牛、饲养、防疫、管理、运输、废弃物处理等涉及到肉牛饲养管理的各环节应遵循的准则。

本标准适用于生产无公害牛肉的种牛场、种公牛站、胚胎移植中心、商品牛场、隔离场的饲养与管理。

2　规范性引用文件

下列文件中条款通过本标准的引用而成为本标准的条款。凡是注日期的引用文件，其随后所有的修改单(不包括勘误的内容)或修订版均不适用于本标准，然而，鼓励根据本标准达成协议的各方研究是否可使用这些文件的最新版本。凡是不注日期的引用文件，其最新版本适用于本标准。

GB 16548　畜禽病害肉尸及其产品无害化处理规范

GB 16549　畜禽产地检疫规范

GB 16567　种畜禽调运检疫技术规范

GB/T 18407.3—2001 农产品安全质量 无公害畜禽产地环境要求

GB 18596 畜禽场污染物排放标准

NY/T 388 畜禽场环境质量标准

NY 5027 无公害食品 畜禽饮用水水质标准

NY 5125 无公害食品 肉牛饲养兽药使用准则

NY 5126 无公害食品 肉牛饲养兽医防疫准则

NY 5127 无公害食品 肉牛饲养饲料使用准则

种畜禽管理条例

饲料和饲料添加剂管理条例

3 术语和定义

下列术语和定义适用于本标准。

3.1 肉牛(beef cattle)

在经济或体形结构上用于生产牛肉的品种(系)。

3.2 投入品(input)

饲养过程中投入的饲料、饲料添加剂、水、疫苗、兽药等物品。

3.3 净道(non-pollution road)

牛群周转、场内工作人员行走、场内运送饲料的专用道路。

3.4 污道(pollution road)

粪便等废弃物运送出场的道路。

3.5 牛场废弃物(cattle farm waste)

主要包括牛粪、尿、尸体及相关组织、垫料、过期兽药、残余疫苗、一次性使用的畜牧兽医器械及包装物和污水。

4 牛场环境与工艺

4.1 牛场环境应符合 GB/T 18407.3 要求。

4.2 场址用地应符合当地土地利用规划的要求,充分考虑牛场的放牧和饲草、饲料条件。

4.3 牛场的布局设计应选择避风和向阳,建在干燥、通风、排水良好、易于组织防疫的地点。牛场周围 1 000 m 内无大型化工厂、采矿场、皮革厂、肉品加工厂、屠宰厂、饲料厂、活畜交易市场和畜牧场污染源。牛场距离干线公路、铁路、城镇、居民区和公共场所 500 m 以上,牛场周围有围墙(围墙高>1.5 m)或防疫沟(防疫沟宽

＞2.0 m)，周围建立绿化隔离带。

4.4　饲养区内不应饲养其他经济用途的动物。饲养区外 1 000 m 内不应饲养偶蹄动物。

4.5　牛场管理区、生活区、生产区、粪便处理区应分开。牛场生产区要布置在管理区主风向的下风或侧风向，隔离牛舍、污水、粪便处理设施和病、死牛处理区设在生产区主风向的下风向或侧风向。

4.6　场区内道路硬化，裸露地面绿化，净道和污道分开，互不交叉，并及时清扫和定期或不定期消毒。

4.7　实行按生长阶段进行牛舍结构设计，牛舍布局符合实行分阶段饲养方式的要求。

4.8　种牛舍设计应能保温隔热，地面和墙壁应便于清洗和消毒，有便于废弃物排放和处理的设施。

4.9　牛场应设有废弃物贮存、处理设施，防止泄露、溢流、恶臭等对周围环境造成污染。

4.10　牛舍应通风良好，空气中有毒有害气体含量应符合 NY/T 388 的要求，温度、湿度、气流、光照符合肉牛不同生长阶段要求。

5　引种和购牛

5.1　引进种牛要严格执行《种畜禽管理条例》第 7～9 条，并按照 GB 16567 进行检疫。

5.2　购入牛要在隔离场(区)观察不少于 15 d，经兽医检查确定为健康合格后，方可转入生产群。

6　饲养投入品

6.1　饲料和饲料添加剂

6.1.1　饲料和饲料原料应符合 NY 5127。

6.1.2　定期对各种饲料和饲料原料进行采样和化验。各种原料和产品标志清楚，在洁净、干燥、无污染源的贮存仓内贮存。

6.1.3　不应在牛体内埋植或在饲料中添加镇静剂、激素类等违禁药物。

6.1.4　使用含抗生素的添加剂时，应按照《饲料和饲料添加剂管理条例》执行休药期。

6.2　饮水

6.2.1 水质应符合 NY 5027 的要求。

6.2.2 定期清洗消毒饮水设备。

6.3 疫苗和使用

6.3.1 牛群的防疫应符合 NY 5126 的要求。

6.3.2 防疫器械在防疫前后应彻底消毒。

6.4 兽药和使用

6.4.1 治疗使用药剂时，执行 NY 5125 的规定。

6.4.2 肉牛育肥后期使用药物时，应根据 NY 5125 执行休药期。

6.4.3 发生疾病的种公牛、种母牛及后备牛必须使用药物治疗时，在治疗期或达不到休药期的不应作为食用淘汰牛出售。

7 卫生消毒

7.1 消毒剂

选用的消毒剂应符合 NY 5125。

7.2 消毒方法

7.2.1 喷雾消毒：对清洗完毕后的牛舍、带牛环境、牛场道路和周围以及进入场区的车辆等用规定浓度的次氰酸盐、有机碘混合物、过氧乙酸、新洁尔灭、煤酚等进行喷雾消毒。

7.2.2 浸液消毒：用规定浓度的新洁尔灭、有机碘混合物或煤酚等的水溶液，洗手、洗工作服或胶靴。

7.2.3 紫外线消毒：人员入口处设紫外线灯照射至少 5 min。

7.2.4 喷洒消毒：在牛舍周围、入口、产床和牛床下面撒生石灰、火碱等进行消毒。

7.2.5 火焰消毒：在牛只经常出入的产房、培育舍等地方用喷灯的火焰依次瞬间喷射消毒。

7.2.6 熏蒸消毒：用甲醛等对饲喂用具和器械在密闭的室内或容器内进行熏蒸。

7.3 消毒制度

7.3.1 环境消毒：牛舍周围环境每 2～3 周用 2% 火碱或撒生石灰消毒一次；场周围及场内污染地、排粪坑、下水道出口，每月用漂白粉消毒一次。在牛场、牛舍入口设消毒池，定期更换消毒液。

7.3.2 人员消毒：工作人员进入生产区净道和牛舍要更换工作服和工作鞋、经紫外线消毒。外来人员必须进入生产区时，应更换场区工作服和工作鞋，经紫外线消毒，并遵守场内防疫制度，按指定路线行走。

7.3.3　牛舍消毒:每批牛只调出后,应彻底清扫干净,用水冲洗,然后进行喷雾消毒。

7.3.4　用具消毒:定期对饲喂用具、饲料车等进行消毒。

7.3.5　带牛消毒:定期进行带牛消毒,减少环境中的病原微生物。

8　管理

8.1　人员管理

8.1.1　牛场工作人员应定期进行健康检查,有传染病者不者从事饲养工作。

8.1.2　场内兽医人员不应对外出诊,配种人员不应对外开展牛的配种工作。

8.1.3　场内工作人员不应携带非本场的动物食品入场。

8.2　饲养管理

8.2.1　不应喂发霉和变质的饲料和饲草。

8.2.2　按体重、性别、年龄、强弱分群饲养,观察牛群健康状态,发现问题及时处理。

8.2.3　保持地面清洁,垫料应定期消毒和更换。保持料槽、水槽及舍内用具洁净。

8.2.4　对成年Z种公牛、母牛定期浴蹄和修蹄。

8.2.5　对所有牛用打耳标等方法编号。

8.3　灭蚊蝇、灭鼠、驱虫

8.3.1　消毒水坑等蚊蝇孳生地,定期喷洒消毒药物,消灭蚊蝇。

8.3.2　使用器具和药物灭鼠,及时收集死鼠和残余鼠药,并应做无害化处理。

8.3.3　选择高效、安全的抗寄生虫药物驱虫,驱虫程序要符合NY 5125的要求。

9　运输

9.1　商品牛运输时,应经动物防疫监督机构根据GB 16549检疫,并出具检疫证明。

9.2　运输车辆在使用前后要按照GB 16567的要求消毒。

10　病、死牛处理

10.1　牛场不应出售病牛、死牛。

10.2　需要处死的病牛,应在指定地点进行扑杀,传染病牛尸体要按照GB 16548进行处理。

10.3　有使用价值的病牛应隔离饲养、治病、病愈后归群。

11 废弃物处理

11.1 牛场污染物排放应符合 GB 18596 的要求。

12 资料记录

12.1 所有记录应准确、可靠、完整。
12.2 牛只标记和谱系的育种记录。
12.3 发情、配种、妊娠、流产、产犊和产后监护的繁殖记录。
12.4 哺乳、断奶、转群的生产记录。
12.5 种牛及肥育牛来源、牛号、主要生产性能及销售地记录。
12.6 饲料及各种添加剂来源、配方及饲料消耗记录。
12.7 防疫、检疫、发病、用药和治疗情况记录。

3. 水产养殖业产品 以鲤鱼为例说明。

无公害食品 鲤鱼养殖技术规范

1 范围(略)

2 规范性引用文件(略)

3 环境条件

3.1 产地要求

养殖场地的环境应符合 GB/T 18407.4 的规定。

3.2 养殖用水

3.2.1 水源水质:水源水质应符合 GB 11607 的规定。

3.2.2 养殖池水质:养殖池水质应符合 NY 5051 的规定。

3.3 池塘和网箱条件

3.3.1 池塘条件:池塘以符合表 1 条件为宜。

3.3.2 网箱条件:网箱选择和网箱设置应符合 SC/T 1006—1992 中第 4 章和第 5 章的规定。

表 1　池塘条件

池塘类别	面积/m^2	水深/m	底质	池水透明度/cm	淤泥厚度/cm	清池消毒
鱼苗培育池	500～1 500	0.5～1.0	池底平坦，壤土、黏土或沙壤土	25～30	10～20	鱼入池前 15 d 左右用生石灰 200 mg/L 或漂白粉(含有效氯 3%) 10 mg/L 泼洒
鱼种培育池	500～1 500	1.0～1.5		30～35	10～20	
食用鱼饲养池	1 000～10 000	2.0～2.5		20～40	15～25	

4　苗种培育

4.1　鱼苗培育

4.1.1　鱼苗来源：从鲤鱼良种场引进亲鱼繁殖或直接引进鱼苗。外购鱼苗应经检疫合格。

4.1.2　鱼苗质量要求：按 SC/T 1048.3—2001 中第 5 章的规定执行。

4.1.3　鱼苗下塘时注意事项：鱼苗卵黄囊消失、鳔充气、能平游后方可下塘；鱼苗下塘时水温差应控制在 3℃以内；应选择在晴天进行，下塘地点选择在池塘的上风处。

4.1.4　鱼苗放养：鱼苗培育应采取池塘单养方式。放养时准确计数，一次放足。放养密度为 120～450 尾/m^2。

4.1.5　饲养管理：按 SC/T 1048.3—2001 中 4.3 的规定执行。

4.2　鱼种培育

4.2.1　鱼种来源：由符合 4.1.1 的鱼苗培育而成，或从鲤鱼良种场直接引进鱼种。外购鱼种应经检疫合格。

4.2.2　鱼种质量要求：按 SC/T 1048.3—2001 中 6.1 和 6.2 的规定执行。

4.2.3　鱼种消毒：放养前鱼种应进行消毒，常用消毒方法有：1%食盐加 1%小苏打水溶液或 3%食盐水溶液，浸浴 5～8 min；20～30 mg/L 聚维酮碘(含有效碘 1%)，浸浴 10～20 min；5～10 mg/L 高锰酸钾，浸浴 5～10 min。三者可任选一种使用，同时剔除病鱼、伤残鱼。操作时水温温差应控制在 30℃以内。

4.2.4　鱼种放养：鱼种培育可采取池塘培育或网箱培育方式。池塘培育的鱼种放养按 SC/T 1048.4—2001 中 5.3 的规定执行；网箱培育放养的鱼种规格宜为 5～10 g/尾，放养密度为 2 000～4 000 尾/m^2。

4.2.5　日常管理：池塘培育的日常管理按 SC/T 1008—1994 中 7.4 的规定执行；

网箱培育的日常管理按 SC/T 1007—1992 中 6.1～6.5 的规定执行。

5 食用鱼饲养

5.1 鱼种来源

按 4.2.1 执行。

5.2 鱼种质量要求

按 SC/T 1048.3—2001 中 6.1 和 6.2 的规定执行。

5.3 鱼种消毒

按 4.2.3 执行。

5.4 鱼种放养

食用鱼饲养可采取池塘养殖或网箱养殖方式。池塘养殖可采用套养、主养或单养 3 种放养类型，各地区各品种的放养比例分别按 SC/T 1016.1～1016.7 的规定执行；网箱养殖的鱼种放养规格宜为 50～150 g/尾，放养密度为 200～400 尾/m^2。

5.5 日常管理

除按 4.2.5 执行外，还应填写“水产养殖生产记录”(格式见《水产养殖质量安全管理规定》)。

6 饲料与投饲

6.1 饲料

6.1.1 以投饲配合饲料为主，不宜直接投饲各种饲料原料、冰鲜动物饲料和动物下脚料。

6.1.2 配合饲料应符合 NY 5072 和 SC/T 1026 的规定；饲料原料应符合相应的质量安全标准；动物饲料和动物下脚料应来源清楚，新鲜无污染，投饲前应洗净后用沸水浸泡 3～5 min，或高锰酸钾 20 mg/L 浸泡 15～20 min，或食盐 5%浸泡 5～10 min，再用淡水漂洗后投饲。

6.2 投饲

6.2.1 日投饲量：投饲量的多少应根据季节、天气、水质和鱼的摄食强度进行调整。鱼种配合饲料的日投饲量一般为鱼体重的 3%～6%，食用鱼配合饲料的日投饲量一般为鱼体重的 1%～3%。

6.2.2 日投饲次数：池塘饲养的日投饲次数 2～4 次，网箱饲养的日投饲次数 3～6 次，每次投饲持续时间 20～40 min。

7　病害防治

7.1　病害预防

坚持预防为主、防治结合的原则。一般措施为:操作仔细,尽量避免鱼体受伤。

生产工具使用前或使用后进行消毒或曝晒。用于消毒的药物有:高锰酸钾 100 mg/L,浸洗 30 min;食盐 5%,浸洗 30 min;漂白粉 5%,浸洗 20 min。发病池的用具应单独使用,或经严格消毒后再使用。

鱼苗、鱼种下池前按 4.2.3 进行消毒。

间隔 10~15 d 交替使用含氯制剂或生石灰泼洒养殖水体,用量按 NY 5071 的规定执行;或采用食台药物挂袋,池塘挂袋的用药量为全池泼洒量的 20%~30%,网箱挂袋的用药量为全网箱泼洒量的 5~10 倍。

间隔 10~15 d 用硫酸铜 0.5 mg/L 加硫酸亚铁 0.2 mg/L 全池泼洒。

7.2　常见鱼病及其药物治疗

常见鱼病及其药物治疗见表 2。其他鱼病的药物使用应符合 NY 5071 的规定。

表 2　常见鱼病及其药物治疗

鱼病名称	主要症状	治疗方法	休药期/d	注意事项
细菌性败血症	病鱼厌食、停食,在水中不动或阵发性狂游;上下颌、口腔、鳃盖、眼睛、鳍基及皮肤充血、出血,眼球突出,鳃丝肿胀出血,腹部膨大,剖开后可见腹水,肝脏、脾脏、肾脏肿大,肠系膜、肠壁充血、出血	全池泼洒二氧化氯 0.3~0.5 mg/L,每天 1 次,连用 3~6 d 每千克体重口服磺胺间甲氧嘧啶(与甲氧苄氨嘧啶以 4∶1 比例同用)50 mg,每天一次(首次药量加倍),连用 4~6 d 每千克体重口服维生素 K 5~8 mg	二氧化氯≥10,磺胺间甲氧嘧啶≥30	二氧化氯勿用金属容器盛装;勿与其他消毒剂混用
烂鳃病	病鱼体色发黑,厌食,鳃丝红肿或腐烂、缺损,鳃表面有较多的黏液黏附和白色增生物	全池泼洒含氯制剂,用法用量按 NY 5071 的规定执行;每千克体重口服土霉素 50~100 mg,每天一次,连用 4~6 d	土霉素≥30	土霉素勿与铝、镁离子及卤素、碳酸氢钠、凝胶合用

续表 2

鱼病名称	主要症状	治疗方法	休药期/d	注意事项
细菌性肠炎	病鱼离群独游，厌食、停食；体色发黑，肛门红肿，腹部膨大；剖开鱼腹、肠，可见腹腔中有腹水、肠壁充血发炎、肠内无食物而有大量的黏液，肠壁弹性差	全池泼洒聚维酮碘（有效碘 1.0%）0.2～2 mg/L，每天 1 次，连用 3～5 d 每千克体重口服大蒜素 0.1～0.2 mg，每天 1 次，连用 4～6 d		聚维酮碘勿与金属物品接触；勿与季铵盐类消毒剂直接混合使用
赤皮病	鳞片脱落，体表出血并发炎，伴有鳍基充血，鳍条腐烂	全池泼洒二溴海因 0.2～0.3 mg/L，每天 1 次，连用 3～4 d 每千克体重口服磺胺嘧啶（与甲氧苄氨嘧啶以 4：1 比例同用）50～100 mg，每天 1 次（首次药量加倍），连用 4～5 d；每千克体重口服维生素 B_1 2～4 mg，每天 1 次，连用 4～5 d	磺胺嘧啶 ≥20	
鲤春病毒病	眼球突出，腹部膨胀，肛门发红、肿胀；鳃、皮肤、肌肉、心脏、肝、肾、肠等组织器官出血；肠、腹膜等发炎，高度贫血	采取隔离措施，及时捞出病鱼、死鱼后深埋		
水霉病	初期病灶不明显，数天后病灶部位长出棉絮状菌丝，在体表迅速繁殖扩散，形成肉眼可见的白毛	用食盐 10～30 g/L 浸浴 5～10 min 全池泼洒食盐 400 mg/L 加 400 mg/L 小苏打		
小瓜虫	病鱼体表、鳍条上有白色点状胞囊；鳃丝贫血呈白色，黏液多，鳃瓣上有白色的胞囊，部分鳃丝末端腐烂	用食盐 10～30 g/L 浸浴 5～10 min 0.4 mg/L 干辣椒粉与 0.15 mg/L 生姜片混合加水煮		

(二)产品标准

无公害产品标准包括 8 个条款:范围、引用文件、术语和定义、要求(感官和卫生要求)、实验方法(检测方法)、检测规则、标志和包装运输贮藏。

1. 园艺产品标准　以苹果为例说明。

无公害食品　苹果

NY 5011－2001

1　范围

本标准规定了无公害食品苹果的要求、试验方法、检验规则、标志、标签、包装、运输和贮存。本标准适用于无公害食品苹果的生产和流通。

2　规范性引用文件

下列文件中的条款通过本标准的引用而成为本标准的条款。凡是注日期的引用文件,其随后所有的修改单(不包括勘误的内容)或修订版均不适用于本标准,然而,鼓励根据本标准达成协议的各方研究是否可使用这些文件的最新版本。凡是不注日期的引用文件,其最新版本适用于本标准。

GB/T 5009.11 食品中总砷的测定方法

GB/T 5009.12 食品中铅的测定方法

GB/T 5009.13 食品中铜的测定方法

GB/T 5009.15 食品中镉的测定方法

GB/T 5009.17 食品中总汞的测定方法

GB/T 5009.18 食品中氟的测定方法

GB/T 5009.19 食品中六六六、滴滴涕残留量的测定方法

GB/IT 5009.20 食品中有机磷农药残留量的测定方法

GB/T 5009.38 蔬菜、水果卫生标准的分析方法

GB/T 8559 苹果冷藏技术

GB/T 8855 新鲜水果和蔬菜的取样方法

GB/T 10651 鲜苹果

GB/T 13607 苹果、柑橘包装

GB 14875 食品中辛硫磷农药残留量的测定方法

GB 14877 食品中氨基甲酸酯类农药残留量的测定方法

GB 14879 食品中二氯苯醚菊酯残留量的测定方法

GB/T 14929.4 食品中氯氰菊酯、氰戊菊酯和溴氰菊酯残留量测定方法

GB/T 14973 食品中粉锈宁残留量的测定方法

GB/T 17329 食品中双甲脒残留量的测定

GB/T 17332 食品中有机氯和拟除虫菊酯类农药多种残留的测定

GB/T 17333 食品中除虫脲残留量的测定

SN 0150 出口水果中三唑锡残留量检验方法

SN 0334 出口水果和蔬菜中 22 种有机磷农药多残留量检验方法

SN 0654 出口水果中克菌丹残留量检验方法

IS 08682 苹果气调贮藏

3 术语和定义

GB/T 10651 确立的术语和定义适用于本标准。

4 要求

4.1 感官要求

应符合表 1 的规定。

表 1 无公害食品 苹果的感官要求

项目		指标
风味		具有本品种的特有风味，无异常气味
成熟度		充分发育，达到市场或贮存要求的成熟度
果形		果形端正
色泽		具有本品种成熟时应有的色泽
果梗		完整或统一剪除
果实横径/mm	大型果	≥70
	中型果	≥65
	小型果	≥55

4.2 卫生要求

应符合表 2 的规定。

表 2　无公害食品　苹果的卫生指标　mg/kg

序号	项　目	指标
1	滴滴涕	≤0.1
2	六六六	≤0.2
3	杀螟硫磷	≤0.5
4	敌敌畏	≤0.2
5	乐果	≤1
6	马拉硫磷	不得检出
7	辛硫磷	≤0.05
8	多菌灵	≤0.5
9	氯菊酯	≤2
10	抗蚜威	≤0.5
11	溴氰菊酯	≤0.1
12	氰戊菊酯	≤0.2
13	三唑酮	≤1
14	克菌丹	≤5
15	敌百虫	≤0.1
16	除虫脲	≤1
17	氯氟氰菊酯	≤0.2
18	三唑锡	≤2
19	毒死蜱	≤1
20	双甲脒	≤0.5
21	砷	≤0.5
22	铅	≤0.2
23	镉	≤0.03
24	汞	≤0.01
25	铜(以 Cu 计)	≤10
26	氟(以 F 计)	≤0.5

5　试验方法

5.1　感官指标的检验

按 GB/T 10651 规定执行。

5.2　理化指标的检验

按 GB/T 10651 规定执行。

5.3 卫生指标的检验

5.3.1 六六六、滴滴涕：按 GB/T 5009.19 规定执行。

5.3.2 杀螟硫磷、敌敌畏、乐果、马拉硫磷：按 GB/T 5009.20 规定执行。

5.3.3 辛硫磷：按 GB 14875 规定执行。

5.3.4 多菌灵：按 GB/T 5009.38 规定执行。

5.3.5 二氯苯醚菊酯：按 GB 14879 规定执行。

5.3.6 抗蚜威：按 GB 14877 规定执行。

5.3.7 溴氰菊酯、氯戊菊酯：按 GB/T 14929.4 规定执行。

5.3.8 三唑酮：按 GB/T 14973 规定执行。

5.3.9 克菌丹：按 SN 0654 规定执行。

5.3.10 敌百虫、毒死蜱：按 SN 0334 规定执行。

5.3.11 除虫脲：按 GB/T 17333 规定执行。

5.3.12 三氟氯氰菊酯：按 GB/T 17332 规定执行。

5.3.13 三唑锡：按 SN 0150 规定执行。

5.3.14 双甲脒：按 GB/T 17329 规定执行。

5.3.15 砷：按 GB/T 5009.11 规定执行。

5.3.16 铅：按 GB/T 5009.12 规定执行

5.3.17 铜：按 GB/T 5009.13 规定执行。

5.3.18 镉：GB/T 5009.15 规定执行。

5.3.19 汞：按 GB/T 5009.17 规定执行。

5.3.20 氟：按 GB/T 5009.18 规定执行。

6 检验规则

6.1 检验分类

6.1.1 型式检验：型式检验是对产品进行全面考核，即对本标准规定的全部要求(指标)进行检验。有下列情形之一者应进行型式检验：申请无公害食品标志或无公害食品年度抽查检验；前后两次出厂检验结果差异较大；因人为或自然因素使生产环境发生较大变化；国家质量监督机构或主管部门提出型式检验要求。

6.1.2 交收检验：每批产品交收前，生产单位都应进行交收检验，交收检验内容包括包装、标志、感官要求，检验合格并附合格证的产品方可交收。

6.2 检验批次：同一生产基地、同一品种、同一成熟度、同一包装日期的苹果为一个检验批次。

6.3 抽样方法：按 GB/T 8855 规定执行。以一个检验批次为一个抽样批次。抽取的样品必须具有代表性，应在全批货物的不同部位随机抽取，样品的检验结果适用于整个检验批次。

6.4　判定规则

6.4.1　感官指标：

6.4.1.1　当一个果实存在多项缺陷时，只记录其中最主要的一项。单项不合格果的百分率按式1计算。各单项不合格果的百分率之和即为总的不合格果百分率。

$$X = m_1 / m_2 \tag{1}$$

式中：X 为单项不合格百分率，单位为百分率，%；m_1 为单项不合格果的数量，kg或个；m_2 为检验样本的果品数量，kg或个。

6.4.1.2　在整批样品总不合格果率不超过5%的前提下，单个包装件的不合格果率不得超过10%，否则即判定该样品不合格。

6.4.2　理化指标：有一个项目不合格，即判定该样品不合格。

6.4.3　卫生指标：有一个项目不合格，即判定该样品不合格。

7　标志

无公害食品苹果的销售和运输包装均应标注无公害食品标志，并标明产品名称、数量、产地、包装日期、生产单位、执行标准代号。

8　包装、运输、贮存

8.1　包装

选用钙塑瓦楞箱和瓦楞纸箱为包装容器，其技术要求应符合GB/T 13607的规定。包装容器内不得有枝、叶、沙、石、尘土及其他异物。内包装材料应新而洁净、无异味，且不会对果实造成伤害和污染。同一包装件中果实的横径差异不得超过5 mm。各包装件的表层苹果在大小、色泽等各个方面均应代表整个包装件的质量情况。

8.2　运输

8.2.1　运输工具清洁卫生，无异味。不与有毒有害物品混运。

8.2.2　装卸时轻拿轻放。

8.2.3　待运时，应批次分明、堆码整齐、环境清洁、通风良好。严禁烈日曝晒、雨淋。注意防冻、防热、缩短待运时间。

8.3　贮存

8.3.1　无公害食品苹果的冷藏按GB/T 8559规定执行。

8.3.2 无公害食品苹果的气调贮藏按 ISO 8682 规定执行。

8.3.3 库房无异味。不与有毒、有害物品混合存放。不得使用有损无公害食品苹果质量的保鲜试剂和材料。

2. 畜禽产品标准 以鸡肉和鸡蛋为例,见表 2.15 至表 2.18。

表 2.15 无公害食品鸡肉的理化指标

序号	项 目	指 标
1	解冻失水率/%	≤8
2	挥发性盐基氮/(mg/100 g)	≤15
3	汞(Hg)/(mg/kg)	按 GB 16869 规定执行
4	铅(Pb)/(mg/kg)	≤0.5
5	砷(As)/(mg/kg)	≤0.5
6	六六六(BHC)/(mg/kg)	≤0.1
7	滴滴涕(DDT)/(mg/kg)	≤0.1
8	金霉素/(mg/kg)	≤1
9	土霉素/(mg/kg)	≤0.1
10	磺胺类(以磺胺类总量计)/(mg/kg)	≤0.1
11	呋喃唑酮/(mg/kg)	≤0.1
12	氯羟吡啶(克球酚)/(mg/kg)	≤0.01

表 2.16 无公害食品鸡肉微生物指标

序号	项 目	指 标
1	菌落总数/(cfu/g)	$\leq 5\times10^5$
2	大肠菌群/(MPN/100 g)	$<5\times10^5$
3	沙门氏菌	不得检出

表 2.17 无公害食品鸡蛋理化指标 mg/kg

序号	项 目	指 标
1	汞(Hg)	≤0.03
2	铅(Pb)	≤ 0.1
3	砷(As)	≤ 0.5
4	铬(Cr)	≤ 1.0
5	镉(Cd)	≤ 0.05

续表 2.17

序号	项　目	指　标
6	六六六(BHC)	≤0.2
7	滴滴涕(DDT)	≤0.2
8	金霉素(chlortetracycline)	≤1
9	土霉素(oxytetracyline)	≤0.1
10	磺胺类(以磺胺类总量计) g	≤0.1
11	呋喃唑酮	≤0.1

表 2.18　无公害食品鸡蛋微生物指标

序号	项　目	指　标
1	菌落总数	≤5×10^4
2	大肠杆菌	≤100
3	致病菌(沙门氏菌、志贺氏菌、葡萄球菌、溶血性链球菌)	不得检出

3. 水产品标准

(1)鱼。鱼体中汞、甲基汞、砷、铅、镉、多氯联苯、六六六、滴滴涕的限量应符合 NY 5073 的规定。土霉素、氯霉素、呋喃唑酮、磺胺类、己烯雌酚的限量应符合 NY 5070 的规定。标准见表 2.19 至表 2.21。

表 2.19　鲜鱼感官要求(NY 5053—2001)

序号	项　目	要　求
1	形态	体态匀称,无畸形
2	体表	鱼体具固有的体色和光泽;鳞片完整,不易脱落
3	鳃	色鲜红或紫红,鳃丝清晰,无黏液或有少量透明黏液,无异味及腐败臭
4	眼	眼球明亮饱满,稍突出,角膜透明
5	肌肉	结实,有弹性
6	肛门	紧缩不外凸,不红肿
7	内脏	无印胆现象,雌鱼产卵期除外

表 2.20 水产品中有毒有害物质的限量指标

序号	项 目	指 标
1	汞(以 Hg 计)/(mg/kg)	≤1.0(贝类及肉食性鱼类)
		≤0.5(其他水产品)
2	甲基汞(以 Hg 计)/(mg/kg)	40.5(所有水产品)
3	砷(以 As 计)/(mg/kg)	40.5(淡水鱼)
4	无机砷(以 As 计)/(mg/kg)	≤1.0(贝类、甲壳类、其他海产品)
		≤0.5(海水鱼)
5	铅(以 Pb 计)/(mg/kg)	≤1.0(软体动物)
		≤0.5(其他水产品)
6	镉(以 Cd 计)/(mg/kg)	≤1.0(软体动物)
		≤0.5(甲壳类)
		≤0.1(鱼类)
7	铜(以 Cu 计)/(mg/kg)	≤50(所有水产品)
8	硒(以 Se 计)/(mg/kg)	≤1.0(鱼类)
9	氟(以 F 计)/(mg/kg)	≤2.0(淡水鱼类)
10	铬(以 Cr 计)/(mg/kg)	≤2.0(鱼贝类)
11	组胺/(mg/100 g)	≤100(鲐鲹鱼类)
		≤30(其他海水鱼类)
12	多氯联苯(PCBs)/(mg/kg)	≤0.2(海产品)
13	甲醛	不得检出(所有水产品)
14	六六六/(mg/kg)	≤2(所有水产品)
15	滴滴涕/(mg/kg)	≤1(所有水产品)
16	麻痹性贝类毒素(PSP)/(pg/kg)	≤80(贝类)
17	腹泻性贝类毒素(DSP)/(pg/kg)	不得检出(贝类)

表 2.21 水产品中渔药残留限量(NY 5070—2002)

药物类别		药物名称	指标(MRL)/(mg/kg)
抗生素类	四环素类	金霉素(chlortetracycline)	100
		土霉素(oxytetracycline)	100
		四环素(tetracycline)	100

续表 2.21

药物类别	药物名称	指标(MRL)/(mg/kg)
氯霉素类	氯霉素(chloramphenicol)	不得检出
磺胺类及增效剂	磺胺嘧啶(sulfadiazine) 磺胺甲基嘧啶(sulfamerazine) 磺胺二甲基嘧啶(sulfadimidine) 磺胺甲噁唑(sulfamethoxazole)	100 (以总量计)
	甲氧苄啶(trimethoprim)	50
喹诺酮类	嗯喹酸(oxilinic acid)	300
硝基呋喃类	呋喃唑酮(furazolidone)	不得检出
激素类	己烯雌酚(diethylstilbestrol)	不得检出
	喹乙醇(olaquindox)	不得检出

第二节　包装与标志标准

一、无公害食品的包装

无公害食品的包装满足国家食品包装的基本要求。其主要内容包括:较长的保质期;不带来二次污染;少损失原来营养及风味;包装成本要低;贮藏运输方便、安全;增加美感引起食欲。

在发展与环保问题,现有传统的某些包装不利于环保。一方面,它在食品的贮存和流通中保护了食品;另一方面,又给环境带来了一些的废弃物污染问题。发展无公害食品的包装必须考虑环境保护问题。包装产品从原料、产品制造、使用、回收和废弃的整个过程都应符合环境保护的要求;它包括节省资源、能量,减少,避免废弃物产生,易回收利用,再循环利用,可降解等具体要求和内容。也就是世界工业发达国家要求包装做到“3R”和“1D”(reduce 减量化, reuse 重复使用, recycle 再循环和 degradable 再降解)原则。

从长远看,有利于环境的包装必将得到发展,有害于环境的包装必将被淘汰,这一趋势不可逆转。当务之急是依靠科学进步,加快无公害食品包装标准的制定工作,参照无公害食品的管理办法,对无公害食品包装采取必要的评价和管理,将其纳入法制化、规范化的轨道。

二、无公害食品的标志

无公害农产品标志标准颜色由绿色和橙色组成。

无公害农产品标志基本图案为：

无公害农产品标志规格分为5种，其规格、尺寸(直径)见表2.22。

表2.22　无公害农产品规格

规格	1号	2号	3号	4号	5号
尺寸	10	15	20	30	60

第三节　贮藏与运输标准

一、运输

无公害农产品运输要求如下：收获后应就地修整，及时包装、运输；运输时做到轻装、轻卸，严防机械损伤；运输工具要清洁、卫生、无污染、无杂物；短途运输中严防日晒、雨淋；长途运输中注意采取防冻保温或降温措施，不使产品质量受到影响。

二、贮存

无公害农产品贮存要求如下：临时贮存应在阴凉、通风、清洁卫生的条件下，防日晒、雨淋、冻害及有毒有害物质的污染；堆码整齐，防止挤压等损伤；短期贮存应按品种、规格分别堆码，货堆不得过大，保持通风散热，控制适宜温、湿度；贮存库(窖)内温度应保持在0～4℃范围内，空气相对湿度保持在85%～90%。

第三章　无公害农产品种植技术

第一节　环境调查与选择

无公害农产品产地环境条件包括产地选择要求、环境空气质量、灌溉水质量、土壤环境质量的各个项目及其浓度(含量)限值和试验方法。产地环境条件是基础,对土壤、空气和灌溉水的质量提出了具体的要求。大气、水质、土壤各项检测数据均应在标准允许范围之内。评价方法采用单项污染指数法。

必须选择空气清新、水质纯净、土壤未受污染、具有良好生态环境的地区。大气、土壤和灌溉用水必须符合无公害农产品产地环境标准。

种植布局一定要保持一定水平的群落多样性,防止由于大面积耕作带来的病虫害大流行。

在山坡种植,山顶、山脊、梯田之间须保留自然植被,不得开垦或消除,并为加强固土、保水、挡风作用专门安排种植特定植物。

在坡地种植要沿等高线或修建梯进行栽种。新建茶园坡度不超过 25°。

第二节　土壤管理与肥料使用

无公害农产品生产的施肥原则:以有机肥为主,辅以其他肥料;以多元复合肥为主,单元素肥料为辅;以施基肥为主,追肥为辅。为降低污染,充分发挥肥效,应实施配方施肥,即根据农作物营养生理特点、吸肥规律、土壤供肥性能及肥料效应,确定有机肥、氮、磷、钾及微量元素肥料的适宜用量和比例以及相应的施肥技术,做到对症配方。具体应包括肥料的品种和用量;基肥、追肥比例;追肥次数和时期;根据肥料特征采用的施肥方式。配方施肥是无公害农产品生产的基本施肥技术。尽量限制化肥的施用,如确实需要,可以有限度有选择地施用部分化肥,但应注意掌握施肥方式与施肥品种。

一、施肥方式

以底肥为主的原则：增加底肥比重，一方面有利于培育壮苗；另一方面可通过减少追肥（氮肥为主）数量，减轻因追肥过迟距临近成熟对吸收的营养不能充分同化所造成的污染，还可提高产品的无公害程度。生产中宜将有机肥料全部底施，如有机氮与无机氮比例偏低，辅以一定量无机氮肥，使底肥氮与追肥氮比达 6∶4 施用的磷、钾肥及各种微肥均采用底施方式。

二、肥料选择

（一）以有机肥为主

宜使用的优质有机肥的种类有堆肥、厩肥、腐熟人畜粪便、沼气肥、绿肥、腐殖酸类肥料以及腐熟的作物秸秆和饼肥等。通过增施优质有机肥料，培肥地力。允许限量使用的化肥及微肥有尿素、碳酸氢铵、硫酸铵、磷肥（磷酸二铵、过磷酸钙、钙镁磷肥等）、钾肥（氯化钾、硫酸钾等）、Cu（硫酸铜）、Fe（氯化铁）、Zn（硫酸锌）、Mn（硫酸锰）、B（硼砂）等。掌握有机氮与无机氮之比为（6∶4）～（7∶3）不低于1∶1。

（二）提高无机氮肥的有效利用率

氮素是作物吸收的大量元素之一，生产中需施用大量氮肥补充土壤供应的不足。但大量施用氮素化肥对环境、农产品及人类健康具有潜在的不良影响。这是由于无机氮肥在土壤中易转化为 NO_3-N 和 NO_2-N，其中 NO_3 易被淋溶而污染地下水，NO_2-N 除影响作物生长外，还可经反硝化途径形成氮氧化物释放至大气中，对环境造成不利影响。因此，无公害农产品生产中应减少无机氮肥的施用量，尤其注意避免使用硝态氮肥。对于必须补充的无机氮肥，提倡使用长效氮肥，以减少氮素因淋溶或反硝化作用而造成的损失，提高氮素利用率，减轻环境污染。因此，在常规氮肥的使用中，应配合施用氮肥增效剂，抑制土壤微生物的硝化作用或脲酶的活性，达到减少氮素硝化或氮挥发损失的目的。

在施肥的技术上，根据经济产品确定施肥量；在测土配方施肥的基础上，采用平衡施肥的方法确定适宜的施肥量。某种肥料需要量的估测，可用下式计算：

$$\text{肥料需要量}=\frac{(\text{一季作物的总吸收量}-\text{土壤养分供应量})}{(\text{肥料中该养分含量}\times\text{肥料当季利用率})}$$

$$\text{一季作物的总吸收量}=\text{目标产量}\times\text{每千克产量养分的需要量}$$

(三)测土配方施肥

保持生产基地的农田土壤中的养分输入、输出相平衡的原则做到氮、磷、钾肥以及微肥的均衡供应。农家肥以及人畜粪便应腐熟达到无害化标准的原则。禁止使用未经处理的城市垃圾和污泥,以减少硝酸盐的积累和污染。

第三节　病虫草害的控制

一、病虫草害防治基本原则及措施

(一)基本原则

“预防为主、综合防治”是我国植保工作的总方针,也是植物病害综合治理的基本原则。这个原则以经济学和生态学为基础,把有害生物看成是自然生态系统中的组成部分,他们同作物在统一的环境下既相互依存又相互抑制,在这种动态平衡系统中,有害生物不会自行灭亡,也不会造成明显经济损失。只有自然平衡系统受到破坏时,有害生物才可能猖獗一时,给生产带来严重损失。

根据上述原理,在生产操作中,我们必须从病害与环境及社会条件的整体观念出发,依据标本兼治、防重于治的原则,充分发挥自然控制因素的作用,因地因时制宜地对有关病害采用适当的环境治理、化学治理、生物防治或其他有效手段,组建一套系统的防治措施,把病害控制在经济损害水平之下。“预防”在植物病害的防治中是极为重要的,它包含两层含义:一是通过检疫措施预防危险性病害的传播和蔓延,用于国外或国内局部地区发生的危险性病害;二是在病害发生之前采取措施,把病害消灭在未发生前或初发阶段。“综合防治”作为防治工作的科学管理系统也有两层含义:一是防治对象的综合;二是防治措施的综合。对象综合指的是同一措施尽可能防治多种的疾病。防治措施综合指的是多种防治手段有机结合,以环境治理为基础,根据病害的特点,选择相应的手段和方法,注重各种手段的增效性和互补性,提高整体防治效果,以获得最佳的经济、社会和生态效益。

(二)病虫草害综合防治措施简介

作物的病害防治是基于生物学、生态学和系统论的认识论和方法论。我们只有将植物病害系统看成是病原物与寄主通过寄生致病关系建立起来的动态和开放的系统,在此基础上,综合运用多种手段,科学合理地调节寄主、病原物和环境因素之间的关系,使现代农业生产与生态环境相适应,才能收到良好的防治效果。园艺作物的病害综合治理措施具体可归纳为以下 5 个方面：植物检疫、农业防治、生物防治、物理机械防治、化学防治。

1. 植物检疫　植物检疫是指由国家颁布条例和法令，对植物及其产品特别是苗木、接穗、种子等繁殖材料进行管理和控制，防止危险性病虫草害的传播蔓延。植物检疫分为对外植物检疫和国内植物检疫。其任务是：

(1)禁止危险性病虫草随着植物及其产品由国外输入到国内或由国内输出到国外。

(2)将在国内局部地区已发生的危险性病虫草害封锁在一定范围内，并采取各种措施逐步消灭。

(3)当危险性病虫草害传入新区时，采取紧急措施，不惜人力、物力、财力将其彻底消灭，以防后患。

2. 农业防治　农业防治是一种最基本的防治方法，具体包括以下几个方面：

(1)选用抗病品种。利用抗病品种来控制植物的病虫害是最为有效、经济和易行的措施之一。对于防治许多难以运用耕作措施控制，而又缺乏有效农药的病害，如土传病害、病毒病害、大面积气传病害显得尤为重要，而且可以有效解决化学农药环境污染问题。抗病性是一定的寄主一病原物组合在一定条件下相互作用的结果，随着寄主或病原物的变异和环境条件的改变，品种的抗病性可能逐渐丧失。为延长抗病品种的使用年限，使用中必须采取以下措施：

①推广和应用具有水平抗病性或持久抗病性的品种、多系品种或混合抗病品种。

②合理布局，在病害的不同流行区域采用具有不同抗病基因的品种，在病害的同一流行区域搭配使用具有不同抗病基因的多个品种。

③轮换使用具有不同抗病基因的抗病品种。

(2)搞好田园卫生。搞好田园卫生可以减少多种病害的初侵染和再侵染的病菌来源。主要包括两个方面：一是在生长期将发病初期的病株、病叶、病果及时摘除或拔掉；二是采收后要将遗留在田间的病残植株集中烧毁或深埋。以减少越冬菌量。

(3)合理轮作倒茬。轮作可以有效降低土传病害的发生，轮作时要全面考虑，既要减轻病害，又要符合生产的要求。

(4)加强田间管理。主要有适当调整播期，加强肥水管理，合理整枝、修剪，适期采收，改变种植方式(如平畦变高畦，适当密植)等。

3. 生物防治　生物防治是利用有益生物及其产物来抑制病原物的生存或活动，从而减轻病虫害的发生的防治方法。主要是利用颉颃作用、竞争作用、重寄生作用、捕食作用、交互保护作用原理，采用“以虫治虫、以菌治虫、以菌治菌、引进天敌”的方法，达到防治的目的。由于生物防治无污染、安全有效，近年来日益受到重视，在科研与生产实践方面都取得了重大进展。

4.物理机械防治　物理机械防治就是利用各种物理因素及机械设备或工具防治病虫草害。这种方法简单方便，经济有效，副作用少。但有些方法原始、效率较低，只能作为辅助或应急手段。

(1)机械防治。机械防治就是用人工或机械防治病虫草害，具体方法有：

①清除法，如用人工或机械清除带病的种子子粒，拔除发病的植株。

②捕杀法，适用于害虫。

③诱杀法，又分为毒饵诱杀、潜所诱杀、植物诱杀。

④隔离法，采用覆盖地膜、盖草的方法防治病虫害。

(2)物理防治。物理防治就是利用病虫草对光、热、色、射线、高频电流、超声波等物理因素的特殊反应来防治病虫草害。

①光的应用，如利用夜间活动害虫的趋光性的黑光灯诱杀法；阳光晒种可杀灭种子里面的的虫卵、病菌等；用遮阳网改善作物生长条件防病等。

②颜色的应用，如利用黄板诱蚜；利用银灰膜驱蚜；利用多功能膜防病、抑虫、除草等。

③热的应用，如采用热水浇灌、烘土、地热线加热的方法杀灭土壤中的病原物；高温闷棚抑制作物病情。

④新技术的应用，如用红外线、紫外线杀灭细菌或真菌；用超声波引诱雄虫，干扰害虫的正常繁殖等。

5.化学防治　化学防治是指用化学药剂来防治病虫害，是目前农业生产中很重要的防治措施，具有作用迅速、效果显著、简便易行的特点，但若使用不当，容易造成环境及产品的污染。因此对化学防治必须有一个正确的认识，科学合理地施用，力争用最低的剂量、最少的次数达到最好的防治效果。化学防治方法主要有：土壤施药、植株喷药和烟雾熏蒸等。

(1)种苗处理。种苗处理即用药剂处理种子、苗木、插条、接穗、块根、块茎、鳞茎等，消灭种苗内外的病原物，或使种苗着药以保护种苗免受病原物的侵染。其方法有拌种、浸种、闷种等。

(2)土壤处理。土壤处理即将具有挥发性或熏蒸作用的药剂施在土里，以消灭土壤中的病原物，保护幼苗免受侵染。其方法有穴施、沟施、浇灌、毒土等，施用时间分为播前处理、播后处理、生长期处理等。

(3)植株喷药。植株喷药是最常见的施用方法，分为喷雾与喷粉两种方法。施用时应严格按照说明配药，严格控制施用种类、剂量、喷药时机和次数，避免要害和产品污染。

(4)烟雾熏蒸。烟雾熏蒸一般在大棚中进行，施用时应密闭棚室，以增强效果。要避免产生明火，点燃后人员应当撤离，避免中毒。

二、病虫害防治技术

(一)农业综合防治措施

1.*选用抗病良种* 选择适合当地生产的高产、抗病虫、抗逆性强的优良品种，少施药或不施药，是防病增产经济有效的方法。

2.*栽培管理措施*

(1)保护地蔬菜实行轮作倒茬。如瓜类的轮作不仅可明显的减轻病害而且有良好的增产效果；室棚蔬菜种植2年后，在夏季种一季大葱也有很好的防病效果。

(2)清洁田园。彻底消除病株残体、病果和杂草，集中销毁深埋，切断传播途径。

(3)地膜覆盖。膜下灌水，降低大棚湿度。

(4)配方施肥。增施腐熟好的有机肥，配合施用磷肥，控制氮肥的施用量，生长后期可使用硝态氮抑制剂双氰胺，防止蔬菜中硝酸盐的积累和污染。

(5)设置防虫网。在棚室通风口设置细纱网，以防白粉虱、蚜虫等害虫的入侵。

(6)采用深耕改土、垅土法等改进栽培措施。

(7)推广无土栽培和净沙栽培。

3.*生态防治措施* 主要通过调节棚内温湿度、改善光照条件、调节空气等生态措施，促进蔬菜健康成长，抑制病虫害的发生。

(1)“五改一增加”改有滴膜为无滴膜，改棚内露地为地膜全覆盖种植，改平畦栽培为高垅栽培，改明水灌溉为膜下暗罐，改大棚中部放风为棚脊高处防风；增加棚前沿防水沟，集棚膜水于沟内排除渗入地下，减少棚内水分蒸发。

(2)冬季大棚灌应掌握“三不浇三浇三控”技术，即阴天不浇晴天浇，下午不浇上午浇，明水不浇暗水浇；苗期控制浇水，连阴天控制浇水，低温控制浇水。

(3)防治病虫害时，能用烟雾剂和粉尘剂防治的不用喷雾防治，减少碰内湿度。

(4)常擦拭棚膜，保持棚膜的良好透光，增加光照，提高温度，降低相对湿度。

(5)预防冻害，通过加厚墙体、双膜覆盖，采用压膜线压膜减少孔洞，加大棚体，挖防寒沟等措施，提高棚室的保温效果就，能使相对湿度降到80%以下，可提高棚温3～4℃，从而有效地减轻了蔬菜的冻害和生理病害。

(二)物理防治措施

1. 晒种、温汤浸种　播种或浸种催芽前，将种子晒 2～3 d，可利用阳光杀灭附在种子上的病菌；茄、瓜、果类的种子用 55℃温水浸种 5～10 min，均能起到消毒杀菌的作用；用 10%的盐水浸种 10 min，可将混入芸豆、豆角种子里的菌核病残体及病菌漂出和杀灭，然后用清水冲洗种子，播种，可防菌核病，用此法也可防治种线虫病。

2. 太阳能高温消毒、灭病灭虫　菜农常用方法是高温闷棚或烤棚，夏季休闲期间，将大棚覆盖后密闭选晴天闷晒增温，可达 60～70℃，高温闷棚 5～7 d 杀灭土壤中的多种病虫害。

3. 嫁接栽培　利用黑籽南瓜嫁接黄瓜、西葫芦，能有效地防治枯萎病、灰霉病，且抗病性和丰产性高。

4. 诱杀　利用白粉虱、蚜虫的趋黄性，在棚内设置黄油板、黄水盆等诱杀害虫。

5. 喷洒无毒保护剂和保健剂　蔬菜叶面喷洒巴母兰 400～500 倍液，可使叶面形成高分子无毒酯膜，起预防污染效果；叶面喷施植物健生素，可增加植株抗虫病害的能力，且无腐蚀、无污染，安全方便。

(三)科学合理施用农药

1. 农药的选用　根据农药安全使用准则，目前使用的主要农药品种有：

(1)杀虫剂。

有机磷：敌敌畏、敌百虫、乐果、氧乐果、马拉硫磷、水胺硫磷、杀螟硫磷、辛硫磷、杀虫畏、毒死蜱、甲基毒死蜱、皮蝇磷、伏杀磷、嘧啶氧磷、乙酰甲胺磷、哒嗪硫磷、喹硫磷、甲拌磷、治螟磷、亚胺硫磷、二嗪磷。

氨基甲酸酯：克百威、甲萘威、叶蝉散、涕灭威、丁苯威、残杀威、速灭威、灭多威、恶虫威、乙硫苯威、硫双灭多威。

拟除虫菊酯：胺菊酯、苄呋菊酯、氰戊菊酯、戊菊酯、氯菊酯、二氯苯醚菊酯、甲醚菊酯、甲氰菊酯、溴氰菊酯、炔戊菊酯、氟氯氰氟菊酯。

其他：杀虫双、鱼藤酮、苏云金杆菌、藜芦碱、杀虫环。

(2)杀菌剂。

杂环类：多菌灵、唑菌灵、叶枯净、十三吗啉、乙烯菌核利、敌菌灵、萎锈灵、稻瘟灵。

三唑类：三唑酮、三环唑、烯唑醇。

苯类：甲基硫菌灵、五氯硝基苯、百菌清、敌克松。

有机磷类：稻瘟净、异稻瘟净、克瘟散、三磷铝。

硫类：硫黄、石硫合剂、代森锌、代森锰锌、代森铵、福美双、福美铵、甲基硫双灵。

铜汞类：波尔多液、硫酸铜、碱式硫酸铜、络氨铜、抗枯灵、毒克星。

抗生素类：井冈霉素、春雷霉素、链霉素、氯霉素、灭瘟素。

其他：敌磺钠、琥珀酸。

(3)除草剂。

苯氧类：2，4-滴、2 甲 4 氯、2，4-滴丁酯。

甲酸类：麦草畏。

酰胺类：甲草胺、丁草胺、乙草胺、异丙甲草胺、敌稗。

甲苯胺类：氟乐灵。

磺酰脲类：绿麦隆、绿磺隆、甲磺隆、绿嘧磺隆、嘧磺隆、胺苯磺隆、苯磺隆、吡嘧磺隆。

氨基甲酸酯类：氯苯胺灵、灭草灵、甜菜宁、甜菜安、燕麦敌、野草畏、灭草猛、禾草丹、草达平。

酚类：五氯酚钠。

二苯醚类：乙氯氟草醚、除草醚。

三氮苯类：莠去津、西玛津、氰草津、西草净、扑草净。

杂环类：毒莠定、敌草快、百草枯、野燕枯、杀草松。

其他类：茅草枯、草甘膦、禾草灵、喹禾灵、恶唑灵。

(4)其他。

杀螨剂：三氯杀螨醇、克螨锡、哒螨灵、华光霉素、单甲脒、三环锡、三唑锡、四螨嗪。

杀鼠剂：安妥、敌鼠钠盐、磷化锌、灭鼠优、杀鼠灵、杀鼠迷、溴敌隆、鼠甘伏。

熏蒸剂：溴甲烷、氯化苦、二氯乙烷。

增效剂：增效磷。

植物生长调节剂：矮壮素、赤霉素、多效唑、氯吡脲、复硝酚钾、复硝酚钠、萘乙酸、三十烷醇、烯效唑、乙烯利、芸苔素内酯。

解毒剂：解草安。

2.禁止使用的农药

六六六、滴滴涕：属有机氯类农药，结构稳定，不易分解，残留量大，易形成积累中毒。

西力生、赛力散：属有机汞制剂，在环境、食品和农作物果实中高残留，产生高毒。

毒杀芬：属有机氯农药，高残留，用量大，分解慢，易积累中毒，影响人畜健康。

甲六粉、乙六粉：是甲基 1605 和乙基 1605 同六六粉的混合农药，属高毒、高残留农药。

氯乙酰胺、氯乙酸钠：为急性杀鼠剂，易发生二次中毒，对人畜高毒，且无警戒气味。

培福明：属高毒农药，有慢性累积中毒现象。对动物有致畸、癌变作用，人体接触后易引起皮炎。

杀虫脒：对动物致癌，对人有潜在致癌危险，可导致皮肤癌。

二溴氯丙烷：对动物有致突变和致癌作用，可引起男性不育。

蝇毒磷乳粉：属高毒农药，不能用于蔬菜，也不能在其他作物上使用。

除草醚：对动物有致畸、致突变和致癌等副作用。

三氯杀螨醇：因其在茶叶上残留，有碍人体健康，并影响出口创汇，而被禁止在茶树上使用。并作为一项严格法规来对待，违者罚款，造成恶果者，追究刑事责任。

3.农药使用的关键技术

(1) 确定病虫草发生、危害的种类。在购买和使用农药前，请教当地植保专家或技术员确定病、虫、草的种类及其发生和危害的程度。只有在正确鉴别发生危害的病、虫、草的种类的基础上，才能有的放矢，采取相应的措施，防治其危害。

对于咀嚼式口器害虫如鳞翅目害虫，行表面裸露生活，选用触杀、胃毒剂；对于刺吸式口器和钻蛀性害虫，宜采用内吸性药剂。

(2)对症下药。根据作物和病、虫、草发生的种类，需购买和施用相应的农药品种。防治病、虫、草害，就像人治病一样，对症下药，才能达到防治目的。因为不论是杀虫剂、杀菌剂，还是除草剂，它们的防治对象是有限的，只对某类害虫、病害或某些杂草有效。例如，杀虫双主要是用来防治水稻螟虫，对稻飞虱和叶蝉效果差，而异丙威(叶蝉散)则对稻飞虱和稻叶蝉有效，但对稻螟虫防效差：丁草胺对稻田的稗草效果好，对阔叶杂草防效差，而苄嘧磺隆则对阔叶杂草防效好，对稗草防效差。应当根据防治对象选择对路的农药品种，而不能用一种杀虫剂来防治所有的害虫，用一种杀菌剂来防治所有的病害，用一种除草剂来防除各种作物田里的杂草，更不能用除草剂来防病、治虫。

(3)适时施药。除了选择好对路的农药品种外，还要适时施药。例如，用菊酯类农药防治棉铃虫、红铃虫时，应在卵孵化盛期，幼虫蛀入蕾、铃之前喷药。一旦幼虫已蛀入蕾、铃后再喷药则防治效果差，因为菊酯类农药没有内吸作用，幼虫蛀入蕾、铃后接触不到药剂；用代森锌防治麦类锈病应在发病初期开始喷雾，发病后再喷药则防治效果差，因为代森锌为保护性杀菌剂，无治疗作用；用异丙甲草胺防除玉米田的杂草应在播后苗前喷雾,杂草出苗后施药则除草效果差,因异丙甲草胺为芽前处理剂,对出苗的大草无效。

(4)适量施药。在施用农药时应根据防治对象的种类、生育期、发生量以及环境条件来决定用药量。不同的虫龄和杂草叶龄对农药的敏感性有差异,防治低龄幼虫时,需要的农药量少,反之,则大;防治敏感的对象用药量少,防治有耐药性的对象用药量大;病、虫、草发生量大时,用药量应大些,反之,用药量可少些。适合的农药使用量还受到环境条件的影响,如为了取得相同的药效,土壤处理除草剂在土表干燥、有机质含量高的地里的施用量就要比在湿润、有机质含量低的地里的施用量高。单位面积的使用量随着作物植株的大小而不同,单位面积喷施的药液量应根据作物植株的大小和病、虫为害的部位来定,苗期的作物小,喷施的药液就少,成株期的作物个体大,喷施的药液就多。一般来说,喷施的药液量以叶片完全被药液湿润,药液又不下滴为好。对于除草剂来说,一般是讲单位面积(如 1 亩或 1 hm^2)施用的药量。在使用除草剂时,一定要严格按使用说品书或标签上的要求来施用,不得任意加大或降低用药量,因为除草剂的用量过低,杀不死杂草,用量过高,又可能伤害作物,甚至把作物给杀死了。

(5)均匀施药。除了选择对路的农药品种和适时施药外,还必须均匀施药,才能保证药效。特别是对非内吸性农药,均匀施药更为重要。除草剂对均匀施用的要求比杀虫剂和杀菌剂高,因为除草剂在杂草和作物之间选择性是有限的,漏喷或少喷的地块除草效果不好,而重喷或多喷的地块就有可能产生药害。

(6)合理轮换用药。长期单一施用某一种农药,容易引起病、虫、草产生抗药性,或杂草种类发生变化,使得农药的药效下降。如在小麦地长期使用 2,4 滴,播娘蒿、荠菜等敏感杂草被控制了,但麦家公等抗性杂草为害加重了。所以,应合理轮换作用机制不同的药剂,防止或延缓病、虫、草抗药性的产生和杂草群落的改变,提高农药的使用效果。

(7)合理混用。合理混用农药可提高药效,扩大防治对象,降低用药量,防止或延缓病、虫、草抗药性的产生,避免作物药害。但不可乱混乱用,乱混乱用不仅会降低药效,浪费农药,增加成本,而且还会发生不良的物理化学反应(如凝絮或加速降解),增加毒性,产生药害,降低防效,加大防治成本。

(8)选择适当的施药方法。上面已详细介绍了不同的施药方法,大家应根据农药的性质,防治对象和环境条件选择适合的施药方法。如防治地下害虫,可用拌种或制成毒土进行穴施或条施;又如甲草胺只能用来进行土壤处理,不能作茎叶喷雾;而草甘膦只能用来进行茎叶喷雾,不能作土壤处理。

喷雾法　喷雾器:"卫士"牌手动喷雾器、"没得比"牌手动喷雾器、"PB-16"型手动喷雾器;剂型:乳油、可湿性粉剂、水剂、悬浮剂,喷洒均匀。

喷粉法　喷粉器:"泰山"牌机动喷雾喷粉机、"东方红"牌机动喷雾喷粉机;影响因素:喷粉器的质量、颗粒的均匀度;条件:露地:无风,1 m/s 停止;保护地:粉尘技术。

撒施法　剂型:颗粒剂;方法:直接或拌毒土。

泼浇法　适用范围:水稻害虫;要求:稀释度高。

灌根法　部位:根部施药;防治对象:地下害虫或土壤病害;药剂:具有较好的内吸性。

拌种法　方法:干拌和湿拌。

毒饵法　药剂加食物;引诱的食物:豆饼、花生饼、麦麸、肉类制品。

熏蒸法　适用范围:保护地、森林、仓库和室内害虫;条件:密闭。

涂抹法　适用范围:木本植物。隐蔽害虫、钻蛀害虫。

(四)综合防治

在防治病、虫、草害时,不能只依赖农药。长期大量施用农药会杀伤自然天敌,破坏生态平衡,导致病、虫、草抗药性的产生,使得病、虫、草变得更难防治,为害加重。大家应结合当地的实际情况,把化学防治和其他物理方法、栽培措施、耕作制度、生物防治等有机地结合起来。另外,不能一见病、虫、草就打药,而且非得把它们打得干干净净,一个也不留。这样做也是不妥当的。因为作物有一定的补偿能力,少量病、虫、草的为害不会造成产量损失。大家应用防治指标来指导用药,以避免不必要的和过量的施药。

三、病害的控制

(一)定义及类型

由于受到外界不良条件或有害生物的影响,植物不能进行正常的生理活动,导致整体或局部的生长发育出现异常甚至死亡的现象叫做植物病害。

按不同的系统划分,园艺植物的病害有以下几种类型:

按照病原类别划分,可分为侵染性病害和非侵染性病害(生理病害),侵染性病害又可细分为真菌病害、细菌病害、病毒病害、线虫病害等。

按传播方式划分,可分为气传病害、土传病害、虫传病害、种苗传播病害等。

（二）园艺植物病害的症状

症状是植物生病后的不正常表现；其中寄主植物本身的不正常表现称为病状，病原物在病部的特征表现称为病症。

1. 园艺植物的病状　园艺植物的病状主要分为变色、坏死、腐烂、萎蔫、畸形五大类型。

变色是指植物生病后局部或全株失去正常颜色的现象。变色有两种表现形式：一种为整个植株或叶片部分或全部均匀褪绿、黄化，或呈现其他颜色；另一种为不均匀的变色，表现为变色部位色泽浓淡不均，深绿与浅绿部分相间。其中变色部位轮廓清楚的称为花叶，轮廓不清楚的称为斑驳；变色部分局限在主脉间的称为脉间花叶；沿着叶脉变色的称为脉带或沿脉变色；主脉和次脉变半透明的叫明脉。另外，变色发生在花朵上的称为碎色，还有由遗传原因造成的白苗现象。

坏死是指植物细胞和组织的死亡。坏死表现在叶片上为坏死斑和叶枯。坏死斑根据形状、颜色又可分为褐斑、黑斑、角斑、条斑、环斑、网斑等。叶枯是指叶片上较大面积的枯死现象，且枯死的轮廓没有叶斑明显。叶尖及叶缘的大面积枯死，一般称作叶烧。植物叶片、果实和枝条上还有一种称作疮痂的症状，病部较浅而且很局限，斑点的表面粗糙，有的形成木栓组织而突起。猝倒和立枯是坏死的另一种表现形式，是由于幼苗基部坏死引起的。坏死还有一种梢枯症状，表现为枝条从顶端向下枯死，一直扩展到主茎或主干。

腐烂是指植物组织较大面积的分解和破坏。腐烂根据外部特点可分为干腐、湿腐和软腐；根据发病的部位可分为根腐、基腐、茎腐、果腐、花腐等。

萎蔫是指植物由于整株或局部因脱水而枝叶下垂的现象。萎蔫期间失水迅速、植株仍能保持绿色的称为清枯，不能保持绿色的又分为枯萎和黄枯。

畸形是指植物受害部位的细胞分裂发生促进性或抑制性病变，致使植物整株或局部形态异常的现象。如植株各个器官成比例缩小的矮化和各个器官不成比例缩小的矮缩；叶片的膨肿、皱缩、小叶、蕨叶、线化；果实的缩果和畸形。瘤、瘿、癌也是畸形的表现形式。患病组织局部细胞增生，形成不定型的畸形结构，称为瘤；瘤内包孕着大量病原物叫做瘿；某些细菌引起的根部肿瘤，具残余的疏导组织，特称为癌。病株或须根密集发生，形如扫帚称为丛枝或发根。

2. 园艺植物的病征　园艺植物的病状有粉状物、霉状物、点状物、颗粒状物、脓状物。

粉状物按形状、颜色的不同可分为锈状物、白锈状物、白粉状物、黑粉状物。

霉状物根据特征又可分为霜霉（由气孔伸出的白色至紫灰色霉状物）、绵霉（大量白色、疏松、棉絮状霉状物）、霉层（按颜色不同分别称为灰霉、青霉、黑霉、赤霉等)。

点状物是病部产生的形状、大小、色泽和排列方式各不相同的小颗粒状物,大多暗褐色至褐色,针尖至米粒大小。

颗粒状物是真菌菌丝体变态形成的特殊结构,形状大小有差别,初期一般为淡色,后期多数为黑色,少数棕色。发生在病部体表或茎部髓腔中。大多为菌核病。

脓状物是植株在病部表面溢出的含细菌菌体的脓状黏液,一般为露珠状,或散布为菌液层;气候干燥时形成菌膜或菌胶粒。

(三)园艺植物病害的诊断及预防

植物病害的诊断是控制病害发生的前提,只有正确诊断病害发生的原因,确定病原物的种类,才能为科学防治提供科学的依据。

四、虫害的控制

(一)害虫的监测

害虫对作物的影响与害虫的数量和危害强度成正相关,只有当害虫达到一定数量(即经济阈值)时,才真正影响作物的生理活动和生产量。所以,在有机农业病虫害防治中,并不是见到害虫就喷药,而是当害虫的种群数量达到防治指标时,才采取直接的控制措施。害虫的防治首先应在正确理论指导下,应用正确的监测方法,对害虫的种群动态做出准确的预测。

1.害虫信息素监测　害虫的信息素是由害虫本身或其他有机体释放出一种或多种化学物质,以刺激、诱导和调节接受者的行为,最终的行为反应可有益于释放者或接受者。在自然界里,大多数害虫都是两性生殖,许多害虫的雄性个体依靠雌性释放性激素的气味寻找雌虫。雌虫是性激素的释放者和引诱者,而雄虫则是接受者和被引诱者,性激素是应用最普遍的一种害虫信息素。

2.黑光灯监测　光与害虫的趋性、活动行动、生活方式都有直接或间接的联系。光照因素包括:光的性质(波长或光谱)、光强度(能量)和光周期(昼夜长短的季节变化)。黑光灯是根据害虫对紫外光敏感的特性而设计的,其光波为 365 nm,可诱集多种害虫,可以作为监测害虫发生的手段。

3.取样调查　取样是最直接、最准确的害虫监测方法。其调查结果的准确程度与取样方法、取样的样本数、样本的代表性有密切的关系。田间调查要遵循 3 个基本原则:明确调查的目的和内容;依靠群众了解当地的基本情况;采取正确的取样和统计方法。

(二)害虫的控制

对于虫害控制而言,应根据不同害虫的为害特点,采取相应的防治措施。

以同翅目为主的刺吸类害虫,如蚜虫、叶蝉、木虱、粉虱、蚧等,个体小,数量大,繁殖快,多生活在叶背、叶腋、腋芽及寄主中、下部等较为隐蔽的地方,粉虱类害虫还具有蜡质外壳,给药剂防治带来一定的难度。防治策略:在生产中应以"预防为主"为指导思想,以农业防治措施为基础,加强生物防治的力度并在掌握害虫生物学特性的基础上选择其薄弱环节进行有效的药剂防治,才能达到理想的效果。

食叶类害虫主要包括鞘翅目的各类叶甲及鳞翅目害虫的幼虫,该类害虫直接吞食叶片,食量大,鳞翅目害虫老龄幼虫常具有暴食性,危害性强,一旦暴发,损失不可挽回。此类害虫体形大,叶甲类成虫多据假死及趋光性,鳞翅目害虫幼虫移动缓慢,幼龄时多有群集性且卵、茧及护囊等较为明显,易发现,为药剂防治和人工捕杀创造了有利条件。防治策略:利用趋性诱杀成虫,在大发生时点、片进行药剂防治。另外,天敌对该类害虫的控制作用较为明显,应注意保护有机蔬菜生产基地周围的生态环境。

潜叶蝇等潜叶类害虫个体较小,初期不易发现,潜叶后药剂不易接触,防治效果不明显。防治策略:应加强卵期、成虫期的防治,利用趋性诱杀成虫。

根蛆等地下害虫的幼虫潜伏土中为害,不易及时发现,又有土壤作为保护性屏障,增加了防治难度。另外,由于地下害虫长期生活于土壤中,受环境条件的影响和制约,土壤的理化性状对其分布和生命活动有直接影响。应以"生物防治与农业防治相结合、播种期防治与生长期防治相结合、防治成虫与防治幼虫相结合"为主要防治策略,综合利用控制土壤湿度、诱杀成虫、灌根消灭幼虫等措施进行防治。

第四节　无公害农产品生产实例

一、无公害蔬菜生产技术

(一)种子的选择

在蔬菜栽培实践中,通常把各种播种材料都笼统地称为种子。

1.要有针对性地选择良种　当前市场上蔬菜优良品种很多,但是每一个优良品种都有局限性，不可能十全十美。以番茄为例：如果当地青枯病严重，则要选择抗青枯病品种，如抗青19（广东省农业科学院育成）、杂优3号（华南农业大学育成）；如果当地烟草花叶病严重，则要选择抗烟草花叶病毒品种，如长龄（江苏省农业科学院育成）浙杂805（浙江省农业科学院育成）；如果你要春季提早上市，则要选择有限生长型的早熟耐寒番茄品种，如霞粉（江苏省农业科学院育成）。

2. 种苗必须经过检疫　从外地引进品种，特别是国外引进品种，均应按植物检疫部门的规定进行检查，杜绝恶性病虫草害传入。

3. 引进品种先试验后推广　如上所述各种良种都有局限性，它们的生育习性有差异，为了避免因技术不配套而造成损失，都应经过小区（小面积）试验的步骤，然后大面积推开。

4. 留种　有性繁殖用的种子（如种芋、种姜等）都应从无毁灭性病害和一般病虫害很轻的田块中选择品种纯正的植株，选留下作种子。

5. 防止二次传染　任何来源的种子，都必须品种纯正、无破损，防止病虫害的二次传染。

（二）种子消毒

种子消毒是预防蔬菜病虫最经济有效的方法之一。种子消毒可选下面任何一种方法：

1. 买有种子包衣的种子　当前市场上有许多蔬菜种子，产商在出售前，已用药剂消毒处理过，叫做包衣种子。这类种子不必再行消毒了，买回来可以直接播种。

2. 药粉拌种　一般药粉用量为种子重量的0.1%～0.5%把蔬菜种子和药粉放入玻璃内，摇动5～6 min，使药粉与种子混合均匀后播种。常用杀菌剂是70%的福美双、70%的托布津、50%的多菌灵、30%的瑞毒霉，常用杀虫剂是90%的敌百虫。拌种药剂的品种及用量见表3.1。

表3.1　拌种药剂的品种及用量

作物	药　剂	药剂占种子的比例	防治病害
黄瓜	50%的福美双	0.3	细菌性病害
	50%的多菌灵	0.3	黑星病
菜豆	50%的多菌灵	0.1	枯萎病
白菜	50%的福美双	0.4	黑斑、黑腐、黑根、霜霉
	30%的瑞毒霉	0.4	

3.药水浸种的常用药剂及方法

福尔马林法:先用其100倍水溶液浸种子15～20 min,然后捞出种子,密闭熏蒸2～3 h,最后用清水冲洗干净。

硫酸铜法:1%硫酸铜水溶液浸种子5 min后捞出,用清水冲洗。

此外,对于番茄花叶病毒,可用10%磷酸三钠或2%氢氧化钠的水溶液,浸种15 min后捞出洗净,此法有钝化该病毒效果。药剂浸种方法见表3.2。

表3.2 药剂浸种方法

蔬菜	药 剂	药液浓度或倍数	处理时间/min	防治对象
黄瓜	40%的甲醛	150	10～15	炭疽、角斑、枯萎
	多菌灵盐酸	1 000	60	枯萎病
番茄	磷酸三钠	10%	20	病毒病
	磷酸三钠	10%	20	病毒病
青椒	链霉素	1 000	30	疮痂病
	硫酸铜	100	5	炭疽病
茄子	40%的甲醛	300	15	褐纹病
洋葱	40%的甲醛	300	10	灰霉病
白菜	40%的甲醛	300	10	黑霉病

4.温汤浸种　用种子量5～6倍的55℃温水浸种。浸种时,要不断搅拌种子,并随时补给温水,保持55℃水温。经10 min后,使水温降低(喜冷凉蔬菜为20～22℃,喜温暖和耐热类蔬菜为25～28℃)。然后洗净附着在种子上的黏质,再催芽播种。

5.其他　此外,有些种子必须采取独特的消毒方法。生姜种子剔除肉质变色、有水渍状、表皮容易脱落或干缩的姜块,用20%草木灰水浸种10 min消毒,或喷300倍姜瘟净,用麻袋覆盖闷种3～6 h后再催芽。

马铃薯种薯块时,若刀具误切病薯,则应把刀具放入70%酒精的溶液中消毒一下,再切新的薯块。

(三)适时播种

各种蔬菜的生产栽培的时间都是相对稳定在一定范围内,即具有一定季节性。在这个季节性范围内,蔬菜生长健壮、抗逆性强。但是,市场上需要反季节的蔬菜商品,要解决这个矛盾,地方随心所欲把一个品种提前或延后播种,其结果不是生产失败,就是植株生长衰弱,病虫害严重,需要花费许多农药来保护。

1. 根据园艺设施的性能确定提早种植的时间　一般地说，地膜栽培可比无地膜覆盖的露地栽培提早 10～15 d；小拱棚塑料薄膜覆盖栽培可比露地栽培提早 10～20 d；地膜加小拱棚覆盖可比露地栽培提早 30 d 左右；地膜加塑料大棚可比露地栽培提早 60～70 d。

2. 高山或反季节栽培　高山反季节蔬菜的播种期，按照平原到山区海拔每上升 100 m，气温约降低 0.55℃来计算。或按照季节延迟来计算，春季海拔高度每升高 100 m，气温回暖过程比当地平原迟 3 d；初秋转凉过程比当地平原提前 4 d。

3. 沿海地区　沿海秋季反季节菜的播种期，按照当地霜冻及其最低温度来临的时间来计算。秋季延后种植番茄、菜椒等喜温暖蔬菜，应按照此方法计算播种时期。

4. 其他　对播种期幅度较宽的蔬菜品种，可调整播种季节，躲过当地毁灭性病虫害发生盛期，以减轻病虫害。例如：春季茄果类提早前一年冬季播种，育过冬苗，可以早熟丰产又可以躲过青枯病盛发期；易罹病毒病的甜瓜的播种期，避过当地有翅蚜虫迁飞的盛期再播种，可以减轻病毒病的发病率。秋季马铃薯在它生育后期不受霜冻为害的前提下，尽量推迟播种，可以有效预防青枯病的为害。

（四）培育无病虫的壮苗

蔬菜育苗移植是蔬菜生产的一个重要环节。蔬菜育苗移植是争取季节、经济利用土地和实现早熟高产的重要升措施，也是预防和减轻蔬菜大田病虫害的重要技术措施。

1. 苗床土壤进行彻底消毒或用无土栽培的基质育苗　苗床土壤充分翻犁晒白，浇施 50%多菌灵 800 倍液，然后播种；或将谷壳灰与锯木屑按 3∶1 的比例混合堆积，经发酵后作基质，采取无土栽培育苗；用石灰调节苗床土壤的 pH 值至 5.5～6.5，培育易患青枯病和根肿病的蔬菜苗床的 pH 值要调至 6.5～7。

2. 应用塑料育苗盘或塑料营养钵培育大蔬菜苗并带土移植　该方法可以有效地防止菜苗在移栽时伤根，防止土壤传播的病害感染，又不缓苗，还可抢季节、省工。

3. 覆盖银灰色的遮阳或防虫网育苗　对易患病毒病的大头菜、榨菜、秋番茄、秋大白菜、黄瓜和甜瓜等，在育苗床搭不拱架覆盖银灰色的遮阳网可驱蚜虫。

4. 嫁接育苗　若土壤传播有毁灭性又难治的病害，可用嫁接法预防。例如：为预防西瓜和冬瓜、黄瓜的枯萎病，可用腰形或大腿葫芦瓠为砧木，西瓜或冬瓜、黄瓜作接穗，采用顶插育苗。番茄的青枯病预防，可用茄子作砧木，番茄作接穗嫁接育苗。

(五)精细整地种植

1.深沟高畦　菜田除三沟配套外,整菜畦时要求整成高20 cm以上、宽带畦沟1.5 m、长度约30 m的高畦。要求畦沟中间高,两头低,雨后畦沟不积水。畦面中间稍高、两边稍低,呈马路形。每畦种植蔬菜2行或梅花形种3行。

在上述标准菜畦基础上,土壤质地不同,整畦的高度也应有所不同:黏质土壤和地下水位高的地方,要整更高的畦;沙质土壤可整稍低的畦。洼地整比较高的畦;高地整比较低的畦。

不同蔬菜品种不同,整畦的高度和宽度也应有所差异:绿叶菜类、葱类在田间排水和土质结构好的情况下,可整成宽1.8～2 m的高畦,多行种植;对水分要求严格的蔬菜和根类菜如豆类、薯芋类、瓜类蔬菜可整成高40 cm以上、宽带沟1.1 m的脊畦,每畦种1行;水生蔬菜,整平畦,菜田四周筑田埂,蓄水栽培。

2.合理密植　根据不同蔬菜品种的特性做到合理密植,保持行间有良好的通透性。

3.定植穴要与畦面平,不凹陷　定植深度以浇灌定根水,土壤下沉后根茎部与畦面平为准,不能超过子叶节。

4.晴天定植,定植后立即浇透定根水　春季多雨季节,土壤湿时定植,定植穴加干土后再种植,使菜苗块缓苗,避免死苗、呆苗。

(六)中耕除草

中耕除草的目的是改善蔬菜根系通气状况、除草、保墒降低园间湿度,减轻病虫害发生条件,促进蔬菜生长。

1.人工除草　深中耕宜用中耕锄(又叫三齿锄,专供蔬菜中耕用,锄打成3个长齿),锄头仅宜刮破土表浅中耕。土壤传播病害的盛发期,不宜深中耕。例如夏番茄是5～8月份青枯病盛发期,这时中耕易伤根感病,可用地面覆盖、化学除草等方法。

2.地面覆盖　秋冬和春季推广塑料地膜覆盖栽培。生长期长的蔬菜(如草莓)和杂草比较多的地块,应用黑色地膜覆盖。黑色地膜会除草,但提高土温效果差;无色或白色地膜,可提高土温和除草效果均佳,但成本高。水稻的秸秆是良好的菜地覆盖材料,既可保墒、防病除草又不污染土壤,又会增加菜田有机质。有秸秆地区应大量推广使用。菜地可以全年各季用秸秆覆盖,夏季覆盖尤佳。

（七）蔬菜植株调整

通过蔬菜的引蔓、整枝、剥叶、摘心等植株调整操作，目的是改变菜田蔬菜群体结构的生态环境，使之通风透光，降低田间湿度，以避免病虫害的发生。植株高速应注意以下事项：

1. 搭架引蔓　瓜类、茄果类的番茄、豆类（除矮性品种外）和薯芋类的薯蓣、淮山、豆薯等藤蔓类的蔬菜，在植株拔节时，应及时搭架引蔓。

2. 整枝等田间操作，健壮株先进行，病株后进行　若先对病株整枝后，要再进行健壮枝整枝，则手及工具要消毒。常用 70% 酒精溶液擦洗一遍，以免为传染病害。

3. 植株调整　并要选择晴天进行，阴雨天禁止操作，以免伤口愈合慢，反而感染病害。

4. 调整重点　植株调整的重点工作是，摘除病叶、老叶、无效侧枝和病果及虫柱心果实等。

5. 废弃物　所有植株高速下来的废物，都必须带到园外统一烧毁，如果将植株调整下来的废物作堆肥或放粪坑中作沤肥，一定要达到做堆肥或沤肥的标准后，才能使用。

（八）小拱棚、大棚的管理

小拱棚和大棚因塑料覆盖，形成了与露地不同的相对封闭的特殊小气候环境，因而田间有所不同。

1. 小拱棚和大棚的建造方向　按南北方向建造的，棚内水平方向可获得均匀的光明照，水平光差 1%；适合种植高杆和爬藤蔓类型的蔬菜，如番茄、黄瓜、四季豆等。按东西方向生长建造，南北侧光照差异较大，南北侧光差 20%，适合种植矮类型的蔬菜，如芹菜、短四季豆、西葫芦等。

2. 棚上覆盖的塑料薄膜　一般无色透明新膜的透光率为 90%～93.1%，但膜内附着水滴后，透光率下降到 73%～78%。冬春季一般日照强度和时间不足，因而大棚最好选用透明无滴塑料薄膜。若用去年用过的旧塑料薄膜，一定要把膜清洗干净，以免透光率再度下降，引起蔬菜徒长。

3. 棚的四周要挖深沟排水，棚内的菜畦最好再覆盖地膜　若有管道微喷灌，把管道放置在地膜内灌溉，以减轻棚内的空气湿度。

4. 大棚比小拱棚的棚内增温效果好　棚内的温度变化一般大棚比露地的温度高 3～20℃。白天光照充足，如果薄膜密闭，棚内气温升高很大，可比棚外高 40～60℃。阴雨天和夜间增温效果差，一般比棚外高 1～3℃。

田间管理上，晴天要注意揭膜通风降温，防止高温浇苗；在寒冷的晴天，宜9～15时进行通风或入棚田间操作，15时后闭棚保温，以免晚上温度过低。

5.棚内中央比两侧的土壤湿度小，需要多浇水　棚内空气相对湿度经常处于80%～90%，夜间可达100%。需要经常通风降湿。在寒冷的天气，为避免通风降湿的同时降温过度，宜在棚的两侧边裙的上部通风降温，避免从棚脚将塑料薄膜掀起通风。

6.用棚育苗　培育蔬菜苗的，要在菜苗快出圃的前7 d，开始逐步加大通风降温的力度，锻炼蔬菜的适应性。先从一天通风数小时开始，逐步加大至种前1～2 d，全天候通风炼苗。

(九)水的管理

菜园水管理的目的是保持菜园土壤有一定的湿润状态，主要是解决土壤的干旱或土壤过湿问题。

过量的水又容易造成蔬菜病虫害，特别是病害的发生、发展。科学地管理好水，可以使蔬菜生长健壮，减少许多病的发生。

1.看地管水　富含有机质的土壤，保水与容水力强，黏土次之，沙土最差。沙质土壤脱漏水性好，要多施有机质肥、土杂肥，并采取地面覆盖，以增强水力；可用沟灌去灌水，相反，黏质土壤要多掺沙，要严格掌握灌水量，不过头。一般水淹7～8成畦沟，经0.2～0.5 h即排干水。

2.看天管水　晴天、热天要多灌水，短期绿叶类蔬菜一般每天早晚各浇灌水一次。冷天少灌，阴天不灌蹲苗，以防"久阴沤根"。暑夏浇水必须在9时前，或17时之后，避免中午浇水。但是小菜苗或初定植未成活的菜苗，除早晚浇灌水外，在10时和14时，还要补浇灌2次，使土壤始终保持湿润状态，才不会死苗。

若暑夏炎热中午雨量很少的小雷阵雨，雨后必须立即进行补浇灌透水。否则会因为小雨到炎热的土壤上，水分立即蒸发成温度很高的水蒸气，使蔬菜叶片产生生理病害。菜农俗称的"粗纸叶"，就是小雨后没补浇水所致。

3.看菜管水　小白菜、菠菜等短期绿叶蔬菜，进行"小水勤浇"。一般在夏秋季晴好的天气，早晚各浇灌一次。短期绿叶类的空心菜、豆瓣菜需水量更多，有水生菜习性，可以水生栽培。旱栽时，浇水不足，不但影响产量和品质，而且易发生病害。大白菜、结球甘蓝等大型叶菜，萝卜、马铃薯等根茎菜和冬瓜、菜豆等果菜类，必须首先培养强大的根群、茁壮的秧苗和硕大的外叶，才能获得产品。这类蔬菜的初播种出苗前和初定植成活前，要勤灌，始终保持土壤呈湿润状态。幼苗期要勤灌、少灌。营养生长期，需水量多，要多灌；但不过头，有时甚至还要适当控制水分供应,蹲苗,以防止徒长,促根系往下扎,促进发育。大型叶菜包心结球初期或花蕾出现初期(花椰菜),根茎类的根茎膨大期,瓜果类菜的开花结果盛期需要多灌,使土壤始终保持湿润状况。

对于需要远运、贮藏的大型叶菜、根茎类、瓜果类和葱蒜类中的洋葱和大蒜头、薯芋类(除水芋外)等蔬菜,在临近采收前7～15 d要禁止灌溉。

4. 看苗管水　叶片有较多蜡粉的蔬菜,如花椰菜、结球甘蓝、芥蓝菜和洋葱、大蒜等,如果叶面蜡粉增多,叶色灰蓝而脆硬,说明水分不足,需浇灌。相反,叶色淡,中午叶片不萎蔫,茎节拔长,即水分过多,必须排水或晾地。

冬瓜、黄瓜、早熟瓠瓜等的茎端(龙头)上翘,中午叶甚至下垂,中午叶片萎蔫,则水分不足,需浇灌。草莓叶片边缘早上有小水珠、韭菜顺尖有小水珠(吐水现象),说明水分已足。番茄、胡萝卜、萝卜等,叶色发暗、中年略呈萎蔫,说明水分不足,需要浇灌水了。

5. 播种时,菜畦要浇足底水润畦　定植前菜苗要打水起苗,定植时要浇透定根水,定植成活后浇催苗肥后,又要解水锄地控水蹲苗。进入营养生长发育盛期的初期,要“追肥开水(沟灌)”。对于一般喜湿性的蔬菜,每次施肥后,次日要进行灌溉,谓“解水”。对于喜湿性不高的蔬菜种类,讲究浇过就锄(中耕)、雨后也锄、少浇勤锄。如豆类蔬菜,它需水量少,地下根系上的根瘤菌发育需要大量的空气,浇施或雨后,土壤容易板结,影响通透性,所以必须浇过就锄。

(十)肥料施用技术

1. 蔬菜的肥料吸收特点

(1)蔬菜喜肥,属于好肥性作物。蔬菜对养分吸收量比稻谷类作物大得多。与小麦相比,吸氮高40%,吸磷高20%,吸钾高1.92倍,吸钙高4.3倍。加上蔬菜产量高,周年茬口多,要求较肥沃的土壤条件,而缺肥对蔬菜产量和质量的影响要比一般大田作物大得多。

(2)蔬菜根系吸肥能力强。

(3)氮肥使用。蔬菜属于喜氮肥作物,对铵态氮肥敏感,硝态氮肥(如硝酸钠、硝酸钙)蔬菜吸收快,提高产量显著。但是过量施硝态氮肥,蔬菜体内易累积大量硝酸盐过量被人食后会转化成亚硝肽,亚硝肽会危害人体健康。如果铵氮肥(如硫酸铵、碳酸氢铵、氯化铵)施得过多,会发生严重生育障碍。所以在蔬菜栽培中,应注意各种状态氮肥的比例,铵态氮肥一般不宜超过氮肥总施肥量的1/4～1/3。

(4)蔬菜根系呼吸需氧量高。土壤通气状况的好坏,对根系形态的吸收功能有很大的影响。蔬菜栽培上,中耕是一项重要的田间技术环节。

(5)多数蔬菜吸钾量大。茄果类、瓜类、根菜害、结球叶菜类等蔬菜吸收的矿质元素中,在各种矿质肥料里面,钾素营养占第一位。

(6)重金属。蔬菜喜钙,吸硼量高于其他作物,还会富集土壤中各种矿质元素,因此含有大量重金属盐的城镇垃圾,不能在菜田里作肥料用。

2.无公害蔬菜的施肥原则

(1)有机肥为主,化学肥料为辅。试验表明:蔬菜田单纯化肥比单纯施有机肥,菜体中的硝酸盐残留量要高1～4倍。这是由于生物降解有机质,养分释放慢,减少土壤中硝态氮的浓度,更有利于蔬菜对养分的吸收。因此无公害蔬菜生产用肥,必须以有机肥为主,矿质化学肥料和微量元素肥为辅。

城镇垃圾经过堆集发酵,原是传统农业中一种主要有机肥。但今非昔比,现代城镇垃圾中,有机质含量少而工业废弃物多,如电池、塑料袋等大量增加,已成为重金属等污染的来源。因此菜田禁止城镇垃圾作肥料。即使农家垃圾,也必须把工业废弃物剔除后,再经堆集发酵无害化处理后方可使用。

为弥补当前有机肥不足,当前各地应运而生了许多人造有机肥。它具有肥效高、用量少、不脏臭的特点,很适合无公害蔬菜生产使用。值得注意的是,除草木灰和人造有机肥外,所有有机肥都要经过堆集发酵后方可使用。试验表明:经过高温发酵后有机粪肥,可100%杀死大肠杆菌等病原微生物,可以减少体积和重量1/3～1/2,便于田间运输使用,还可明显降解原材料中含有的六六六、滴滴涕、有机磷。泥肥和塘泥肥要经过半年以上的堆积分化后才可使用。否则,未腐熟的有机肥在施到田间后再进行发酵,容易伤害菜根(即俗称"烧根")。

(2)限量使用氮肥。氮素肥料是蔬菜生产使用量最大的肥料。蔬菜的整个生长期间都需要氮肥。当氮肥充足时,植株生长茂盛,叶色浓绿,高产。相反,氮肥缺乏时,茎细叶小,颜色发黄,产量和品质都下降。但是,超量施用氮素肥,会引起菜体内硝酸盐含量剧增,容易发生病虫害。

①不同种类的蔬菜施氮肥量不同。各种含氮肥料超量使用,都会使菜体内硝酸盐含量增加。但是,不同种类的蔬菜,菜体内积累硝酸盐的能力有差异[叶菜类>根茎菜类>花(果)菜类]。叶菜类最容易积累硝酸盐。根据试验,每亩(666.7 m^2)每茬的叶菜类,施用纯氮量以20 kg为临界值;若超量,对硝酸盐累积有超标污染的危害。长期大型叶菜类,如大白菜、结球甘蓝、芥菜等,每亩(666.7 m^2)每茬用纯氮量不得超过15 kg;短期小型绿叶菜类,如小白菜、芥蓝、菠菜、生菜等,每亩(666.7 m^2)、每茬用纯氮量不得超过10 kg。

②易积累硝酸盐的菜,尽量少用硝态氮肥。短期小型绿叶菜类中的小白菜的花瓶菜品种类型(如油冬儿、上海三月蔓品种)、油菜品种类型(如黑叶土白、江门白

品种）和菠菜的许多品种，特别容易在菜体内积累硝酸盐。对这些特别容易积累硝酸盐的蔬菜品种，除了限制氮素肥料的使用量外，还要考虑氮素肥料的品种。在同样总用量的水平下，尽量多选用有机肥中氮肥或化肥中酰胺态的氮肥，少用或不用硝态氮肥。

③高肥力土壤（全氮量大于 0.12%）不施化学氮肥。一般土壤中氮的含量约为 0.1%～0.3%，红壤、黄壤还不到 0.1%。土壤中氮主要存在于土壤有机质中。有机质丰富的菜园，种植易积累硝酸盐的短期绿叶类，不施化学氮肥。

对于一般肥力的土壤，有机肥与无机化学氮肥的用量比例不能少于 1∶1。

④氮素肥要与其他元素肥料配合使用。在蔬菜栽培上，往往把氮肥叫作叶肥，磷肥叫作果肥，钾肥叫作根茎肥料。但是，这并不是说，某类蔬菜只需要一种肥料，而只是表明各类蔬菜对各类元素要求的侧重点有所不同。如果蔬菜栽培上，单纯施用一种肥料，会对于蔬菜整体生长上发生不良影响。

试验表明：单纯施氮比氮磷钾配合施肥，菜体内硝酸盐含量高 2～5 倍。在氮磷肥的基础上施用钾肥，可使菠菜体内的硝酸盐含量降低 12.9%～37.7%，青菜的硝酸盐降低 28.2%，生菜的硝酸盐降低 12.0%～17.4%，芹菜的硝酸盐降低量则随施钾量的升高而增加。所以无公害蔬菜生产，对容易积累硝酸盐的蔬菜品种，要适量增加钾肥的施用量。

有条件的地方，应根据土壤和蔬菜种类，大力推广蔬菜配方施肥技术，提倡使用专用肥。

⑤禁止蔬菜施氮肥后立即上市。蔬菜最后一次追施氮肥后，至产品收获上市必须有一段安全间隔期，才能上市。根据试验；蔬菜施用氮肥后的第二天，菜体内的含量最高，以后随着时间的推移逐渐减少。对于最容易累积硝酸盐的短期绿叶蔬菜类，应该在最后一次追施肥后的第八天才可以上市。生长在不同季节，同一种菜菜体内积累硝酸盐的量和硝酸盐被消解的速度有差异。在夏秋高温季节，不利于菜体内积累硝酸盐，安全间隔可以期可以稍短；冬春季气温低，光照弱，硝酸盐还原酶活性下降，容易积累硝酸盐，安全间隔期宜稍长。

冬春季不用旧塑料覆盖的大棚或小拱棚生产短期绿叶菜类。冬春季阴天多，光照不足，棚内种菜易积累硝酸盐。如果要种，则安全间隔期要延长。

3. 肥料的施用方法

（1）基肥的施用。基肥系指在蔬菜播种前或定植前施入田间的肥料。无公害蔬菜生产，基肥应以有机肥为主，混拌入适量的化肥。基肥施用量应占供给作物总施肥量的 70%以上。其中植物残体肥或土杂肥等有机肥和矿质磷肥、草木灰全数作基肥，其他肥料可部分作基肥。在确立基肥的品种和数量时必须注意以下几点：

①要防肥料浓度的障碍。在基肥的总量中,避免使用过量的化肥作基肥。可能造成局部意外的高浓度肥料障碍;有机肥缓效,缓冲性大,即使大量施用,也很少发生浓度障碍;因此蔬菜基肥施用总量不足时,只能通过增加有机肥的数量来满足。

②基肥中氮素化肥,少用硝态和铵态氮化肥。蔬菜是喜硝态氮作物,但硝态氮化肥施入土壤不易被土壤吸附,易被雨水或灌溉淋失,故不宜大量作基肥;铵态氮化肥施得太多,会发生严重的生育障碍,出现叶色黄化或萎缩现象。同时还会影响作物钙镁肥吸收,故亦不宜大量作基肥。因此,应该用有机质氮肥酰胺态氮肥(尿素)。

③氮素基肥中,供给作物氮量的70%作基肥,30%作追肥。在作追肥的30%氮素肥中,化肥应占3/5。有机氮素肥如人粪尿,作追肥仅在蔬菜作物的定期初期使用。

④磷肥应全数作基肥。蔬菜对磷酸的吸收量,以氮素为100时,则为25～30。蔬菜生育中需要磷肥的时期是在生育的初期。如果苗期磷肥不足,即使后期补追大量的磷肥,产量还是降低了。所以磷肥一般全数作基肥。

⑤基肥中钾肥不宜太多。常规的钾肥施用量多为蔬菜作物吸收量的0.8～1.5倍。钾肥施入土壤不易被水淋失,而且钾肥比其他成分肥料被蔬菜作物吸收。但是一次性钾肥施用量过多,会影响钙、镁等养分吸收,容易引起生理缺钙、镁元素的缺素症。所以钾肥要基肥用一部分,另留一部分作追肥用。

基肥的施用方法是:宜在园地翻犁前全面撒施肥料;其他种类的蔬菜,以条施为主进行施用,即在菜畦中央挖深沟,向沟里施有机肥肥或厩肥等有机质肥料,然后在它的上面撒施化肥,再覆盖土壤、整畦。

(2)追肥的施用。追肥系指蔬菜播种后或定植后追加补充的肥料。追肥应根据不同蔬菜、不同生长时期,适时适量地分期追施,以满足蔬菜各个生长时期的需要。

①短期绿叶菜类追肥法。在基肥充足的基础上,直播的菜全茬只要浇水直到采收,可以不必追肥。如果在栽培过程发现叶色退绿缺肥,即需要追肥。不过最后一次追肥,必须在蔬菜采收之前20 d以上追施。选用的肥料不用硝态氮肥,应用氮磷钾复合肥或尿素,并采用泡水浇施。

②长期菜追肥法。在初定植的苗期,经常追施氮肥,促苗健壮。蔬菜产品形成初期为追肥重点,注意按不同蔬菜种类要求配合施用氮、磷、钾。蔬菜产品将要采收前,少追肥或不追肥。各种蔬菜追肥重点时期为:

根菜类、葱蒜类的洋葱和薯芋类,重点追肥在根或茎开始膨大期。

白菜类、甘蓝类、芥菜类等长期绿叶菜,追肥重点在结球初期或花球出现初期

(花椰菜)。

瓜类、茄果类、豆类,追肥重点在第一朵雌花结果(荚)牢靠后。

不管是哪种菜,都要注意氮肥的形态与追肥的效果。各种叶菜类的栽培早期,都可以追施硝态氮肥,但末次追肥应改用氮磷钾复合肥或尿素。氯化铵在降雨量多、淋失严重的季节施用,肥效高;反之,在干燥的时候,则易出现严重的浓度障碍,导致产量下降。硝酸铵和酰胺态氮肥在低温期效大,在多雨时期肥效稍差。淀粉类的蔬菜,如马铃薯、芋等,最好不用氯化铵氮肥,氯离子会降低这些菜的品质。

追肥的施方法有两种方式:浇施和干施。浇施是把人畜粪肥渗水或化肥泡水溶化后浇施。种植密度大的短期绿叶菜类,全园浇施。种植密度小的长期菜类,可用条施、环施、穴施,注意肥料尽量不要施在菜叶上。干施用于生长期长的蔬菜,在其追肥重点时期,可在菜畦的株行间,挖小洞穴,将化肥施入后,洞穴上覆盖土壤。注意每次追肥挖的小洞穴要错开,如第二次在行间。追肥要注意与其他农事活动配套。一般菜田先行中耕、除草、培土后,再施肥,次日灌水。

(3)根外追肥。根外追肥系指在蔬菜叶面上,用喷洒肥料溶液或肥料粉末的方法,使蔬菜通过叶子进行营养吸收。根外追肥适用于容易被土壤固定及淋失的肥料和春季长期下雨土壤过湿时应用 。

根外追肥用的肥料溶液的浓度,因作物及外界条件的差异而不同。一般为0.1%～1%。根外追肥最好在傍晚或早晨露水干后9时以前进行,因为这时叶片气孔张开,有利于植株吸收。根外追肥后需要4 h无雨,否则效果很差。

氮肥的根外追肥宜选用有机氮肥,如奥普尔、氨基酸复全微肥等,宜在采收前10 d左右进行。

磷肥根外追肥宜选用磷酸二氢钾或过磷酸钙。如用过磷酸钙。须经过滤,即按1∶(50～80)的比例加入水泡浸一昼夜,然后过滤液体喷洒。钾肥用氯化钾或硫酸钾,须泡水成0.3%～1%浓度后使用。硼肥、钼等微量元素肥料最好都采用根外追肥方法施用,因为这些肥料使用量很少,如用作基肥或根际追肥,用量要多,而且不易均匀。

4.对含有害物质的土壤的改良　对含重金属、有机氯等有害物质的菜园土壤必须予以改良。如种植短期叶菜类,每亩(666.7 m^2)每茬可施用石灰20 kg,厩肥100 kg,硫磺15 kg(土壤pH值在6.5左右)任选其中一种随基肥施入。如种植长期各种类蔬菜,每亩(666.7 m^2)每茬施石灰25 kg,厩肥100 kg,硫磺2 kg(土壤pH值在6.5左右)任选一种随基肥施入。

（十一）病虫害防治技术

1.*蔬菜病虫害发生的特点*　改革开放后，各地种菜的积极性空前高涨，蔬菜种植面积扩大，栽培的品种增多。反季节菜生产技术普及，复种指数提高，已有十几种菜可以周年生产、周年供应，蔬菜作物的生态系统平衡被破坏了。从而蔬菜病虫害的种类、种群和发生季节也随之发生了改变。

（1）病虫害种类多。主要的害虫有小菜蛾、菜青虫、甜菜夜蛾、斜纹夜蛾、黄曲条跳甲、斑潜蝇（主要有美洲斑潜蝇和南美斑潜蝇）和蚜虫（主要有桃蚜、萝卜蚜）等。较严重的病害有：白菜类的软腐病、病毒病、霜霉病、地下线虫；瓜类的霜霉病、炭疽病、疫病、枯萎病；豆类的白粉病、锈病、枯萎病、病毒病；茄果类的早疫病、晚疫病、青枯病、疫病、灰霉病和病毒病等。

（2）发生面积大，危害损失重。据不完全统计，病虫害发生面积是20世纪80年代发生面积的5～10倍。甜菜夜蛾、斜纹夜蛾、菜青虫、黄曲条跳甲、斑潜蝇和菜蚜等蔬菜主要害虫，寄主范围广，对多种类蔬菜构成危害。病毒和线虫病已成为蔬菜生长的障碍，受害蔬菜一般产量损失10％～15％，重的甚至绝收。

（3）害虫演替发生规律复杂。几种主要害虫演替发生，对不同生产季节的蔬菜造成危害，如春季小菜蛾、菜青虫、黄曲条跳甲、南美斑潜蝇、菜蚜；夏季上述几种害虫发生较少，但甜菜夜蛾、斜纹夜蛾、美洲斑潜蝇等猖獗；秋季上述几种害虫并发，危害最为严重；冬季虫量较少，小菜蛾、斑潜蝇仍有一定危害。

（4）一些次要病虫害上升为重要病虫害。杂食性夜蛾类害虫，如甜菜夜蛾、斜纹夜蛾和斑潜蝇日趋严重；蔬菜各种病毒也日趋严重。

（5）病虫害抗药性越来越强。小菜蛾、甜菜蛾几乎对所有常用杀虫剂产生了较高抗药性，给生产上害虫防治带来困难。

2.*蔬菜病虫害综合防治技术*　蔬菜病虫害的防治必须贯彻“预防为主，综合防治”的方针。

（1）农业栽培技术防治。宏观上，把蔬菜生产纳入当地大农业生产中的一部分，统一安排农田耕作、轮作计划。除城镇郊区常年菜地外，各地的季节菜地、反季节菜地都要因地制宜种植蔬菜。一个地方种植蔬菜的种类、品种不要过多，要分属不同科，这样可断许多病虫的食物链，一些寡食性的害虫，就会因断粮饿死，猖獗不起来。微观上，每一茬菜的栽培过程中，要从选地、整畦、品种选择、茬口安排、种子消毒、播种育苗，至定植、田间管理，到产品采收及产品处理等各个农事环节预防。

(2)化学防治技术。

病虫害防治的药剂选用原则：

所有使用的农药都必须经过农业部药检定所登记。严禁使用未取得登记和没有生产许可证的农药，以及无厂名、无药名、无说明的伪劣农药。

禁止在蔬菜上使用甲胺磷、水胺硫磷、杀虫脒、呋喃丹、氧化乐果、甲基1605、1059、苏化203、3911、久效磷、磷胺、磷化锌、磷化铝、氯化物、氟乙酰胺、砒霜、溃疡净、氯化苦、五氯酚、二溴丙烷、401、氯丹、毒杀酚和一切汞制剂农药以及其他高毒、高残留等农药。

尽可能选用无毒、无残或低毒、低残留的农药。具体来说，首先，选择生物农药或生化制剂农药，如Bt、白僵菌、天霸、天力二号、菜丰灵等；其次，选择特异昆虫生长调节剂农药，如抑太保、卡死克、除虫脲、灭幼脲、农梦特等；第三，选择高效低毒残留的农药，如敌百虫、辛硫磷、克螨特、甲基托布津、甲霜灵等；最后在灾害性病虫害会造成毁灭性损失时，才选择药效为中等毒性和低残留的农药，如敌敌畏、乐果、速灭杀丁、天王星、敌克松等。

适用于无公害蔬菜生产的农药类别：

①生物农药　如细菌杀虫剂(B. t.)、真菌杀虫剂(如白僵菌、蜡蚧轮枝菌等)、昆虫病毒杀虫剂以及昆虫信息素类(如性诱剂等)。

②现代概念的植物源农药　即对害虫有拒食、驱避、阻碍生长发育、干扰生殖等特异作用的植物提取物(如印楝素、川楝素)，而不是依靠毒性杀死害虫的植物提取物(如藜芦碱、烟碱、鱼藤酮等)的旧概念旧产品。

③昆虫生长调节剂(IGR)　可通过阻碍害虫蜕皮、干扰发育起到控制作用，对人及高等动物无害，对天敌影响小，对环境安全，如卡死克、抑太保、除虫脲、扑虱灵等已广泛应用，新品种如灭蝇胺、米满(虫酰肼)等也已开始推广。

④高效、速效、低残留药剂　如拟除虫菊酯类，特别是一些新品种(如四溴菊酯)在北方防治蔬菜害虫稀释浓度可达8 000～10 000倍液，而且残留低，安全间隔期短。

⑤结构式、作用机理独特的新型杀虫剂　它们对抗性害虫高效，受到菜农欢迎，如氯吡啶类(氯烟酰类)杀虫剂吡虫啉已广泛应用。含硫杂环噻唑烟碱类杀虫剂阿克泰(thiamethoxam)是新一代的强内吸低毒高效杀虫剂，防治粉虱具特效，稀释浓度可达15 000倍液。

⑥新型抗生素类制剂　如多杀霉素(多杀菌素，spinosad)，对抗性蔬菜害虫具高效速效性，而对人和高等动物又非常安全，并且安全间隔期短，十分适用于菜田。

⑦高效速效的强选择性药剂　如氨基甲酸酯类的抗蚜威只对蚜虫表现出高效

（具触杀、胃毒、熏蒸三重作用），而对其他生物无伤害，并且残效期短，对作物和天敌安全，是生产无公害蔬菜、维护菜田生态平衡的理想药剂。

农药安全使用的准则：

①喷洒过农药的蔬菜，一定要过安全间隔才能上市。各种农药的安全间隔期不同。一般笼统地说，喷洒过化学农药的菜，夏天要过 7 d、冬天要过 10 d，才可以上市。

②农药使用要按照农药瓶上的说明书的规定，掌握好农药使用的范围、防治对象、用药量、用药次数等事项，不得盲目私自提高使用浓度。

③喷洒农药要遵守农药安全规程。

④配药时，配药人员要戴胶皮手套，必须用量具有按照规定的剂量称取药液或药粉，不得任意增加用量。

⑤严禁用手拌药，拌种要用工具搅拌，用多少、拌多少。拌过药的种子应尽量用机具播种。如果手撒或点种时，必须戴防护手套，以防皮肤吸收农药中毒。剩余的毒种应销毁，不准用作口粮或饲料。

⑥配药和拌种时应造反远离饮用水源、居民点的安全地方，要有专人看管，严防农药、毒种丢失或人、畜、禽误食中毒。

⑦使用手动喷雾喷药时应隔行喷。手动和机动药械均不能左右两边同时喷。大风和中午高温是时应停止喷药。药桶内药液不能装得过满，以免晃出桶外，污染施药人员的身体。

⑧喷药前应仔细检查开关、接头、喷头等处螺丝是否拧紧，药桶有无渗漏，以免漏药污染。喷头过程中如发生堵塞，应先用清水冲洗后再排除故障。绝对禁止用嘴吹吸喷头和滤网。施用过农药的地方要竖立标志，在一定时间内禁止放牧、割草、挖野菜，以防人、畜中毒。

⑨施用工作结束后，要及时将喷雾器清洗干净，连同剩余药剂一起交回仓库。清洗药械的污水应选择安全地点妥善处理，不准随地泼洒，防止污染饮用水源和养鱼池塘。盛过农药的包装空箱、瓶、袋等要集中处理。浸种用过的水缸要洗净集中保管。

⑩施药人员也要注意个人防护：穿长袖上衣、长裤和鞋、袜。在操作时禁止吸烟、喝水、吃东西，不能用手擦嘴、脸、眼睛，绝对不准互相喷射嬉闹。每日工作后喝水、抽烟、吃东西之前要用肥皂彻底洗手、脸、并漱口。有条件的应洗澡。被农药污染的工作服要及时换洗。施药人员每天喷药时间一般不得超过 6 h。使用背负式机动药械，要两人轮换操作，连续施药 3～5 d 后应停休 1 d。患皮肤病及其他疾病尚未恢复健康者，以及哺乳期、孕期、经期的妇女暂停喷药。操作人员如有头痛、头

昏、恶心、呕吐等症状时，应立即离开施药现场，脱去污染的衣服、漱口，擦洗手、脸和皮肤等暴露部位，及时送医院治疗。

农药使用的方法：

①熟悉病虫种类，了解农药性质，对症下药。蔬菜病虫等有害生物种类虽然多，但如果掌握它们的基本知识，正确辨别和区分有害生物的种类，根据不同对象选择适用的农药品种，就可以收到好的防治效果。

蔬菜虫可分为昆虫类、螨类（蜘蛛类）、软体动物类三大类型。昆虫类中依其口器不同，分为刺吸式口器害虫和咀嚼式口器害虫，必须根据不同的害虫采用不同的杀虫剂来防治。只有选择对路的农药，才能奏效。

②正确掌握用药量。防治对象的用药量都是经过试验后确定的。因此在生产中使用时不能随意增减。提高用量不但造成农药浪费，而且也造成农药残留量增加，易对蔬菜产生药害，导致病虫产生抗性，污染环境；用药量不足时，则不能收到预期防治效果，达不到防治目的。

为做到用药量准确，配药时需要使用称量器具，如量杯、量筒、天平、小秤等。一般的农药使用说明书上都明确标有该种农药使用的倍数或亩用药量，田间应遵循此规定。一般建议使用的用量有一个幅度范围，在实际应用中，要按下限用量。现在推行的有效低用量即有效低浓度，用这个药量就要以达到防治病虫害目的。

③交替轮换用药。正确复配，以延缓抗性生成。同时，混配农药还有增效作用，兼治其他病虫，省工省药。

蔬菜上哪些农药在水中的酸碱度不同，可将其分成酸性、中性和碱性3类。在混合使用时，要注意同类性质的农药相混配，中性与酸性的也能混合，但是凡是在碱性条件下易分解的有机磷杀虫剂以及西维因、代森铵等都不能和石硫合剂、波尔多液混用，但必须随配随用。农药混用还注意混用后对作物是否产生药害。一般无机农药如石硫合剂、波尔多液等混用后可增强农药的水溶性或产生水溶性金属化合物，这种情况下植株易受药害。为了延长一个农药品种使用的"寿命"，防止单一用药产生抗药性，有的农药在出厂时就已经是复配剂。如58％瑞毒锰锌是由48％的代森锰锌和10％的瑞毒霉（甲霜灵）混合而成。

农药并不能随意配合，有些农药混合没有丝毫价值（如同样的防治作用，同样防治对象的药剂加在一起）有的农药混合在一起可以增加毒性，因此农药混用必须慎重。

④选适于不同蔬菜生态环境下的农药剂型。例如喷粉法工效比喷雾法高，不易受水源限制，但是必须当风力小于1 m/s时才可应用；同时喷粉不耐雨水冲洗，一般喷粉后24 h内降雨则须补喷。又如塑料大棚内一般湿度都过大，应选用烟雾

剂的杀虫、杀菌剂使用。

⑤使用合适的施药器具，保证施药质量。用喷雾器或喷粉器将农药均匀地覆盖在目标上（蔬菜的病虫、杂草），通过触杀或胃毒或熏蒸等作用，收到防治效果。农药覆盖程度越高，效果越好。以喷雾法而言，雾滴越小，覆盖面越大，雾滴分布越均匀。雾滴一般以每平方厘米上有20个雾滴为好。目前生产上推出的小孔径喷片（孔径0.7～1 mm）和吹雾器比较适用。施药要求均匀周到，叶子正反面均要着药，尤其蚜虫，红蜘蛛多喷叶背，不能丢行、漏株。

⑥加强病虫测报，经常查病查虫，选择有利时机进行防治。各种害虫的习性和为害期各有不同，其防治的适期也不完全一致。例如防治一些鳞翅目幼虫，如甘蓝夜蛾幼虫、斜纹夜蛾幼虫（夜盗虫）、甜菜夜蛾幼虫等，一般应在3龄前（即大部分幼虫进入2～3龄时）防治。此时虫体小、为害轻、抗药力弱，用较少的药剂就可发挥较高的防治效果。而害虫长大以后，不仅为害加重，抗药性增强，用药时必然增加。如果用药过早，由于药剂的残效期有限，有可能先孵化的害虫已被杀死，而后孵化的害虫依然为害，而不得不进行第二次防治。因此欲达到适时用药，既要有准确的虫情测报，又要抓时间、抢速度，力求在适宜的时间内进行施药，控制其为害。

（3）物理机械方法治虫。利用各种物理因素、人工或器械杀灭害虫的方法均属于物理机械方法。

①防虫网覆盖栽培蔬菜。系指应用大棚或小拱棚的骨架，上覆盖30目尼龙网，在全封闭的情况下，栽培蔬菜，利用尼龙细网的阻隔，达到防虫害的目的。大棚适合瓜类、豆类和大叶菜类栽培用，小拱棚适合短期绿叶菜类栽培用。

防虫网覆盖，防虫效果达96%以上，可以不必喷洒任何农药治虫，抗御台风暴雨、冰雹的自然灾害；还有增湿降温的效果。最适合夏秋季病虫害发生高峰季节的蔬菜栽培或育苗用。

防虫网覆盖栽培的技术要点：一是彻底消灭土壤前作有害残虫。前作收获后，把菜地翻犁晒白数天后再播种，或利用一些蔬菜前茬选用小白菜、菜心地，这样前作遗留在土壤中黄条跳甲的成虫或卵，对空心菜不发生为害。二是网要覆盖紧密，网四周要用泥土封死压实，以免害虫潜入。三是不使网内菜外向菜叶触网。对种植比较高大的菜，竹架要稍高，避免害虫在网外向菜叶产卵。四是浇水量要适当减少。但是直播短期绿叶菜，第一次要浇足底水。五是防虫网覆盖有保湿作用，在夏季多雨高湿的年份，如栽培管理上浇水过勤，或播种密度过大，都可能因高温高湿而诱发菜苗猝倒病和株菜腐烂病的发生。必须注意及时降湿和防病。

②人工机械捕杀。当害虫发生面积不大，不适于采用其他防治措施时，可进行人工捕杀。如菜地发现老虎、蛴螬为害后，可在被害株及株根际扒土捕捉，或利用

其假死习性震动植株,使其掉落而捕杀。对活动性较强的害虫也可利用各种捕捉工具(如捕虫网)进行捕杀。斜纹夜蛾产卵集中,可人工摘除卵块等。

③黑光灯诱杀。很多夜间活动的是昆虫具有趋光性,可利用各种诱虫灯进行诱杀。夜蛾、螟蛾、毒蛾、菜蛾等几十种蛾类以及金龟子、蝼蛄、叶蝉等害虫可用黑光灯诱杀。黑光灯的波长的紫外光引杀力最强。

④黄板诱杀蚜虫。黄色对蚜虫有强大引诱力。在蚜虫可使菜蚜晚发生半个月左右,以后蚜虫量也很少。还可以减轻病毒病的发生。因为病毒病是靠有翅蚜虫传播感染的。黄板为塑料薄膜或塑料薄板制成。一般为长方形。薄膜的四周用方框固定,左右加一根支柱,以便插入地里。塑料薄膜一般为两层,膜内壁涂黄色广告色,膜外两面涂机油;黄色的塑料板,只要两面涂机油就可以了。设置田间高度不超过 1 m,略高于菜株,每亩(666.7 m^2)地设 8 块。

银灰色有驱蚜虫的作用,因此在夏秋季蔬菜培育易感染病毒病的菜苗(如秋番茄、秋芋瓠等),用银灰色的遮阳网覆盖育苗,可以减少病毒病的发病率。

二、无公害水果生产技术(以苹果为例)

(一)土肥水管理

1.土壤管理

深翻扩穴,改良土壤:对果园土壤要全部深翻一遍,深度在 60～80 cm,可分 3 年完成,最好在每年秋季进行。

土壤管理制度:推广应用生草制和覆盖制,行间可种植白三叶草,每年割 2～3 次覆于行内;也可在树盘内覆盖麦秸、玉米秸等作物秸秆,厚度为 15～20 cm。

2.施肥

基肥:每年每亩(666.7 m^2)施腐熟有机肥 5 000 kg 以上,可结合土壤深翻施入。

追肥:根据土壤养分情况进行配方施肥,按每产 100 kg 果实 N 1 kg,P_2O_5 0.5 kg,K_2O 1 kg 的要求追施,同时追施钙、锌、铁等微肥。全年可在花前、花后、果实膨大期追施。

叶面喷肥:结合喷药进行叶面喷肥,可用 0.3%尿素、0.2%磷酸二氢钾、光合微肥等。

3.灌水和排水

浇水:根据土壤墒情适时浇水,重点在花前、花后、果实膨大期、封冻前浇水。

排水:雨季要搞好排涝,防止园内积水成灾。

(二)整形修剪

1. 树形　矮化密植果园宜采用纺锤形整枝,行株距为 4 m×3 m 的采用自由纺锤形,行株距为 3 m×2 m 的采用细长纺锤形。

2. 修剪　采用休眠期和生长期相结合的修剪方法。冬剪主要以疏、拉为主,夏剪主要以抹芽、扭梢、环刻、疏枝、拉枝为主。树高不超过行距,冠径小于株距;控制好枝量,每亩(666.7 m^2)枝量在 10 万左右为宜;长、中、短枝比例为 1∶2∶7,叶面积系数 3 左右,果园覆盖率 75%～80%。

冬剪的主要措施:开张主枝角度;疏除背上枝、密挤枝、徒长枝和外围竞争枝;轻剪缓放侧生枝,尽量少短截。夏剪的主要措施:拉枝开张角度;刻芽促进萌发;抹掉剪口芽以防徒长;对旺枝进行环割或环剥,促进花芽分化;疏除徒长枝和过密枝,改善树体光照。

(三)病虫防治

苹果的主要病虫有苹果腐烂病、干腐病、轮纹病、炭疽病、早期落叶病等及红蜘蛛、食心虫、蚜虫、卷叶虫、金纹细蛾等。

1. 休眠期　剪除病虫枝、干枯枝,刮除树干上的粗皮、病斑、老翘皮,清扫园内枯枝、落叶、病僵果,集中烧毁;在主干和病疤处涂抹 5 倍果富康或腐必清液;发芽前喷 5 波美度石硫合剂或 400 倍多硫化钡。

2. 花期前后　苹果开花前喷 1.5%多抗霉素 300 倍+10%吡虫啉 5 000 倍液:花后 10 日喷 70%甲基托布津 800 倍+25%灭幼脲 3 号 1 500 倍液;5 月中、下旬喷纹菌清 800 倍+30%蛾螨灵 1 500 倍液;6 月上旬套袋前喷 75%百菌清 800 倍+1.8%阿维虫清 6 000 倍液(打药后,套袋时遇雨应重新喷药后再套)。

3. 套袋后　6 月中、下旬喷 200 倍倍量式波尔多液+10%歼灭 3 000～4 000 倍液(随配随用);7 月上、中旬喷 1.8%阿维虫清 6 000～7 000 倍+70%甲基托布津 800 倍液;7 月下旬喷 200 倍多量式波尔多液+25%灭幼脲 3 号 1 500 倍。8～9 月份喷布 200 倍倍量式波尔多液;8 月下旬树干绑草把,诱捕下树越冬的红蜘蛛;摘袋前喷 200 倍倍量式波尔多液;摘袋后喷布 70%甲基托布津 800 倍液。

(四)花果管理

1. 疏花疏果　在花蕾伸出期疏除瘦弱的花芽;花序分离期疏边花。疏果从花后开始到 5 月下旬结束,根据树体负载量,一般每 20 cm 左右留 1 个果,要留健壮短枝上的下垂、位置好的中心果。

2. 人工辅助授粉　花期进行人工授粉或放蜂,以提高坐果率。

3. 果实套袋　在花后 35～40 d 进行套袋，一般在 6 月上、中旬。红富士要选择双层的透气性和遮光良好的纸袋，如日本小林果袋等；新红星也可选择单层纸袋。套袋时要求先将纸袋撑开，把果实套在果袋中央，封口要严密结实，尽量不使雨水从袋口进入袋内。同时，又要避免伤及果柄，以免影响果实生长。在果实采收前 20 d 左右摘除果实外袋，3～5 d 后再去掉内袋。

4. 增加果实着色技术

摘叶转果：果实着色期，摘除果实周围遮光的叶片，使果面见光。果实向阳面着色后，将背阴面轻轻转至向阳面。

铺反光膜：摘袋后地面铺反光膜可促进树冠下部及内膛着色。

暮喷：着色期在每日黄昏时用清水喷布果面，以降低果实温度，增大温差，促进着色。

(五)采收

苹果要适时采收，一般新红星在 9 月中、下旬，红富士在 10 月中、下旬至 11 月上旬，套袋果要剪掉果柄，以防刺伤果面。

三、无公害茶叶生产技术

(一)基地选择、规划

产地环境条件应该符合无公害食品产地环境标准。

基地规划与建设应有利于保护和改善茶区生态环境、维护茶园生态平衡。发挥茶树良种的优良种性，便于茶园灌溉和机械作业。

道路和水利系统：根据基地规模、地形和地貌等条件，设置合理的道路系统，包括主道、支道、步道和地头道。大、中型茶场以总部为中心，与各区、片、块有道路相通。规模较小的茶场设置支道、步道和地头道。建立完善的水利系统，做到能蓄能排。宜建立茶园节水灌溉系统。

选择适应当地气候、环境条件和所制茶类的茶树品种。

茶园生态建设。茶园四周或茶同内不适合种茶的空地应植树造林。茶园的上风口应营造防护林。主要道路、沟渠两边种植行道树，梯壁坎边种草。连片的茶园可适当种植遮荫树，遮光率控制在 20%～30%。对土壤坡度较大、水土流失严重的茶园应退茶还林还草。

建立完善的茶园农事活动档案，记载生产过程中如农药、肥料的使用情况及其他栽培管理措施。

(二)茶树种植

1.茶园开垦 茶园开垦应注意水土保持,根据小同坡度和地形,选择适宜的时期、方法和施工技术。平地和坡度15°以下的缓坡地等高开垦;坡度在15°以上时,建筑内倾等高梯级园地。开垦深度在50 cm以上,有明显障碍层(如硬塥层、网纹层或犁底层)的土壤应破除障碍层。茶园与四周荒山陡坡、林地和农田交界处应设置隔离沟。采用单条或双条栽方式种植。种植前施足底肥,以有机肥和矿物源肥料为主,底肥深度在30~40 cm。种植茶苗根茎离土表距离3 cm左右,根系离底肥10 cm以下。

2. 土壤管理和施肥

(1)土壤管理。定期监测土壤肥力水平和重金属元素含量,一般要求每2年检测一次。根据检测结果,有针对性地采取土壤改良措施。采用地面覆盖等措施提高茶园的保土蓄水能力。杂草、修剪枝叶和作物秸秆等覆盖材料应未受有害或有毒物质的污染。利用合理耕作、施用有机肥等方法改良土壤结构。耕作时应考虑当地降水条件,防止水土流失。对土壤深厚、松软、肥沃,树冠覆盖度大,病虫草害少的茶园可实行减耕或免耕。幼龄或台刈改造茶园,间作豆科绿肥,培肥土壤和防止水土流失。

土壤pH值低于4.0的茶园宜施用白云石粉、石灰等物质调节土壤pH值至4.5~5.5。土壤pH值高于6.0的茶园应多选用生理酸性肥料调节土壤pH值至适宜的范围。

土壤相对含水量低于70%时,宜节水灌溉。灌溉用水符合NY/T 5020的要求。

(2)施肥。根据土壤理化性质、茶树长势、预计产量、制茶类型和气候等条件,确定合理的肥料种类、数量和施肥时间,实施茶园平衡施肥,防止茶吲缺肥和过量施肥。

多施有机肥料,化学肥料与有机肥料应配合使用,避免单纯使用化学肥料和矿物源肥料,宜施用茶树专用肥。

农家肥等有机肥料施用前应经无害化处理,污染物质含量应符合相关规定。微生物肥料应符合NY/T 227要求。

施肥分为基肥和追肥。基肥以有机肥为主,于当年秋季开沟深施,施肥深度20 cm以上。一般每亩(666.7 m^2)施饼肥或商品有机肥200~400 kg或农家有机肥1 000~2 000 kg。根据土壤条件,配合施用磷肥、钾肥和其他所需营养。追肥可结合茶树生育规律进行多次,以化学肥料为主,在茶叶开采前15~30 d开沟施入,沟深10 cm左右。追肥化学氮肥每亩(667 m^2)每次施用量(纯氮汁)不超过

15 kg、年最高总用量不超过 60 kg。施肥后及时盖土。根据茶树生长状况，可以使用叶面肥，施用的叶面肥应经农业部登记注册。叶面肥应与土壤施肥相结合，采摘前 10 d 停止使用。

3. 病、虫、草害防治　遵循“预防为主，综合治理”方针，从茶园整个生态系统出发，综合运用各种防治措施，创造不利于病虫草等有害生物孳生和有利于各类天敌繁衍的环境条件，保持茶同生态系统的平衡和生物的多样性，将有害生物控制在允许的经济阈值以下，将农药残留降低到规定标准的范围。

(1)农业防治。换种改植或发展新茶园时，应选用对当地主要病虫抗性较强的品种。分批、多次、及时采摘，抑制假眼小绿叶蝉、茶橙瘿螨等危害芽叶的病虫。通过修剪控制茶树高度低于 80 cm，减轻毒蛾类、蚧类、黑刺粉虱等害虫的危害，控制螨类的越冬基数。秋末宜结合施基肥，进行茶园深耕，减少翌年在土壤中越冬的鳞翅目和象甲类害虫的种群密度。将茶园根际附近的落叶及表土清理至行间深埋，有效防治叶病类和在表土中越冬的害虫。

(2)物理防治。采用人工捕杀，减轻茶毛虫、茶蚕、蓑蛾类、茶丽纹象甲等害虫危害。利用害虫的趋性，进行灯光诱杀、色板诱杀或异性诱杀。采用机械或人工方法防除杂草。

(3)生物防治。注意保护和利用当地茶园巾的草蛉、瓢虫、蜘蛛、捕食螨、寄生蜂等有益生物，减少因人为因素对天敌的伤害。宜使用生物源农药，如微生物农药和植物源农药。

(4)化学防治。严格按制定的防治指标，掌握防治适期施药。宜一药多治或农药的合理混用。宜低容量喷雾。

有限制地使用离效、低毒、低残留农药品种。禁止使用滴滴涕、六六六、对硫磷(1605)、甲基对硫磷(甲基 1605)、甲胺磷、乙酰甲胺磷、氧化乐果、五氯酚钠、杀虫脒、克百威、三氯杀螨醇、水胺硫磷、氰戊菊酯、来福灵及其混剂等高毒、高残留农药。

严格按照 GB 4285 及 GB/T 8321 的要求控制施药量与安全间隔期。

非生产季节宜选用矿物源农药。

4. 茶树修剪　根据茶树的树龄、势和修剪目的分别采用定型修剪、轻修剪、深修剪、重修剪和台刈等方法，培养优化型树冠，复壮树势。

重修剪和台刈改造的茶园应清理树冠，建议使用波尔多液冲洗枝干，以防治苔藓和剪口病菌感染等。覆盖度较大的茶园，每年进行边缘修剪，保持茶行间 20 cm 左右的间隙，以利田间作业和通风透光，减少病虫害发生。修剪枝叶应留在茶园内。以利于培肥土壤。病虫枝条和粗干枝喧清除出园。

5. 采摘 应根据茶树生长特性和各茶类对加工原料的要求，遵循采留结合、量质兼顾和因地制宜的原则，按照标准，适时采摘。手工采茶保持芽叶完整、新鲜、匀净。

发芽整齐，生长势强，采摘面平整的茶园建议机采。

采用清洁、通风性良好的竹编、网眼条簸或篓筐盛装鲜叶。采下的茶叶应及时运抵茶厂，防止鲜叶变质。

第四章　无公害农产品养殖技术

第一节　无公害猪肉生产技术操作规程

一、饲养管理技术

(一)猪场环境与工艺

猪舍应建在地势高燥、排水良好、易于组织防疫的地方，场址用地应符合当地土地利用规划的要求。猪场周围 3 km 无大型化工厂、矿厂、皮革、肉品加工、屠宰场或其他畜牧场污染源。猪场距离干线公路、铁路、城镇、居民区和公共场所 1 km 以上，猪场周围有围墙或防疫沟，并建立绿化隔离带。猪场生产区布置在管理区的上风向或侧风向处，污水粪便处理设施和病死猪处理区应在生产区的下风向或侧风向处。场区净道和污道分开，互不交叉。推荐实行小单元式饲养，实施“全进全出制”饲养工艺。

猪舍应能保温隔热，地面和墙壁应便于清洗，并能耐酸、碱等消毒药液清洗消毒；猪舍内温度、湿度环境应满足不同生理阶段猪的需求；猪舍内通风良好，空气中有毒有害气体含量应符合 NY/T 388 要求。

饲养区内不得饲养其他畜禽动物。

猪场应设有废弃物贮存设施，防止渗漏、溢流、恶臭对周围环境造成污染。

(二)引种

不得从疫区引进种猪。需要引进种猪时，应从具有种猪经营许可的种猪场引进，并按照 GB 16567 进行检疫。只进行育肥的生产场，引进仔猪时，应首先从达到无公害标准的猪场引进。引进的种猪，隔离观察 15～30 d，经兽医检查确定为健康合格后，方可供繁殖使用。

(三)饲养条件

1. 饲料和饲料添加剂　禁止在饲料中额外添加β-兴奋剂、镇静剂、激素类、砷制剂。不使用变质、霉败、生虫或被污染的饲料。不应使用未经无害处理的泔水、其他畜禽副产品。

饲料原料和添加剂应符合 NY 5032 的要求。在猪的不同生长时期和生理阶段,根据营养需求,配制不同的配合饲料。营养水平不低于 GB 8471 要求,不应给肥育猪使用高铜、高锌日粮,建议参考使用饲养品种的饲养手册标准。使用含有抗生素的添加剂时,在商品猪出栏前,按有关准则执行休药期。

2. 饮水　经常保持有充足的饮水,水质符合畜禽饮用水标准的要求。经常清洗消毒饮水设备,避免细菌滋生。

3. 免疫　猪群的免疫符合 NY 5031 的要求。免疫用具在免疫前后应彻底消毒。剩余或废弃的疫苗以及使用过的疫苗瓶要做无害化处理,不得乱扔。

4. 兽药使用　保持良好的饲养管理,尽量减少疾病的发生,减少药物的使用量。仔猪、生长猪必须治疗时,药物的使用要符合 NY 5030 的要求。育肥后期的商品猪,尽量不使用药物,必须治疗时,根据所用药物执行停药期,达不到停药期的不能作为无公害生猪上市。发生疾病的种公猪、种母猪必须用药治疗时,在治疗期或达不到停药期的不能作为食用淘汰猪出售。

5. 卫生消毒

(1)消毒剂。消毒剂要选择对人和猪安全、没有残留毒性、对设备没有破坏、不会在猪体内产生有害积累的消毒剂。选用的消毒剂应符合 NY 5030 的规定。

(2)消毒方法。

喷雾消毒:用一定浓度的次氯酸盐、有机碘混合物、过氧乙酸、新洁尔灭等,用喷雾装置进行喷雾消毒,主要用于猪舍清洗完毕后的喷洒消毒、带猪消毒、猪场道路和周围、进入场区的车辆。

浸液消毒:用一定浓度的新洁尔灭、有机碘混合物或煤酚的水溶液,进行洗手、洗工作服或胶靴。

熏蒸消毒:每立方米用福尔马林(40%甲醛溶液)42 mL,高锰酸钾 21 g,21℃以上温度,70%以上相对湿度,封闭熏蒸 24 h。甲醛熏蒸猪舍应在进猪前进行。

紫外线消毒:在猪场入口、更衣室,用紫外线灯照射,可以起到杀菌效果。

喷撒消毒:在猪舍周围、入口、产床和培育床下面撒生石灰或火碱可以杀死大量细菌或病毒。

火焰消毒:用酒精、汽油、柴油、液化气喷灯,在猪栏、猪床猪只经常接触的地方,用火焰依次瞬间喷射,对产房、培育舍使用效果更好。

(3)消毒制度。

环境消毒:猪舍周围环境每2～3周用2%火碱消毒或撒生石灰一次;场周围及场内污水池、排粪坑、下水道出口,每月用漂白粉消毒一次。在大门口、猪舍入口设消毒池,注意定期更换消毒液。

人员消毒:工作人员进入生产区净道和猪舍要经过洗澡、更衣、紫外线消毒。严格控制外来人员,必须进生产区时,要洗澡,更换场工作服和工作鞋,并遵守场内防疫制度,按指定路线行走。

猪舍消毒:每批猪只调出后,要彻底清扫干净,用高压水枪冲洗,然后进行喷雾消毒或熏蒸消毒。

用具消毒:定期对保温箱、补料槽、饲料车、料箱、针管等进行消毒,可用0.1%新洁尔灭或0.2%～0.5%过氧乙酸消毒,然后在密闭的室内进行熏蒸。

带猪消毒:定期进行带猪消毒,有利于减少环境中的病原微生物。可用于带猪消毒的消毒药有:0.1%新洁尔灭,0.3%过氧乙酸,0.1%次氯酸钠。

(四)饲养管理

1. 人员　饲养员应定期进行健康检查,传染病患者不得从事养猪工作;场内兽医人员不准对外诊疗猪及其他动物的疾病,猪场配种人员不准对外开展猪的配种工作。

2. 饲喂　饲料每次添加量要适当,少喂勤添,防止饲料污染腐败。根据饲养工艺进行转群时,按体重大小强弱分群,分别进行饲养,饲养密度要适宜,保证猪有充足的躺卧空间。每天打扫猪舍卫生,保持料槽、水槽用具干净,地面清洁。经常检查饮水设备,观察猪群健康状态。

3. 灭鼠、驱虫　定期投放灭鼠药,及时收集死鼠和残余鼠药,并做无害化处理。选择高效、安全的抗寄生虫药进行寄生虫控制,控制程序符合NY 5031的要求。

(五)运输

商品猪上市前,应经兽医卫生检疫部门根据GB 16549检疫,并出具检疫证明,合格者方可上市屠宰。运输车辆在运输前和使用后要用消毒液彻底消毒。运输途中,不应在疫区、城镇和集市停留、饮水和饲喂。

(六)废弃物处理

猪场废弃物处理实行减量化、无害化、资源化原则。粪便经堆积发酵后应作农业用肥。猪场污水应经发酵、沉淀后才能作为液体肥使用。

(七)病、死猪处理

需要淘汰、处死的可疑病猪,应采取不会把血液和浸出物散播的方法进行扑杀,传染病猪尸体应按 GB 16548 进行处理。猪场不得出售病猪、死猪。有治疗价值的病猪应隔离饲养,由兽医进行诊治。

(八)资料记录

认真做好日常生产记录,记录内容包括引种、配种、产仔、哺乳、断奶、转群、饲料消耗等。

种猪要有来源、特征、主要生产性能记录。做好饲料来源、配方及各种添加剂使用情况的记录。兽医人员应做好免疫、用药、发病和治疗情况记录。每批出场的猪应有出场猪号、销售地记录,以备查询。

资料应尽可能长期保存,最少保留 2 年。

二、饲料生产技术

(一)基本要求

1. *饲料原料* 感官要求:色泽新鲜一致,无发酵、霉变、结块及异味、异嗅。有害物质及微生物允许量应符合 GB 13078 的规定。制药工业副产品不应作生猪饲料原料。

2. *营养性饲料添加剂和一般性饲料添加剂* 感官要求:具有该品种应有的色、嗅、味和组织形态特征,无异味、异嗅。

饲料中使用的营养性饲料添加剂和一般性饲料添加剂应是中华人民共和国农业部公布的《允许使用的饲料添加剂品种目录》所规定的品种和取得试生产产品批准文号的新饲料添加剂品种。

饲料中使用的饲料添加剂产品应是具有农业部颁发的饲料添加剂生产许可证的正规企业生产的、具有产品批准文号的产品。

饲料添加剂的使用应遵照饲料标签所规定的用法和用量。

3. *药物饲料添加剂* 禁止添加国家严禁使用的盐酸克伦特罗等违禁药物。禁止添加氨苯砷酸、洛克沙胂等砷制剂类药物饲料添加剂。禁止在生猪饲料中直接添加兽药。药物饲料添加剂的使用应按照中华人民共和国农业部发布的《药物饲料添加剂使用规范》执行。使用药物饲料添加剂应严格执行休药期制度。

4. 配合饲料、浓缩饲料和添加剂预混合饲料　感官要求：色泽一致，无发酵霉变、结块及异味、异嗅。产品成分分析保证值应符合标签中所规定的含量。

生猪配合饲料中有害物质及微生物允许量应符合 GB 13078 的规定。30 kg 体重以下猪的配合饲料中铜的含量应不高于 250 mg/kg；30～60 kg 体重猪的配合饲料中铜的含量应不高于 150 mg/kg；60 kg 体重以上猪的配合饲料中铜的含量应不高于 25 mg/kg。

添加剂预混合饲料中有害物质及微生物允许量见表 4.1。

表 4.1　添加剂预混合饲料中有害物质及微生物允许量

（按日粮中添加比例 1%计算）　mg/kg

项　目	砷（以 As 计）	重金属（以 Pb 计）	沙门氏菌
仔猪、生长肥育猪微量元素预混合饲料	≤10	≤30	不得检出
仔猪、生长肥育猪复合预混合饲料	≤10	≤30	不得检出

（二）饲料加工

1. 加工企业　饲料企业的工厂设计与设施卫生、工厂卫生管理和生产过程的卫生应符合 GB/T 16764 的要求。

2. 配料　应定期对计量设备进行检验和正常维护，以确保其精确性和稳定性，其误差不应大于规定范围。微量和极微量组分应进行预稀释，并且应在专门的配料室内进行。配料室应有专人管理，保持卫生整洁。

3. 混合　混合时间，按设备性能应不少于规定时间。混合工序投料应按先大量、后小量的原则进行。投入的微量组分应将其稀释到配料称最大称量的 5%以上。生产含有药物饲料添加剂的饲料时，应根据药物类型，先生产药物含量低的饲料，再依次生产药物含量高的饲料。

同一班次应先生产不添加药物饲料添加剂的饲料，然后生产添加药物饲料添加剂的饲料。为防止加入药物饲料添加剂的饲料产品在生产过程中的交叉污染，在生产不同加入药物添加剂的饲料产品时，对所用的生产设备、工具、容器应进行彻底清理。

三、疾病的预防和治疗技术

(一)疾病的预防技术

1. 养猪场的卫生要求

环境质量:养猪场的污水、污物处理应符合国家环保要求,防止污染环境。环境卫生质量应该符合 NY/T 388 规定的要求。

选址:养猪场应距离交通要道、公共场所、居民区、城镇、学校 1 000 m 以上;远离医院、畜产品加工厂及污水处理场 2 000 m 以上。周围应有围墙或其他有效屏障。

建筑布局:养猪场应严格执行生产区与生活区、行政区相隔离的原则。人员、动物和物资运转应采取单一流向,进料和出粪道严格分开,防止交叉污染和疫病传播。根据防疫需求可建有消毒室、兽医室、隔离舍、病死猪无害化处理间等,应距离猪舍的下风 50 m 以上。

养猪场设施设备:猪场大门入口处要设置宽与大门相同,长等于进场大型机动车车轮一周半长的水泥结构消毒池。生产区门口设有更衣换鞋、消毒室或淋浴室。猪舍入口处要设置长 1 m 的消毒池,或设置消毒盆以供进人人员消毒。养猪场应备有健全的清洗消毒设施,防止疫病传播,并对养猪场及相应设施如车辆等进行定期清洗消毒。养猪场应配备对害虫和啮齿动物等的生物防护设施。

2. 饲养管理要求和卫生制度

(1)对饲养管理、饲料、饮水和兽药的要求。

饲养管理:饲养管理按 NY/T 5033 执行。养猪场内严禁饲养禽、犬、猫及其他动物;养猪场食堂不得外购生鲜猪肉及副产品。

饲料及饲料添加剂使用:饲料使用按 NY 5032 执行。

生产和生活用水:养猪场生产和生活用水应符合 NY 5027 的规定。

兽药使用:兽药使用按 NY 5030 执行。

(2)卫生制度。

对人员的要求:工作人员应定期体检,取得健康合格证后方可上岗。生产人员进入生产区时应淋浴消毒,更换衣鞋。工作服应保持清洁,定期消毒。猪场兽医人员不准对外诊疗动物疾病;猪场配种人员不准对外开展猪的配种工作。非生产人员一般不允许进入生产区。特殊情况下,非生产人员需经淋浴消毒,更换防护服后方可入场,并遵守场内的一切防疫制度。

环境消毒:定期对猪舍及其周围环境进行消毒;消毒程序和消毒药物的使用等按 NY/T 5033 的规定执行。

引进猪只：坚持自养自繁的原则；必须引进猪只时，在引进前应调查产地是否为非疫区，并有产地检疫证明；猪只在装运及运输过程中没有接触过其他偶蹄动物，运输车辆应做过彻底清洗消毒；猪只引入后至少隔离饲养 30 d，在此期间进行观察、检疫，确认为健康者方可合群饲养。

3. 疫病预防措施

(1)免疫接种。养猪场应根据《中华人民共和国动物防疫法》及其配套法规的要求，结合当地实际情况，有选择地进行疫病的预防接种工作，并注意选择适宜的疫苗、免疫程序和免疫方法。

(2)寄生虫控制。药物选择：驱虫药物的使用按标准规定执行；驱虫程序：驱虫程序按 GB/T 17823—1999 的 4.2 条规定执行。

4. 疫病监测　养猪场应依照《中华人民共和国动物防疫法》及其配套法规的要求，结合当地实际情况，制定疫病监测方案。

养猪场常规监测疫病的种类至少应包括：口蹄疫、猪水疱病、猪瘟、猪繁殖与呼吸综合征、伪狂犬病、乙型脑炎、猪丹毒、布鲁氏菌病、结核病、猪囊尾蚴病、旋毛虫病和弓形虫病。除上述疫病外，还应根据当地实际情况，选择其他一些必要的疫病进行监测。根据当地实际情况由动物疫病监测机构定期或不定期进行必要的疫病监督抽查，并将抽查结果报告当地畜牧兽医行政管理部门。

5. 疫病控制和扑灭　养猪场发生疫病或怀疑发生疫病时，应依据《中华人民共和国动物防疫法》及时采取以下措施：驻场兽医应及时进行诊断，并尽快向当地畜牧兽医行政管理部门报告疫情。确诊发生口蹄疫、猪水疱病时，养猪场应配合当地畜牧兽医管理部门，对猪群实施严格的隔离、扑杀措施；发生猪瘟、伪狂犬病、结核病、布鲁氏菌病、猪繁殖与呼吸综合征等疫病时，应对猪群实施清群和净化措施；全场进行彻底的清洗消毒，病死或淘汰猪的尸体按 GB 16548 进行无害化处理，消毒按 GB/T 16569 进行。

(二)疾病的治疗技术

1. 使用准则　生猪饲养者应供给动物适度的营养，饲养环境应符合 NY/T 388，加强饲养管理，采取各种措施以减少应激，增强动物自身的免疫力。生猪疾病以预防为主，应严格按《中华人民共和国动物防疫法》的规定防止生猪发病死亡。必要时进行预防、治疗和诊断疾病所用的兽药必须符合《中华人民共和国兽药典》、《中华人民共和国兽药规范》、《兽药质量标准》、《兽用生物制品质量标准》、《进口兽药质量标准》和《饲料药物添加剂使用规范》的相关规定。所用兽药必须来自具有《兽药生产许可证》和产品批准文号的生产企业，或者具有《进口兽药许可证》的供应商。所用兽药的标签应符合《兽药管理条例》的规定。

2. 禁止使用的药物　禁止使用麻醉药、镇痛药、镇静药、中枢兴奋药、化学保定药及骨骼肌松弛药；禁止使用未经国家畜牧兽医行政管理部门批准的用基因工程方法生产的兽药；禁止使用未经农业部批准或已经淘汰的兽药。

3. 限制使用的药物　限制使用经农业部批准的拟肾上腺素药、平喘药、抗(拟)胆碱药、肾上腺皮质激素类药和解热镇痛药。

4. 允许使用的药物　允许使用消毒防腐剂对饲养环境、厩舍和器具进行消毒，但应符合 NY/T 5033 的规定；允许使用《中华人民共和国兽药典》二部及《中华人民共和国兽药规范》二部收载的用于生猪的兽用中药材、中药成方制剂；允许在临床兽医的指导下使用钙、磷、硒、钾等补充药、微生态制剂、酸碱平衡药、体液补充药、电解质补充药、营养药、血容量补充药、抗贫血药、维生素类药、吸附药、泻药、润滑剂、酸化剂、局部止血药、收敛药和助消化药。

优先使用疫苗预防动物疾病，但应使用符合“兽用生物制品质量标准”要求的疫苗对生猪进行免疫接种，同时应符合 NY 5031 的规定。

休药期应遵守附录 A 中规定的时间。附录中未规定休药期的品种，休药期不应少于 28 d。

5. 建立档案　建立并保存免疫程序记录；建立并保存全部用药的记录，治疗用药记录包括生猪编号、发病时间及症状、治疗用药物名称(商品名及有效成分)、给药途径、给药剂量、疗程、治疗时间等；预防或促生长混饲给药记录包括药品名称(商品名及有效成分)、给药剂量、疗程等。

第二节　无公害家禽生产技术操作规程

一、饲养管理技术

(一)鸡场环境与工艺

1. 鸡场环境　鸡场周围环境、空气质量除符合 NY/T 388 外，还应符合以下条件：鸡场周围 3 km 内无大型化工厂、矿厂或其他畜牧场等污染源；鸡场距离干线公路 1 km 以上。鸡场距离村、镇居民点至少 1 km 以上；鸡场不得建在饮用水源、食品厂上游。

2. 禽舍环境　鸡舍内的温、湿度环境应满足鸡不同阶段的需求，以降低鸡群发生疾病的机会。鸡舍内空气中有毒有害气体含量应符合 NY/T 388 的要求。鸡舍内空气中灰尘控制在 4 mg/m 以下，微生物数量应控制在 25 万/m^3 以下。

3. 工艺布局　鸡场净道和污道要分开。鸡场周围要设绿化隔离带。全进全出制度，至少每栋鸡舍饲养同一日龄的同一批鸡。鸡场生产区、生活区分开，雏鸡、成年鸡分开饲养。鸡舍应有防鸟设施。鸡舍地面和墙壁应便于清洗，并能耐酸、碱等消毒药液清洗消毒。

(二)饲养条件

1. 饮水　水质符合 NY 5027 的要求。经常清洗消毒饮水设备，避免细菌孳生。

2. 饲料和饲料添加剂　使用符合无公害标准的全价饲料，建议参考使用饲养品种饲养手册提供的营养标准。额外添加预防应激的维生素添加剂、矿物质添加剂应符合 NY 5042 的要求。不应在饲料中额外添加增色剂，如砷制剂、铬制剂、蛋黄增色剂、铜制剂、活菌制剂、免疫因子等。不应使用霉败、变质、生虫或被污染的饲料。

(三)兽药使用

雏鸡、育成鸡前期为预防和治疗疾病使用的药物，应符合 NY 5040 的要求。

育成鸡后期(产蛋前)停止用药，停药时间取决于所用药物，但应保证产蛋开始时药物残留量符合要求。

产蛋阶段正常情况下禁止使用任何药物，包括中草药和抗生素。产蛋阶段发生疾病应用药治疗时，从用药开始到用药结束后一段时间内(取决于所用药物，执行无公害食品蛋鸡饲养用药规范)产的鸡蛋不得作为食品蛋出售。

(四)免疫

鸡群的免疫要符合 NY 5041 的要求。

(五)卫生消毒

1. 消毒剂　消毒剂要选择对人和鸡安全、对设备没有破坏性、没有残留毒性、消毒剂的任一成分都不会在肉或里产生有害积累的消毒剂。所用药物要符合 NY 5040 的规定。

2. 消毒制度

(1)环境消毒。鸡舍周围环境每2～3周用2%火碱液消毒或撒生石灰一次；场周围及场内污水池、排粪坑、下水道口，每1～2个月用漂白粉消毒一次。在大门口设消毒池，使用2%火碱或煤酚皂溶液。

(2)人员消毒。工作人员进入生产区要经过洗澡、更衣和紫外线消毒。

(3)鸡舍消毒。进鸡或转群前将鸡舍彻底清扫干净，然后用高压水枪冲洗，再用0.1%的新洁尔灭或4 %来苏水或2%过氧乙酸或次氯酸盐、碘附等消毒液全面喷洒，然后关闭门窗用福尔马林熏蒸消毒。

(4)用具消毒。定期对蛋箱、蛋盘、喂料器等用具进行消毒，可先用0.1%新洁尔灭或0.2%～0.5 %过氧乙酸消毒后在密闭的室内用福尔马林熏蒸消毒30 min以上。

(5)带鸡消毒。定期进行带鸡消毒，有利于减少环境中的微生物和空气中的可吸入颗粒物。常用于带鸡消毒的消毒有0.3%过氧乙酸、0.1%新洁尔灭、0.1%次氯酸钠等。带鸡消毒要在鸡舍内无鸡蛋的时候进行，以免消毒剂喷洒到鸡蛋表面。

(六)饲养管理

1. 饲养员　饲养员应定期进行健康检查，传染病患者不得从事养殖工作。

2. 加料　饲料每次添加量要合适，尽量保持饲料新鲜，防止饲料霉变。

3. 饮水　饮水系统不能漏水，以免弄湿垫料或粪便。定期清洗消毒饮水设备。

4. 鸡蛋收集　盛放鸡蛋的蛋箱或蛋托应经过消毒。集蛋人员集蛋前要洗手消毒。集蛋时将破蛋、砂皮蛋、软蛋、特大蛋、特小蛋单独存放，不作为鲜蛋销售，可用于蛋品加工。鸡蛋在鸡舍内暴露时间越短越好，从鸡蛋产出到蛋库保存不得超过2 h。鸡蛋收集后立即用福尔马林熏蒸消毒，消毒后送蛋库保存。鸡蛋应符合蛋卫生标准GB 2748和鲜鸡蛋SB/T 10277的要求。

(七)鸡蛋包装运输

鸡蛋可用一次性纸蛋盘或塑料蛋盘盛放。盛放鸡蛋的用具使用前应经过消毒。纸蛋托盛放鸡蛋应用纸箱包装，每箱10盘或12盘。纸箱可重复使用，使用前要用福尔马林熏蒸消毒。

运送鸡蛋的车辆应使用封闭货车或集装箱，不得让鸡蛋直接暴露在空气中进行运输。车辆事先用消毒液彻底消毒。

（八）废弃物处理

鸡场废弃物经无害化处理后可以作为农业用肥。处理方法有堆积生物热处理法、鸡粪干燥处理法。鸡场废弃物经无害化处理后不得作为其他动物的饲料。孵化厂的副产品无精蛋不得作为鲜蛋销售，可以作为加工用蛋。孵化厂的副产品死精蛋可以用于加工动物饲料，不得作为人类食品加工用蛋。

（九）病、死鸡处理

传染病致死的鸡及因病扑杀的死尸应按 GB 16548 要求进行无公害处理。鸡场不得出售病鸡、死鸡。

有救治价值的病鸡应隔离饲养，由兽医进行诊治。

（十）资料

每批鸡要有完整的记录资料。记录内容应包括引种、饲料、用药、免疫、发病和治疗情况、饲养日记，资料保存期 2 年。

二 饲料生产技术

（一）饲料原料

感官要求：应具有一定的新鲜度，具有该品种应有的色、嗅、味和组织形态特征，无发霉、变质、结块及异味异嗅。

有害物质及微生物允许量应符合 GB 13078 及相关标准的要求。

饲料原料中若加入饲料添加剂时，应做相应的说明。

应以玉米、豆饼粕为蛋鸡饲料的主要原料，使用杂饼粕时用量不宜过大。

制药工业副产品不应用作蛋鸡饲料原料。

（二）饲料添加剂

感官要求：具有该品种应有的色、嗅、味和组织形态特征，无异味、异嗅。

有害物质及微生物允许量应符合 GB 13078 及相关标准的要求。

饲料中使用的营养性饲料添加剂和一般性饲料添加剂产品应是农业部公布的允许使用的新饲料添加剂。饲料中使用的饲料添加剂产品应是取得饲料添加剂产品生产许可证的企业生产的、取得产品批准文号的产品。饲料添加剂的使用应遵照产品饲料标签所规定的用法、用量使用。产蛋期及开产前 5 周鸡饲料中不应使用药物饲料添加剂（中草药有特殊规定的除外）。

(三)配合饲料、浓缩饲料和添加剂预混合饲料

禁止使用违禁药物和药物饲料添加剂。

感官要求:色泽应一致,无霉变、结块及异味、异嗅。

有害物质及微生物允许量应符合 GB 13078 及相关标准的要求。产品成分分析保证值应符合标签和相应标准所规定的含量。使用时应遵照产品饲料标签所规定的用法、用量使用。宜使用植酸酶减少无机磷的用量。

(四)饲料加工过程

1. *卫生要求* 饲料企业的工厂设计与设施卫生、工厂卫生管理和生产过程的卫生应符合 GB/T 16764 的要求。

2. *配料* 定期对计量设备进行检验和正常维护,以确保其精确性和稳定性,其误差不应大于规定范围。微量和极微量组分应进行预稀释,并且应在专门的配料室内进行。配料室应有专人管理,保持卫生整洁。

3. *混合* 混合时间按设备性能不应少于规定时间。混合工序投料应按先大量、后小量的原则进行。投入的微量组分应将其稀释到配料称最大称量的 5%以上。生产含有药物饲料添加剂的饲料时,应根据药物类型,先生产药物含量低的饲料,再依次生产药物含量高的饲料。同一班次应先生产不添加药物饲料添加剂的饲料,然后生产添加药物饲料添加剂的饲料。为防止加入药物饲料添加剂的饲料产品生产过程中的交叉污染,在生产不同加入药物添加剂的饲料产品时,对所用的生产设备、工具、容器应进行彻底清理。

4. *留样* 新接受的饲料原料和各个批次生产的饲料产品均应保留样品。样品密封后留置专用样品室或样品柜内保存。样品室和样品柜应保持阴凉、干燥。采样方法按 GB/T 14699 执行。

留样应设标签,载明饲料品种、生产日期、批次、生产负责人和采样人等事项,并建立档案由专人负责保管。

样品应保留至该批产品保质期满后 3 个月。

三、疾病的预防和治疗技术

(一)疾病的预防技术

1. *蛋鸡场的总体卫生要求* 蛋鸡场的选址、设施设备、建筑布局、环境卫生等都应符合 NY/T 5043 和 NY/T 388 的要求。蛋鸡场应坚持“全进全出”的原则;引进的鸡只应来自健康种鸡场,每批鸡出栏后,对整个鸡场进行彻底清洗、消毒。蛋鸡场内的禽饮用水应符合 NY 5027 的要求。

蛋鸡的饲养管理应符合 NY/T 5043 的要求；所使用的饲料应符合 NY 5042 的要求。

蛋鸡场的消毒和病害肉尸的无害化处理应符合 GB/T 16569 和 GB 16548 的要求。

2. 兽药和疫苗的要求　在蛋鸡整个生长发育及产蛋过程中所使用的兽药、疫苗应符合 NY 5040 的要求，并定期进行监督检查。

3. 寄生虫控制　每年春秋两季对全群进行驱虫，用药应符合 NY 5040 的要求。

4. 工作人员的要求　工作人员应定期进行体检，取得健康合格证后方可上岗，并在工作期间严格按照 NY/T 5043 的要求进行操作。

5. 免疫接种　蛋鸡场应根据《中华人民共和国动物防疫法》及其配套法规的要求，结合当地实际情况，有选择地进行疫病的预防接种工作，并注意选择适宜的疫苗、免疫程序和免疫方法。

6. 疫病监测　蛋鸡场应依照《中华人民共和国动物防疫法》及其配套法规的要求，结合当地实际情况，制定疫病监测方案。蛋鸡场常规监测的疫病至少应包括：高致病性禽流感、鸡新城疫、禽白血病、禽结核病、鸡白痢与伤寒。除上述疫病外，还应根据当地实际情况，选择其他一些必要的疫病进行监测。

根据当地实际情况由疫病监测机构定期或不定期进行必要的疫病监督抽查，并将抽查结果报告当地畜牧兽医行政管理部门。

7. 疫病控制和扑杀　蛋鸡场发生疫病或怀疑发生疫病时，应依据《中华人民共和国动物防疫法》及时采取以下措施：

驻场兽医应及时进行诊断，并尽快向当地畜牧兽医行政管理部门报告疫情。

确诊发生高致病性禽流感时，蛋鸡场应配合当地畜牧兽医管理部门，对鸡群实施严格的隔离、扑杀措施；发生鸡新城疫、禽白血病、禽结核病等疫病时，应对鸡群实施清群和净化措施；全场进行彻底的清洗消毒，病死或淘汰鸡的尸体按 GB 16548 进行无害化处理，消毒按 GB/T 16569 进行。

蛋中不应检出以下病原体：高致病性禽流感、大肠杆菌 O_{157}、李氏杆菌、结核分支杆菌、鸡白痢与伤：寒沙门氏菌；经检疫检验不合格的鸡所产的蛋应按照 GB 16548 的规定进行处理。

8. 记录　每群蛋鸡都应有相关的资料记录，其内容包括：鸡只品种、来源、饲料消耗情况、生产性能、发病情况、死亡率及死亡原因、无害化处理情况、实验室检查及其结果、用药及疫苗免疫情况。所有记录应在清群后保存 2 年以上。

(二)疾病的治疗技术

1. 药物使用准则　鸡饲养环境应符合 NY/T 388 的规定。所用饲料和饮用水应符合 NY 5042 和 NY 5027 规定。应按照 NY/T 5043 加强饲养管理,采取各种措施以减少应激,增强动物自身的免疫力。应按照《中华人民共和国动物防疫法》和 NY 5041 的规定对鸡进行免疫,建立严格的生物安全体系,防止鸡发病和死亡,最大限度地减少化学药品和抗生素的使用。鸡疾病以预防为主,必要时,经准确诊断后用药。在对鸡进行预防、诊断和治疗疾病时所用的兽药必须符合《中华人民共和国兽药典》、《中华人民共和国兽药规范》、《兽药质量标准》、《兽用生物制品质量标准》、《进口兽药质量标准》和《饲料药物添加剂使用规定》的相关规定。所用兽药必须来自具有《兽药生产许可证》和产品批准文号的生产企业;或者具有《进口兽药许可证》的供应商。所用兽药的标签必须符合《兽药管理条例》的规定。

2. 禁止使用的种类　禁止使用有致畸、致癌、致突变作用的兽药;禁止在饲料中长期添加药物;禁止使用未经农业部批准或已经淘汰的兽药;禁止使用会对环境造成严重污染的兽药;禁止使用激素类或其他有激素作用的物质及催眠镇静类药物;禁止使用未经国家畜牧兽医行政管理部门批准的用基因工程方法生产的兽药。

3. 允许使用的药物和遵循的原则

(1)必须使用符合《兽用生物制品质量标准》规定的疫苗对蛋鸡进行免疫,并符合 NY 5041 的要求。

(2)允许使用消毒防腐剂对饲养环境、厩舍和器具进行消毒。但不能使用酚类消毒剂;产蛋期禁止使用酚类、醛类消毒剂;应符合 NY/T 5043 的规定。

(3)允许在兽医指导下使用《中华人民共和国兽药典》二部中列出的可用于鸡的兽用中药材、中药成方制剂,应充分考虑产蛋期用药对鸡蛋残留量的影响。

(4)允许在兽医指导下使用符合《中华人民共和国兽药典》、《中华人民共和国兽药规范》、《兽药质量标准》和《进口兽药质量标准》的常量、微量元素补充药,营养药,电解质补充药,维生素类药和助消化药。

(5)允许使用国家兽药管理部门批准的微生态制剂。

4. 档案的建立

(1)实施无公害食品蛋鸡饲养兽药使用准则的全部过程均要求建立详细记录。所有记录资料应在清群后保存 2 年以上。

(2)建立并保存免疫程序记录,包括疫苗种类、使用方法、剂量、批号、生产单位。

(3)建立并保存患病动物的预防和治疗记录,包括发病时间及症状、预防或治疗用药的经过、药物种类、使用方法及剂量、治疗时间、疗程、所用药物的商品名称及主要成分、生产单位及批号、治疗效果等。

第三节 无公害奶牛生产技术操作规程

一、饲养管理技术

(一)引种

不应从疫区引进种牛。引进种牛,应按照 GB 16567 进行检疫。引进的种牛,隔离观察至少 30～45 d,经兽医检疫部门检查确定为健康合格后,方可供繁殖使用。

(二)牛场环境与工艺

奶牛场应建在地势平坦干燥、背风向阳,排水良好,场地水源充足、未被污染和没有发生过任何传染病的地方。

牛舍应具备良好的清粪排尿系统;牛舍内的温度、湿度、气流(风速)和光照应满足奶牛不同饲养阶段的需求,以降低牛群发生疾病的机会;牛舍内空气质量应符合 NY/T 388 的规定;牛舍地面和墙壁应选用适宜材料,以便于进行彻底清洗消毒;牛场内应分设管理区、生产区及粪污处理区,管理区和生产区应处上风向,粪污处理区应处下风向。

牛场净道和污道应分开,污道在下风向,雨水和污水应分开;牛场周围应设绿化隔离带;牛场排污应遵循减量化、无害化和资源化的原则。

(三)饲养条件

1. *饲料和饲料添加剂* 饲料及添加剂的使用应符合 NY 5048 的规定。

奶牛的不同生长时期和生理阶段至少应达到《奶牛营养需要和饲养标准》(第二版)要求,可参考使用地方奶牛饲养规范(规程)。不应在饲料中额外添加未经国家有关部门批准使用的各种化学、生物制剂及保护剂(如抗氧化剂、防霉剂)等添加剂。应清除饲料中的金属异物和泥沙。

2. *兽药使用* 对于治疗患疾病奶牛及必须使用药物处理时,应按照 NY 5046 执行。泌乳牛在正常情况下禁止使用任何药物,必须用药时,在药物残留期间的牛乳不应作为商品牛乳出售,牛乳在上市前应按规定停药,应准确计算停药时间和弃乳期。不应使用未经有关部门批准使用的激素类药物(如促卵泡发育、排卵和催产等药剂)及抗生素。

3. 防疫　牛群的免疫应符合 NY 5047 的规定。

4. 饮水　场区应有足够的生产和饮用水,饮水质量应达到 NY 5027 的规定。经常清洗和消毒饮水设备,避免细菌孳生。若有水塔或其他贮水设施,则应有防止污染的措施,并予以定期清洗和消毒。

(四)卫生消毒

1. 消毒剂　消毒剂应选择对人、奶牛和环境比较安全、没有残留毒性,对设备没有破坏和在牛体内不应产生有害积累的消毒剂。可选用的消毒剂有:石炭酸(酚)、煤酚、双酚类、次氯酸盐、有机碘混合物(碘附)、过氧乙酸、生石灰、氢氧化钠(火碱)、高锰酸钾、硫酸铜、新洁尔灭、松油、酒精和来苏儿等。

2. 消毒方法

(1)喷雾消毒。用一定浓度的次氯酸盐、有机碘混合物、过氧乙酸、新洁尔灭、煤酚等,用喷雾装置进行喷雾消毒,主要用于牛舍清洗完毕后的喷洒消毒、带牛环境消毒、牛场道路和周围和进入场区的车辆。

(2)浸液消毒。用一定浓度的新洁尔灭、有机碘混合物或煤酚的水溶液,进行洗手、洗工作服或胶靴。

(3)紫外线消毒。对人员入口处常设紫外线灯照射,以起到杀菌效果。

(4)喷撒消毒。在牛舍周围、入口、产床和牛床下面撒生石灰或火碱杀死细菌或病毒。

(5)热水消毒。用 35～46℃温水及 70～75℃的热碱水清洗挤奶机器管道,以除去管道内的残留矿物质。

3. 消毒制度

(1)环境消毒。牛舍周围环境(包括运动场)每周用 2%火碱消毒或撒生石灰一次;场周围及场内污水池、排粪坑和下水道出口,每月用漂白粉消毒一次。在大门口和牛舍入口设消毒池,使用 2%火碱或煤酚溶液。

(2)人员消毒。工作人员进入生产区应更衣和紫外线消毒,工作服不应穿出场外。外来参观者进入场区参观应彻底消毒,更换场区工作服和工作鞋,并遵守场内防疫制度。

(3)牛舍消毒。牛舍在每班牛只下槽后应彻底清扫干净,定期用高压水枪冲洗,并进行喷雾消毒或熏蒸消毒。

(4)用具消毒。定期对饲喂用具、料槽和饲料车等进行消毒,可用 0.1%新洁尔灭或0.2%～0.5%过氧乙酸消毒；日常用具(如兽医用具、助产用具、配种用具、挤奶设备和奶罐车等)在使用前后应进行彻底消毒和清洗。

(5)带牛环境消毒。定期进行带牛环境消毒，有利于减少环境中的病原微生物。可用于带牛环境消毒的消毒药有：0.1%新洁尔灭、0.3%过氧乙酸、0.1%次氯酸钠，以减少传染病和蹄病等发生。带牛环境消毒应避免消毒剂污染到牛奶中。

(6)牛体消毒。挤奶、助产、配种、注射治疗及任何对奶牛进行接触操作前，应先将牛有关部位如乳房、乳头、阴道口和后躯等进行消毒擦拭，以降低牛乳的细菌数，保证牛体健康。

(五)管理

1. *总体管理*　奶牛场不应饲养任何其他家畜家禽，并应防止周围其他畜禽进入场区。保持各生产环节的环境及用具的清洁，保证牛奶卫生。坚持刷拭牛体，防止污染乳汁。成乳牛坚持定期护蹄、修蹄和浴蹄。

2. *人员管理*　牛场工作人员应定期进行健康检查，发现有传染病患者应及时调出。

3. *饲喂管理*　按饲养规范饲喂，不堆槽，不空槽，不喂发霉变质和冰冻的饲料。应捡出饲料中的异物，保持饲槽清洁卫生。保证足够的新鲜、清洁饮水，运动场设食盐、矿物质(如矿物质舔砖等)补饲槽和饮水槽，定期清洗消毒饮水设备。

4. *挤奶管理*　贮奶罐、挤奶机使用前后都应清洗干净，按操作规程要求放置。乳房炎病牛不应上机挤奶，上机时临时发现的乳房炎病牛不应套杯挤奶，应转入病牛群手工挤净后治疗。牛奶出场前先自检，不合格者不应出场。机械设备应定期检查、维修和保养。

5. *灭蚊蝇、灭鼠*　搞好牛舍内外环境卫生，消灭杂草和水坑等蚊蝇孳生地，定期喷洒消毒药物，或在牛场外围设杀点，消灭蚊蝇。定期投放灭鼠药，控制啮齿类动物。投放灭鼠药应定时、定点，及时收集死鼠和残余鼠药，做无害化处理。

6. *废弃物处理*　场区内应于生产区的下风处设贮粪场，粪便及其他污物应有序管理。每天应及时除去牛舍内及运动场褥草、污物和粪便，并将粪便及污物运送到贮粪场。场内应设牛粪尿、褥草和污物等处理设施，废弃物应遵循减量化、无害化和资源化的原则。

7. *病死牛及产品处理*　对于非传染病及机械创伤引起的病牛只，应及时进行治疗，死牛应及时定点进行无害化处理，应符合GB 16548的规定。使用药物的病牛生产的牛奶(抗生素奶)不应作为商品牛奶出售。牛场内发生传染病后，应及时隔离病牛，病牛所产乳及死牛应作无害化处理，应符合GB 16548的规定。

8. 牛奶盛装、贮藏和运输　应符合 NY 5045 的规定。

9. 资料记录

繁殖记录：包括发情、配种、妊检、流产、产犊和产后监护记录。

兽医记录：包括疾病档案和防疫记录。

育种记录：包括牛只标记和谱系及有关报表记录。

生产记录：包括产奶量、乳脂率、生长发育和饲料消耗等记录。

病死牛应做好淘汰记录，出售牛只应将抄写复本随牛带走，保存好原始记录。

牛只个体记录应长期保存，以利于育种工作的进行。

二、饲料生产技术

（一）饲料原料

感官要求：应具有一定的新鲜度，具有该品种应有的色、嗅、味和组织形态特征，无发霉、变质、结块、异味及异嗅。

饲料原料中有害物质及微生物允许量应符合 GB 13078 的要求。饲料原料中含有饲料添加剂的应做相应说明。

（二）饲料添加剂

感官要求：应具有该品种应有的色、嗅、味和形态特征，无发霉、变质、异味及异嗅。

有害物质及微生物允许量应符合 GB 13078 及相关标准的要求。饲料中使用的营养性饲料添加剂和一般性饲料添加剂产品应是《允许使用的饲料添加剂品种目录》所规定的品种，或取得试生产产品批准文号的新饲料添加剂品种。饲料添加剂产品的使用应遵照产品说明书所规定的用法、用量使用。

（三）配合饲料、浓缩饲料和添加剂预混合饲料

感官要求：应色泽一致，无发酵霉变、结块、异味及异嗅。

有害物质及微生物允许量应符合 GB 13078 及相关标准的要求。奶牛配合饲料、浓缩饲料和添加剂预混合饲料中不应使用任何药物。

（四）饲料加工过程

1. 设备管理　饲料企业的工厂设计与设施卫生、工厂卫生管理和生产过程的卫生应符合 GB/T 16764 的要求。

2. 配料　定期对计量设备进行检验和正常维护，以确保其精确性和稳定性，

其误差不应大于规定范围。微量和极微量组分应进行预稀释,并且应在专门的配料室内进行。配料室应有专人管理,保持卫生整洁。

(五)混合

混合时间,按设备性能不应少于规定时间。混合工序投料应按先大量、后小量的原则进行。投入的微量组分应将其稀释到配料称最大称量的5%以上。

(六)留样

新接受的饲料原料和各个批次生产的饲料产品均应保留样品。样品密封后留置专用样品室或样品柜内保存。样品室和样品柜应保持阴凉、干燥。采样方法按GB/T 14699 执行。

留样应设标签,载明饲料品种、生产日期、批次、生产负责人和采样人等事项,并建立档案由专人负责保管。

样品应保留至该批产品保质期满后3个月。

三、疾病的预防和治疗技术

(一)疾病的预防技术

1. 环境卫生条件　奶牛场的环境卫生质量应符合NY/T 388 规定的要求。

2. 奶牛场的卫生条件

(1)具有清洁、无污染的水源,应符合NY 5027 规定的要求。

(2)奶牛场应设管理和生活区、生产和饲养区、生产辅助区、畜粪堆贮区和病牛隔离区,各区应相互隔离。运送饲料和生奶的道路与装运牛粪的道路应分设,并尽可能减少交叉点。

(3)非生产人员一般不允许进入生产区。特殊情况下,非生产人员需经淋浴消毒后方可入场,并遵守场内的一切防疫制度。

(4)应按照NY/T 5049 规定的要求建立规范的消毒方法。

(5)奶牛场内不准屠宰和解剖牛只。

(6)不从有牛海绵状脑病的国家引进牛只;外来或购入的奶牛需有兽医检疫部门的检疫合格证,经隔离观察和检疫后,确认无传染病时方可并群饲养。

(7)挤奶人员须经奶牛泌乳生理和挤奶操作工艺的培训合格后才能上岗操作。

除上述规定外,奶牛场的选址、布局、设施及其卫生要求、工作人员健康卫生要求、生奶存放及运输卫生要求、防疫卫生等应符合GB 16568 及NY/T 5049 规定的要求。

3. *饲料、饲料添加剂和兽药的要求* 饲料和饲料添加剂的使用应符合 NY 5048 规定的要求，禁止饲喂反刍动物源性肉骨粉。兽药的使用应符合 NY 5046 规定的要求。

4. *饲养管理要求* 奶牛场的饲养管理应符合 NY/T 5049 规定的要求。

5. *免疫接种* 奶牛场应根据《中华人民共和国动物防疫法》及其配套法规的要求，结合当地实际情况，有选择地进行疫病的预防接种工作，并注意选择适宜的疫苗、免疫程序和免疫方法。

6. *疫病监测*

(1)奶牛场应依照《中华人民共和国动物防疫法》及其配套法规的要求，结合当地实际情况，制定疫病监测方案。

(2)奶牛场常规监测的疾病至少应包括：口蹄疫、蓝舌病、炭疽、牛白血病、结核病、布鲁氏菌病。同时需注意监测我国已扑灭的疫病和外来病的传入，如牛瘟、牛传染性胸膜肺炎、牛海绵状脑病等。除上述疫病外，还应根据当地实际情况，选择其他一些必要的疫病进行监测。

(3)母牛在干乳前 15 d 作隐性乳腺炎检验，在干乳时用有效的抗菌制剂封闭治疗。

(4)根据当地实际情况由动物疫病监测机构定期或不定期进行必要的疫病监督抽查，并将抽查结果报告当地畜牧兽医行政管理部门。

7. *疫病控制和扑灭* 奶牛场发生疫病或怀疑发生疫病时，应依据《中华人民共和国动物防疫法》及时采取以下措施：

(1)驻场兽医应及时进行诊断，并尽快向当地畜牧兽医行政管理部门报告疫情。

(2)确诊发生口蹄疫、牛瘟、牛传染性胸膜肺炎时，奶牛场应配合当地畜牧兽医管理部门，对牛群实施严格的隔离、扑杀措施；发生牛海绵状脑病时，除了对牛群实施严格的隔离、扑杀措施外，还需追踪调查病牛的亲代和子代；发生炭疽时，只扑杀病牛；发生蓝舌病、牛白血病、结核病、布鲁氏菌病等疫病时，应对牛群实施清群和净化措施；全场进行彻底的清洗消毒，病死或淘汰牛的尸体按 GB 16548 进行无害化处理，消毒按 GB/T 16569 进行。

8. *记录* 每群奶牛都应有相关的资料记录，其内容包括：奶牛来源，饲料消耗情况，发病率、死亡率及发病死亡原因，无害化处理情况，实验室检查及其结果，用药及免疫接种情况。所有记录应在清群后保存 2 年以上。

(二)疾病的治疗技术

1. *药物使用准则* 奶牛养殖场的饲养环境应符合 NY/T 388 的规定。奶牛饲养者应供给奶牛充足的营养，所用饲料饲料添加剂和饮水应符合《饲料和饲料添加剂管理条例》、NY 5048 和 NY 5027 的规定，按照 NY/T 5049 加强饲养管理，采取各种措施以减少应激，增强动物自身的免疫力。应严格按照《中华人民共和国动物防疫法》和 NY 5047 的规定进行预防，建立严格的生物安全体系，防止奶牛发病和死亡，最大限度地减少化学药品和抗生素的使用。确需使用治疗用药的，经实验室诊断确诊后再对症下药，兽药的使用应有兽医处方并在兽医的指导下进行。用于预防、治疗和诊断疾病的兽药应符合《中华人民共和国兽药典》、《中华人民共和国兽药规范》、《中华人民共和国兽用生物制品质量标准》、《兽药质量标准》、《进口兽药质量标准》和《饲料药物添加剂使用规范》的相关规定。所用兽药应来自具有《兽药生产许可证》和产品批准文号的生产企业或者具有《进口兽药许可证》的供应商。所用兽药的标签应符合《兽药管理条例》的规定。

2. 禁止使用的药物和方法　禁止使用有致畸、致癌和致突变作用的兽药。

禁止在饲料及饲料产品中添加未经国家畜牧兽医行政管理部门批准的《饲料药物添加剂使用规范》以外的兽药品种，特别是影响奶牛生殖的激素类药、具有雌激素样作用的物质、催眠镇静药和肾上腺素能药等兽药。

禁止使用未经国家畜牧兽医行政管理部门批准作为兽药使用的药物。

禁止使用未经国家畜牧兽医行政管理部门批准的用基因工程方法生产的兽药。

3. 允许使用的药物和方法　应使用符合《中华人民共和国兽用生物制品质量标准》规定的疫苗预防奶牛疾病。

允许使用消毒防腐剂对饲养环境、厩舍和器具进行消毒。但不能使用酚类消毒剂。

允许使用符合《中华人民共和国兽药典》二部和《中华人民共和国兽药规范》二部规定的用于奶疾病预防和治疗的中药材和中成药。

允许使用符合《中华人民共和国兽药典》、《中华人民共和国兽药规范》、《兽药质量标准》和《进口药质量标准》规定的钙、磷、硒、钾等补充药，酸碱平衡药，体液补充药，电解质补充药，血容量补充药，贫血药，维生素类药，吸附药，泻药，润滑剂，酸化剂，局部止血药，收敛药和助消化药。

允许使用国家兽药管理部门批准的微生态制剂。

4. 限制使用的药物　慎用作用于神经系统、循环系统、呼吸系统、泌尿系统的兽药及其他兽药。

5. 文档的建立　建立并保存奶牛的免疫程序记录；建立并保存患病奶牛的治

疗记录，包括患病奶牛的畜号或其他标志、发病时间及症状、治疗用药的经过、治疗时间、疗程、所用药物商品名称及有效成分。

第四节　无公害淡水鱼生产技术操作规程

一、环境条件

场地选择：水源充足，排灌方便；水源没有对渔业水质构成威胁的污染源；池塘通风向阳；网箱设置在背风向阳、水体微流、水深 4 m 以上的水体中。

水质：水源水质应符合 GB 11607 的规定。养殖池塘水质应符合 NY 5051 的规定。池水透明度 30 cm 左右。

鱼池要求：见表 4.2。

表 4.2　鱼池要求

鱼池类别	面积/m^2	水深/m	底质要求	淤泥厚度/cm	清池消毒
产卵池	650～1 500	1～1.5	池底平坦，	≤10	鱼入池前 15 d 左右进
鱼种池	1 000～2 000	1～1.5	壤土或沙	≤10	行；药物清池按
食用鱼饲养池	1 000～10 000	2～3	壤土	≤20	SC/T1008 的规定执行

二、饲养技术

(一)鱼苗繁殖

1.雌雄鉴别　雌鱼腹部臀鳍前方有肛门、生殖孔和泌尿孔，成熟个体的生殖孔突出；雄鱼腹部臀鳍前方有肛门、泄殖孔，成熟个体的泄殖孔大而突出，用手轻压鱼体腹部有乳白色的精液流出。

2.性比　雌、雄亲鱼的放养比例为(3～5)∶1。

3.亲鱼消毒　亲鱼放养时应进行药物消毒，可用食盐 2%～4%浸浴 5 min，或高锰酸钾 20 mg/L(20℃) 浸浴 20～30 min，或聚维酮碘 1%浸浴 5 min。

4.放养时间　池塘水温回升并稳定在 18℃以上时，即可放养亲鱼。长江中下游地区一般为 4 月下旬，北方地区推迟 15～30 d。

5.放养密度　一般每亩(667 m^2)水面放养 600～1 000 尾。

6. 饲养管理

(1)巡池。观察池水水色和透明度变化，严防缺氧浮头；观察亲鱼活动情况，及时清除病鱼。

(2)投饲。以配合饲料为主，辅以饼粕、糠麸；日投食率为鱼体重的 3%～5%。

(3)鱼苗捕捞。产卵的适宜水温为 25～30℃。亲鱼下池后 10～20 d 见鱼苗，便开始捞苗；见到池边有集群晚鱼苗后，采用三角抄网每天捞取，或用密网每周全池捕捞一次。鱼苗移至鱼种池培育或将亲鱼转池，鱼苗于原池中培育成鱼种。

(二)池塘饲养

以投喂配合饲料为主，日投饲率为鱼体体重的 5%～7%，每天投喂 4～5 次；每 15～20 d(高温季节 10～15 d)注水一次，使池水保持在 2 m 以上。每 5 000～10 000 m^2，配备 2～3 kW 增氧机一台，每天午后及清晨各开机一次，每次 2～3 h，高温季节，每次增加 1～2 h。

(三)网箱饲养

1. 网箱规格、设置　网箱的规格、设置按 SC/T 1006 规定执行。

2. 鱼种放养

鱼种消毒：可用食盐 2%～4%浸浴 5 min，或高锰酸钾 20 mg/L(20℃)浸浴 20～30 min，或聚维酮碘 1%浸浴 5 min。

鱼种规格：体重宜为 20～50 g/尾。

投放密度：按不向规格的鱼种决定投放密度，一般为 600～1 000 尾/m^2。

3. 饲养　宜投膨化配合饲料。根据水温、溶氧等决定投喂量，投饲率一般为体重的 3%～5%，每日投喂 3～5 次。

(四)越冬

1. 越冬方式　鱼池可建在玻璃温房或在塑料大棚内进行室内加温保暖越冬，也可利用热源进行室外流水保温越冬。

2. 越冬池　越冬池结构为砖砌的水泥池；位置应靠近水源，避风向阳；池的形状以圆形或椭圆形为好；室内越冬池面积以 10～50 m^2 为宜，池深 1.5 m；室外越冬池面积 100～200 m^2，水深 1.5～2.0 m；鱼入越冬池前，应清理池底污物，并用 30 mg/L 漂白粉溶液泼洒池壁和池底进行消毒处理。

3. 越冬时间　秋季室外水温降至 18℃前鱼入越冬池，春末室外水温回升并稳定在18℃以上后，鱼方可出越冬池。长江流域一般从10月中旬至翌年5月份，约200 d；珠江流域一般从11月中旬至翌年4月上旬，约150 d；北方地区应相应延长越冬时间。

三、疾病的预防和治疗技术

（一）鱼病的预防技术

鱼病防治以预防为主，一般措施为：鱼苗、鱼种入塘（网）前，严格进行消毒；鱼苗、鱼种下塘后，以1 g/m^{2}全池泼洒90%晶体敌百虫一次。半月后，按1 g/m^{2}漂白粉（28%有效氯）泼洒一次；高温季节，饲料中按每千克鱼体重每日拌入5 g大蒜头或0.47 g大蒜素，连续6 d，同时加入适量食盐；死鱼应及时捞出，埋入土中。病鱼池（网）中使用过的渔具要浸洗消毒。

病鱼池水未经消毒不得任意排放。

（二）常见鱼病及其防治技术

常见鱼病及其防治技术见表4.3。

表4.3 常见鱼病及其防治技术

疾病	发病季节	症状	防治方法
车轮虫病	5～8月份	鳃组织损坏	1 mg/L漂白粉（28%有效氯）或0.5～0.7 mg/L硫酸铜、硫酸亚铁合剂（5：2）全池泼洒
小瓜虫	12月份至翌年6月份	体表、鳍条或鳃部布满白色囊胞	3.5%食盐和1.5%硫酸镁浸浴15 min或0.38 mg/L干辣椒粉与0.15 mg/L生姜干片混合加水煮沸后泼洒
斜管虫病	12月份至翌年3～5月份	皮肤和鳃呈苍白色，或体表有浅蓝或灰色薄膜覆盖	0.5～0.7 mg/L硫酸铜、硫酸亚铁合剂（5：2）全池泼洒或2.5%食盐浸浴20 min
鲺病	常年可见，2～5月份易发生	病鱼消瘦，肉眼可见臭虫大小的鲺	0.2～0.5 mg/L 90%晶体敌百虫全池泼洒
锚头蚤病	常年可见，6～11月份易发生	肉眼可见虫体，病鱼不安，寄生处组织发炎	0.2～0.5 mg/L 90%晶体敌百虫全池泼洒
水霉病	常年可见，2～5月份易发生	体表菌丝大量繁殖如絮状，寄生部位充血	2%～3%食盐浸浴10 min或400 mg/L食盐、小苏打（1：1）全池泼洒

续表 4.3

疾病	发病季节	症状	防治方法
链球菌病	水温 25～28℃时易发生	体色发黑，鱼体运动失衡，眼球外突，角膜浊白，肛门红肿等	饲料中每千克鱼体重每日拌入 25～75 mg/L 呋喃唑酮，连续 7 d
溃烂病	亲鱼养殖、越冬期间易发生	体表充血、鳞片脱落、皮肤溃烂等	0.5～1 mg/L 呋喃唑酮全池泼洒，每天 1 次，连续 3 d，或 1 mg/L 漂白粉(28%有效氯)全池泼洒

说明：浸浴后药物残液不得倒入养殖水体。

渔药的使用和休药期参照 NY 5071 的要求执行。

第二部分
绿 色 食 品

第五章 绿色食品标准

第一节 绿色食品标准内容和框架

一、绿色食品标准内容

绿色食品标准作为绿色食品生产经验的总结和科技发展的结果，对绿色食品产业发展所起的作用表现在以下几个方面。

(1)绿色食品标准是进行绿色食品质量认证和质量体系认证的依据。质量认证指由可以充分信任的第三方证实某一经鉴定的产品或服务符合特定标准或技术规范的活动。质量体系认证指由可以充分信任的第三方证实某一经鉴定产品的生产的企业，其生产技术和管理水平符合特定的标准的活动。由于绿色食品认证实行产前、产中、产后全过程质量控制，同时包含了质量认证和质量体系认证。因此，无论是绿色食品质量认证还是质量体系认证都必须有适宜的标准依据，否则就不具备开展认证活动的基本条件。

(2)绿色食品标准是进行绿色食品生产活动的技术、行为规范。绿色食品标准不仅是对绿色食品产品质量、产地环境质量、生产资料毒负效应的指标规定，更重要的是对绿色食品生产者、管理者的行为的规范，是评价、监督和纠正绿色食品生产者、管理者技术行为的尺度，具有规范绿色食品生产活动的功能。

(3)绿色食品标准是维护绿色食品生产者和消费者利益的技术和法律依据。绿色食品标准作为质量认证依据，对接受认证的生产企业来说，属强制执行标准，企业生产的绿色食品产品和采用的生产技术都必须符合绿色食品标准要求。当消费者对某企业生产的绿色食品提出异议或依法起诉时，绿色食品标准就成为裁决的合法技术依据。同时，国家工商行政管理部门，也将依据绿色食品标准打击假冒绿色食品产品的行为，保护绿色食品生产者和消费者利益。

(4)绿色食品标准是提高我国食品质量，增强我国食品在国际市场竞争力，促进产品出口创汇的技术目标依据。绿色食品标准是以我国国家标准为基础，参照国际标准和国外先进标准制定的，既符合我国国情，又具有国际先进水平。对我国大多数食品生产企业来说，要达到绿色食品标准有一定难度，但只要进行技术改造，改善经营管理水平，提高企业素质，许多企业是完全能够达到的，其生产的食品质量也是能够符合国际市场要求的。而目前国际市场对绿色食品的需求远远大于生产，这就为达到绿色食品标准的产品提供了广阔的市场。

二、绿色食品标准框架

绿色食品标准体系按照生产流程可以分为“产地环境标准”、“生产技术标准”、“产品标准”和“包装、贮运标准”4 大类，其体系架构见图 5.1。

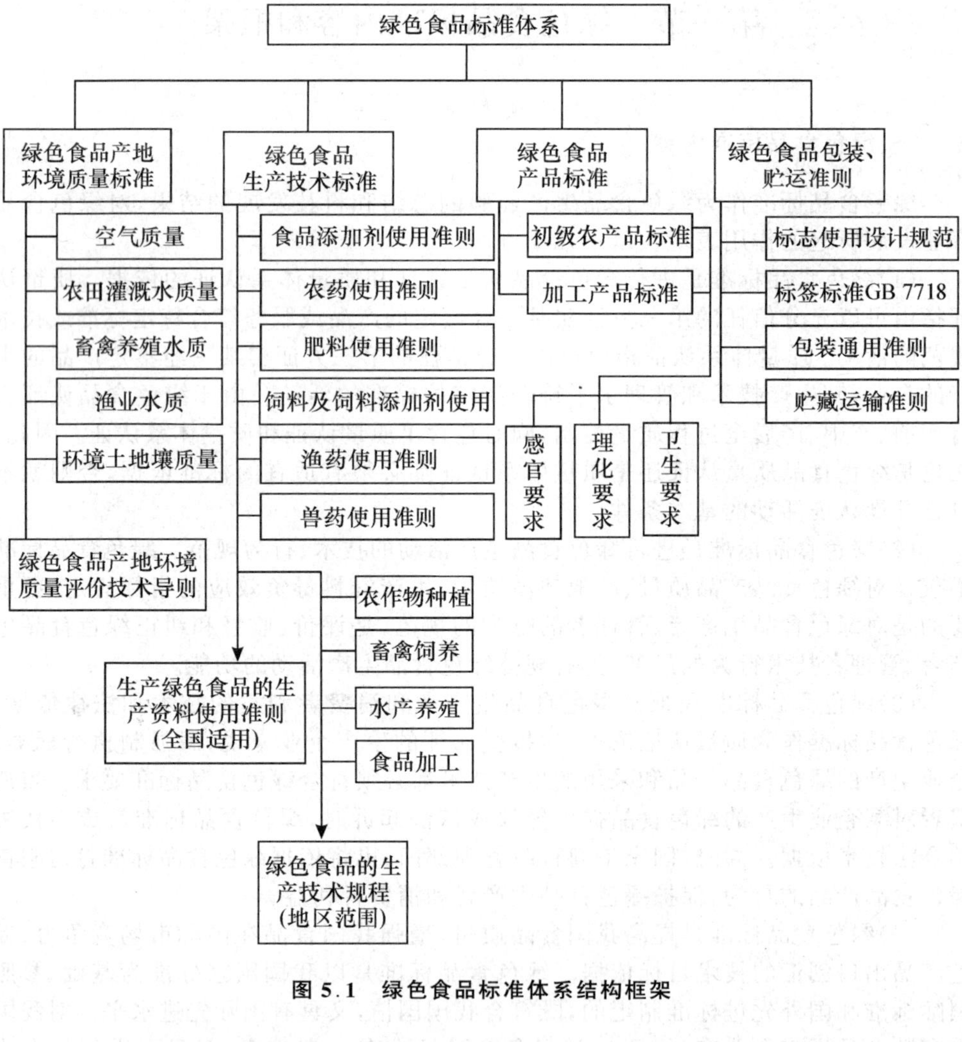

图 5.1 绿色食品标准体系结构框架

第二节 环境标准

一、环境标准指标

绿色食品产地环境质量标准包括空气质量、农田灌溉水质、渔业水质、畜禽养殖水质和土壤环境质量等5项内容，各项具体指标如下见表5.1至表5.5。

表5.1 产地环境空气质量指标

项 目	浓度限值（标准状态）	
	日平均	1 h平均
总悬浮颗粒物（标准状态）/（mg/m^3）	0.30	—
二氧化硫（标准状态）/（mg/m^3）	0.15	0.50
二氧化氮（标准状态）/（mg/m^3）	0.12	(0.15)
氟化物（标准状态）/（$\mu g/m^3$）	7	20
	1.8[$\mu g/(dm^2 \cdot d)$]（挂片法）	

说明：①日平均指任何一日的平均浓度；②1 h平均指任何1 h的平均浓度；③连续采样3 d，一日3次，晨、中和夕各一次；④氟化物采样可用动力采样滤膜法或用百灰滤纸挂片废，分别按各自规定的浓度限值执行，石灰滤纸挂片法挂置7 d。

表5.2 产地农田灌溉水质量指标

项 目	浓度限值
pH值	≤5.5～8.5
化学需氧量/（mg/L）	≤150
总汞/（mg/L）	≤0.001
总镉/（mg/L）	≤0.005
总砷/（mg/L）	≤0.05
总铅/（mg/L）	≤0.10
铬（六价）/（mg/L）	≤0.10
氟化物/（mg/L）	≤2.0
氰化物/（mg/L）	≤0.50
粪大肠菌群/（个/L）	≤10 000

说明：灌溉菜园用的地表水需测粪大肠菌群，其他情况下不测粪大肠菌群。

表 5.3　渔业用水中各项污染物的浓度限值

项　目	浓度限值
色、臭、味	不得使水产品异色、异臭和异味
漂浮物质	水面不得出现油膜或浮沫
悬浮物	人为增加的量不得超过10/(mg/L)
pH值	淡水6.5～8.5,海水7.0～8.5
溶解氧/(mg/L)	>5
生化需氧量/(mg/L)	5
总大肠菌群/(个/L)	5 000(贝类500)
总汞/(mg/L)	0.000 5
总镉/(mg/L)	0.005
总铅/(mg/L)	0.05
总铜/(mg/L)	0.01
总砷/(mg/L)	0.05
六价铬/(mg/L)	0.1
挥发酚/(mg/L)	0.005
石油类/(mg/L)	0.05

表 5.4　畜禽养殖用水各项污染物的浓度限值

项　目	标准值
色度	15度,并不得呈现其他异色
混浊度	3度
臭和味	不得有异臭、异色
肉眼可见物	不得含有
pH值	6.5～8.5
氟化物/(mg/L)	1.0
氰化物/(mg/L)	0.05
总砷/(mg/L)	0.05
总汞/(mg/L)	0.001
总镉/(mg/L)	0.01
六价铬/(mg/L)	0.05
总铅/(mg/L)	0.05
细菌总数/(个/mL)	100
总大肠菌群/(个/L)	3

表 5.5 土壤中各项污染物的含量限值

项目	旱田			水田		
	pH＜6.5	pH＝6.5～7.5	pH＞7.5	pH＜6.5	pH＝6.5～7.5	pH＞7.5
镉	0.30	0.30	0.40	0.30	0.30	0.40
汞	0.25	0.30	0.35	0.30	0.40	0.40
砷	25	20	20	20	20	15
铅	50	50	50	50	50	50
铬	120	120	120	120	120	120
铜	50	60	60	50	60	60

二、土壤肥力要求

为了促进生产者增施有机肥，提高土壤肥力，生产 AA 级绿色食品时，转化后的耕地土壤肥力要达到土壤肥力分级 1～2 级指标见表 5.6。生产 A 级绿色食品时，土壤肥力作为参考指标。

表 5.6 土壤肥力分级参考指标

项目	级别	旱地	水田	菜地	园地	牧地
有机质/(g/kg)	Ⅰ	＞15	＞25	＞30	＞20	＞20
	Ⅱ	10～15	20～25	20～30	15～20	15～20
	Ⅲ	＜10	＜20	＜20	＜15	＜15
全氮/(g/kg)	Ⅰ	＞1.0	＞1.2	＞1.2	＞1.0	—
	Ⅱ	0.8～1.0	1.0～1.2	1.0～1.2	0.8～1.0	—
	Ⅲ	＜0.8	＜1.0	＜1.0	＜0.8	—
有效磷/(mg/kg)	Ⅰ	＞10	＞15	＞40	＞10	＞10
	Ⅱ	5～10	10～15	20～40	5～10	5～10
	Ⅲ	＜5	＜10	＜20	＜5	＜5
有效钾/(mg/kg)	Ⅰ	＞120	＞100	＞150	＞100	—
	Ⅱ	80～120	50～100	100～150	50～100	—
	Ⅲ	＜80	＜50	＜100	＜50	—
阳离子交换量/(cmol/kg)	Ⅰ	＞20	＞20	＞20	＞15	＞20
	Ⅱ	15～20	15～20	15～20	15～20	15～20
	Ⅲ	＜15	＜15	＜15	＜15	＜15
质地	Ⅰ	轻壤、中壤	中壤、重壤	轻壤	轻壤	沙壤、中壤
	Ⅱ	沙壤、重壤	沙壤、轻黏土	沙壤、中壤	沙壤、中壤	重壤
	Ⅲ	沙土、黏土	沙土、黏土	沙土、黏土	沙土、黏土	沙土、黏土

第三节 生产过程标准

一、种植业生产过程标准

(一)肥料使用准则

1. *施肥原则* 肥料使用必须满足作物对营养元素的需要,使足够数量的有机物质返回土壤,以保持或增加土壤肥力及土壤生物活性。所有有机或无机(矿质)肥料,尤其是富含氮的肥料应对环境和作物(营养、味道、品质和植物抗性)不产生不良后果方可使用。

2. *施肥要求*

(1)AA级绿色食品生产的施肥要求。必须选用AA级绿色食品生产中允许使用的肥料种类,禁止使用任何化学合成肥料;禁止使用城市垃圾和污泥、医院的粪便垃圾和含有害物质(如毒气、病原微生物、重金属等)的垃圾。

各地可因地制宜采用秸秆还田、过腹还田、直接翻压还田、覆盖还田等形式。

利用覆盖、翻压、堆沤等方式合理利用绿肥。绿肥应在盛花期翻压,翻埋深度为15 cm左右,盖土要严,翻后把匀。压青后15～20 d才能进行播种或移苗。

腐熟的沼气液、残渣及人畜粪尿可用作追肥。严禁施用未腐熟的人粪尿;饼肥优先用于水果、蔬菜等,禁止施用未腐熟的饼肥。

叶面肥料质量应符合GB/T 17419或GB/T 17420或表5.7的技术要求。按使用说明稀释,在作物生长期内,喷施2～3次。

表5.7 腐殖酸叶面肥料

编号	营养成分	杂质控制指标/%
1	腐殖酸≥8.0%	Cd≤0.01
2	微量元素(Fe,Mn,Cu,Zn)	As≤0.002
3	Mo,B≥6.0%	Pb≤0.002

微生物肥料可用于拌种,也可作基肥和追肥使用。使用时应严格按照使用说明书的要求操作。微生物肥料中有效活菌的数量应符合NY 227中4.1及4.2技术指标。

选用无机(矿质)肥料中的煅烧磷酸盐、硫酸钾。

(2)A级绿色食品生产的施肥要求。必须选用A级绿色食品生产中允许使用的肥料种类,如不能满足生产需要,允许按如下要求使用化学肥料(氮、磷、钾)。但禁止使用硝态氮肥。

①化肥必须与有机肥配合施用,有机氮与无机氮之比不超过1∶1。例如,施优质厩肥1 000 kg加尿素10 kg(底肥作基肥、尿素可作基肥和追肥用)。对叶菜类最后一次追肥必须在收获前30 d进行。

②化肥也可与有机肥、复合微生物肥配合施用。厩肥1 000 kg,加尿素5～10 kg或磷酸二铵20 kg,复合微生物肥料60 kg(厩肥作基肥,尿素,磷酸二铵和微生物肥料作基肥和追肥用)。最后一次追肥必须在收获前30 d进行。

此外,城市生活垃圾一定要经过无害化处理,质量达到GB 8172中1.1的技术要求才能使用。每年每亩农田限制用量:黏性土壤不超过3 000 kg,沙性土壤不超过2 000 kg。

3.允许使用的种类

(1)AA级绿色食品生产允许使用的肥料种类。AA级绿色食品生产中,应就地取材、就地使用的各种有机肥料。它由含有大量生物物质、动植物残体、排泄物、生物废物等积制而成的,包括堆肥、混肥、厩肥、沼气肥、绿肥、作物秸秆肥、泥肥、饼肥等。

堆肥:以各类秸秆、落叶、山青、湖草为主要原料并与人畜粪便和少量泥土混合堆制经好气微生物分解而成的一类有机肥料。

沤肥:所用物料与堆肥基本相同,只是在淹水条件下,经微生物嫌气发酵而成一类有机肥料。

厩肥:以猪、牛、马、羊、鸡、鸭等畜禽的粪尿为主与秸秆等垫料堆积并经微生物作用而成的一类有机肥料。

沼气肥:在密封的沼气池中,有机物在嫌气条件下经微生物发酵制取沼气后的副产物。主要有沼气水肥和沼气渣肥两部分组成。

绿肥:以新鲜植物体就地翻压、异地施用或经沤、堆后而的肥料。主要分为豆科绿肥和非豆科绿肥两大类。

作物秸秆肥:以麦秸、稻草、玉米秸、豆秸、油菜秆等直接还田的肥料。

泥肥:以未经污染的河泥、塘泥、沟泥、港泥、湖泥等经嫌气微生物分解而成的肥料。

饼肥:以各种含油分较多的种子经压榨去油后的残渣制成的肥料,如菜子饼、棉子饼、豆饼、芝麻饼、花生饼等。

除此之外，还可以使用经专门机构认定，符合绿色食品生产要求，并正式推荐用于AA级和A级绿色食品生产的生产用肥。如果上述肥料不能满足AA级绿色食品生产需要的情况时，允许使用如下按国家法规规定，受国家肥料部门管理，以商品形式出售的肥料。其包括商品有机肥、腐殖酸类肥、微生物肥、有机复合肥、无机(矿质)肥、叶面肥等。

商品有机肥料：以大量动植物残体、排泄物及其他生物废物为原料经加工制成的商品肥料。

腐殖酸类肥料：以含有腐殖酸类物质的泥炭(草炭)、褐煤、风化煤等经过加工制成含有植物营养成分的肥料。

微生物肥料：以特定微生物菌种培养生产的含活的微生物制剂。根据微生物肥料对改善植物营养元素的不同，可分成5类：根瘤菌肥料、固氮菌肥料、磷细菌肥料、硅酸盐细菌肥料、复合微生物肥料。

有机复合肥：经无害化处理后的畜禽粪便及其他生物废物加入适量的微量营养元素制成的肥料。

无机(矿质)肥料：矿物经物理或化学工业方式制成，养分呈无机盐形式的肥料。包括矿物钾肥和硫酸钾、矿物磷肥(磷矿粉)、煅烧磷酸盐(钙镁磷肥、脱氟磷肥)、石灰、石膏、硫磺等。

叶面肥料：喷施于植物叶片并能被其吸收利用的肥料，叶面肥料中不得含有化学合成的生长调节剂，包括含微量元素的叶面肥和含植物生长辅助物质的叶面肥料等。

有机无机肥(半有机肥)：有机肥料与无机肥料通过机械混合或化学反应而成的肥料。

(2)A级绿色食品生产允许使用的肥料种类。A级绿色食品应优先使用所有AA级绿色食品的肥料种类，以及经专门机构认定，符合A级绿色食品生产要求，并正式推荐用于A级绿色食品生产的生产用肥。当上述生产资料不能满足A级绿色食品生产需要的情况下，允许使用“在有机肥、微生物肥、无机(矿质)肥、腐殖酸肥中按一定比例掺入化肥(硝态氮肥除外)，并通过机械混合而成的”掺合肥(有机氮与无机氮之比不超过1∶1)。

4. *其他要求*　生产绿色食品的农家肥料无论采用何种原料(包括人畜禽粪尿、秸秆、杂草、泥炭等)制作堆肥，必须高温发酵，以杀灭各种寄生虫卵和病原菌、杂草种子，使之达到无害化卫生标准，见表5.8和表5.9。农家肥料原则上就地生产就地使用。外来农家肥料应确认符合要求后才能使用。商品肥料及新型肥料必须通过国家有关部门的登记认证及生产许可，质量指标应达到国家有关标准的要求。

因施肥造成土壤污染、水源污染，或影响农作物生长、农产品达不到卫生标准时，要停止施用该肥料，并向专门管理机构报告。用其生产的食品也不能继续使用绿色食品标志。

表 5.8　高温堆肥卫生标准

编号	项　目	卫生标准及要求
1	堆肥温度	最高堆温达 50～55℃，持续 5～7 d
2	蛔虫卵死亡率	95%～100%
3	粪大肠菌值	10^{-2}～10^{-1}
4	苍蝇	有效地控制苍蝇孳生，肥堆周围没有活的蛆、蛹或新羽化的成蝇

表 5.9　沼气发酵肥卫生标准

编号	项 目	卫生标准及要求
1	密封贮存期	30 d 以上
2	高温沼气发酵温度	(53±2℃)持续 2 d
3	寄生虫卵沉降率	95%以上
4	血吸虫卵和钩虫卵	在使用粪液中不得检出活的血吸虫卵和钩虫卵
5	粪大肠菌值	普通沼所发酵 10^{-4}，高温沼气发酵 10^{-2}～10^{-1}
6	蚊子、苍蝇	有效地控制蚊蝇孳生，粪液中孑孓，池的周围无活的蛆、蛹或新羽化的成蝇
7	沼气池残渣	经无害化处理后方可用作农肥

(二)绿色食品农药使用准则

1. 基本原则　绿色食品生产应从作物—病虫草等整个生态系统出发，综合运用各种防治措施，创造不利于病虫草害孳生和有利于各类天敌繁衍的环境条件，保持农业生态系统的平衡和生物多样化，减少各类病虫草害所造成的损失。优先采用农业措施，通过选用抗病抗虫品种，非化学药剂种子处理，培育壮苗，加强栽培管理，中耕除草，秋季深翻晒土，清洁田园，轮作倒茬，间作套种等一系列措施起到防治病虫草害的作用。还应尽量利用灯光、色彩诱杀害虫，机械捕捉害虫，机械和人工除草等措施，防治病虫草害。特殊情况下，必须使用农药时，应按照农药使用准则的要求及病虫害的发生特点选择适当的种类。

2. 允许使用的农药种类

(1)AA 级绿色食品允许使用的农药种类。生产者应优先使用指经专门机构认定，符合绿色食品生产要求，并正式推荐用于AA级绿色食品生产的农药类产品。在上述种类不能满足植保工作需要的情况下，允许使用以下农药及方法：

①中等毒性以下植物源杀虫剂、杀菌剂、拒避剂和增效剂，如除虫菊素、鱼藤根、烟草水、大蒜素、苦楝、印楝、芝麻素等。

②释放寄生性捕食性天敌动物，昆虫、捕食螨、蜘蛛及昆虫病原线虫等。

③在害虫捕捉器中使用昆虫信息素及植物源引诱剂。

④使用矿物油和植物油制剂。

⑤使用矿物源农药中的硫制剂、铜制剂。

⑥经专门机构核准，允许有限度地使用活体微生物农药，如真菌制剂、细菌制剂、病毒制剂、放线菌、拮抗菌剂、昆虫病原线虫、原虫等。

⑦经专门机构核准，允许有限度地使用农用抗生素，如春雷霉素、多抗霉素（多氧霉素）、井冈霉素、农抗120、中生菌素等，浏阳霉素等。

(2)A级绿色食品允许使用的农药种类。生产者应优先使用指经专门机构认定，符合绿色食品生产要求，并正式推荐用于AA级和A级绿色食品生产的农药类产品。在上述种类不能满足植保工作需要的情况下，允许使用以下农药及方法：

①中等毒性以下植物源农药、动物源农药和微生物源农药，见表5.10。

表5.10　A级绿色食品生产允许使用的农药种类

编号	类型	种类		品种
1	植物源农药	杀虫剂		除虫菊素，鱼藤酮，烟碱，植物油乳剂等
		杀菌剂		大蒜素
		拒避剂		印楝素，苦楝，川楝素
		增效剂		芝麻素
2	动物源农药	昆虫信息素（或昆虫外激素）		性信息素
		活体制剂		寄生性、捕食性的天敌动物
3	微生物源农药	农用抗生素	防治真菌病害 防治螨类	灭瘟素，春雷霉素，多抗霉素（多氧霉素），井冈霉素，农抗120，中生菌素等
		活体微生物农药	真菌剂	浏阳霉素，华光霉素
			细菌剂	蜡蚧轮枝菌等
		拮抗抗菌剂		苏云金杆菌，蜡质芽孢杆菌等
		昆虫病原线虫		
		微孢子虫		
		病毒		核多角体病毒

②在矿物源农药中允许使用硫制剂、铜制剂。硫制剂:硫悬浮剂、可湿性硫、石硫合剂等;铜制剂:硫酸铜、王铜、氢氧化铜、波尔多液等。

③有限度地使用部分有机合成农药,应按照 GB 4285,GB 8321.1,GB 8321.2,GB 8321.3,GB 8321.4,GB 8321.5,GB 8321.6 的要求执行。此外还需严格执行以下规定:

应选用上述标准中列出的低毒农药和中等毒性农药。

严禁使用剧毒、高毒、高残留或具有三致毒性(致癌、致畸、致突变)的农药,见表 5.11。

表 5.11　生产 A 级绿色食品禁止使用的农药

种类	农药名称	禁用作物	禁用原因
有机氯杀虫剂	滴滴涕,六六六,林丹,甲氧高残毒,DDT,硫丹	所有作物	高残毒
有机氯杀螨剂	三氯杀螨醇	蔬菜、果树、茶叶	工业品中含有一定数量的滴滴涕
有机磷杀虫剂	甲拌磷,乙拌磷,久效磷,对硫磷,甲基对硫磷,甲胺磷,甲基异柳磷,治螟磷,氧化乐果,磷胺,地虫硫磷,灭克磷(益收宝),水胺硫磷,氯唑磷,硫线磷,杀扑磷,特丁硫磷,克线丹,苯线磷,甲基硫环磷	所有作物	剧毒高毒
氨基甲酸酯杀虫剂	涕灭威,克百威,灭多威,丁硫克百威,丙硫克百感	所有作物	高毒、剧毒或代谢物高毒
二甲基甲脒类杀虫杀螨剂	杀虫脒	所有作物	慢性毒性,致癌
拟除虫菊酯类杀虫剂	所有拟除虫菊酯类杀虫剂	水稻及其他水生作物	对水生生物毒性大
卤代烷类熏蒸杀虫剂	二溴乙烷,环氧乙烷 二溴氯丙烷,溴甲烷	所有作物	致癌、致畸、高毒
阿维菌素		蔬菜,果树	高毒
克螨特		蔬菜,果树	慢性毒性
有机砷杀菌剂	甲基胂酸锌(稻脚青),甲基胂酸钙胂(稻宁),甲基胂酸铵(田安),美甲胂,福美胂	所有作物	高残毒

续表 5.11

种类	农药名称	禁用作物	禁用原因
有机锡杀菌剂	三苯基醋酸锡(薯瘟锡)、三苯基氯化锡、三苯基羟基锡(毒菌锡)	所有作物	高残留、慢性毒性
有机汞杀菌剂	氯化乙基汞(西力生)、醋酸苯(赛力散)	所有作物	剧毒、高残毒
有机磷杀菌剂	稻瘟净、异稻瘟净	水稻	异臭
取代苯类杀菌剂	五氯硝基苯、稻瘟醇(五氯苯甲醇)	所有作物	致癌,高残留
2,4-D类化合物	除草剂或植物生长调节剂	所有作物	杂质致癌
二苯醚类除草剂	除草醚、草枯醚	所有作物	慢性毒性
植物生长调节剂	有机合成的植物生长调节剂	所有作物	
除草剂	各类除草剂	蔬菜生长期(可用于土壤处理与芽前处理)	

每种有机合成农药(含A级绿色食品生产资料农药类的有机合成产品)在一种作物的生长期内只允许使用1次。

严格按照GB 4285,GB 8321.1,GB 8321.2,GB 8321.3,GB 8321.4,GB 8321.5,GB 8321.6的要求控制施药量与安全间隔期。

有机合成农药在农产品中的最终残留应符合GB 4285,GB 8321.1,GB 8321.2,GB 8321.3,GB 8321.4,GB 8321.5,GB 8321.6的最高残留限量(MRL)要求。

3. 禁止使用的农药种类

(1)AA级绿色食品禁止使用的农药种类。AA级绿色食品禁止使用有机合成的化学杀虫剂、杀螨剂、杀菌剂、杀线虫剂、除草剂和植物生长调节剂。禁止使用生物源、矿物源农药中混配有机合成农药的各种制剂。严禁使用基因工程品种(产品)及制剂。

(2)A级绿色食品禁止使用的农药种类。A级绿色食品禁止使用高毒高残留农药防治贮藏期病虫害。严禁使用基因工程品种(产品)及制剂。

二、养殖业生产过程标准

(一)绿色食品兽药使用准则

1. 原则　绿色食品生产者应供给动物充足的营养,提供良好的饲养环境,加强饲养管理,采取各种措施以减少应激,增强动物自身的抗病力,应严格按《中华人民共和国动物防疫法》的规定防止畜禽发病和死亡,力争不用或少用药物。畜禽疾病以预防为主,建立严格的生物安全体系。必要时,进行预防、治疗和诊断疾病所用的兽药必须符合《中华人民共和国兽药典》、《兽药质量标准》、《兽用生物制品质量标准》和《进口兽药质量标准》有关规定。所用兽药必须来自具有生产许可证的生产企业，并且具有企业、行业或国家标准，产品批准文号；或者具有《进口兽药登记许可证》。所用兽药的标签必须遵守兽药标签和使用说明书管理规定。

2. 允许使用的兽药　生产者应优先使用经专门机构认定，符合绿色食品生产要求，并正式推荐用于绿色食品生产的兽药产品。另外，生产者允许使用消毒防腐剂对饲养环境、厩舍和器具进行消毒，但不准对动物直接施用（不能使用酚类消毒剂）；允许使用疫苗预防动物疫病，但是活疫苗应无外源病原污染，灭活疫苗的佐剂未被动物完全吸收前，该动物产品不能作为绿色食品；允许使用钙、磷、硒、钾等补充药，酸碱平衡药，体液补充药，电解质补充药，营养药，血容量补充药，抗贫血药，维生素类药，吸附药，泻药，润滑剂，酸化剂，局部止血药，收敛药和助消化药。

3. 禁止使用的兽药　禁止使用有致畸、致癌、致突变作用的兽药；禁止在饲料中添加兽药；禁止使用激素类药品；禁止使用安眠镇静药、中枢兴奋药、镇痛药、解热镇痛药、麻醉药、肌肉松驰药、化学保定药、巴比妥类药等用于调节神经系统机能的兽药；禁止使用基因工程兽药。

4. 记录　绿色食品生产者应建立并保持患病动物的治疗记录，包括患病家畜的畜号或其他标志、发病时间及症状、治疗用药的经过、治疗时间、疗程、所用药物的商品名称及主要成分。

（二）渔药使用准则

1. 基本原则　在水产动物病害控制过程中，应优先使用绿色食品生产资料中的渔药产品；使用自然降解较快、高效低毒、低残留渔药，保证生产地域环境质量稳定，包括保证水资源和相关生物不遭受损害，生物循环和生物多样性得以保护，建立严格的生物安全体系。进行诊断、预防或治疗疾病所用的渔药必须符合《中华人民共和国兽药典》、《兽药质量标准》、《兽用生物制品质量标准》、《进口兽药质量标准》、《兽药管理条例》等有关规定。应建立并保持水产养殖动物的预防和治疗记录，包括患发病时间、发病症状、发病率、死亡率、治疗时间、治疗用药的经过、所用药物的名称和主要成分。

2. 生产AA级绿色食品渔药使用准则　允许使用的渔药：允许使用渔用微生态制剂、生物源渔用免疫增强剂、生物杀虫剂或杀菌剂。允许使用通过农业部部颁标准的诊断检测试剂盒。允许使用推荐的制剂。允许使用安全的中草药及其成药制剂。允许使用灭活口服疫苗、浸浴疫苗预防相应的水产动物疾病。

限制使用的渔药：限制使用活疫苗。灭活注射疫苗的佐剂未被动物完全吸收前,其产品不能作为AA级绿色食品。

禁止使用的药物:

禁止使用化学合成渔药、抗生素药。禁止使用含转基因制品的渔药。

3.生产A级绿色食品渔药使用准则　允许使用的药物:AA级绿色食品使用的渔药均可在A级绿色食品的生产中使用。允许使用高效、低毒、低残留的符合绿色食品要求的化学合成渔药、抗生素,但使用中应严格遵守规定的作用与用途、使用对象、作用途径、作用剂量、疗程。允许使用安全的消毒剂对养殖水体、器具等进行消毒。

禁止使用的药物:有致畸、致癌、致突变作用的渔药。NY 5071规定禁用的渔药。降解、代谢慢,容易造成水产动物体内蓄积和造成环境污染的渔药。人工合成的激素和促生长剂。

(三)饲料和饲料添加剂使用准则

1.原则　绿色畜产品的生产首先以改善饲养环境、善待动物、加强饲养管理为主,按照饲养标准配制配合饲料,做到营养全面,各营养素间相互平衡。所使用的饲料和饲料添加剂等生产资料必须符合《饲料卫生标准》、《饲料标签标准》、各种饲料原料标准、饲料产品标准和饲料添加剂标准的有关规定。所有饲料添加剂和添加剂预混合饲料必须来自有生产许可证的企业,并且具有企业、行业或国家标准,产品批准文号,进口饲料和饲料添加剂产品登记证及配套的质量检验手段。

本准则适用于A级绿色食品的生产,AA级绿色食品的相关要求等同于有机产品生产要求。

2.允许使用的饲料　生产者应优先使用经专门机构认定,符合绿色食品生产要求,并正式推荐用于绿色食品生产的饲料类产品。至少90%的饲料来源于已认定的绿色食品产品及其副产品,其他饲料原料可以是达到绿色食品标准的产品。

3.禁止使用的饲料　禁止使用转基因方法生产的饲料原料。禁止使用以哺乳类动物为原料的动物性饲料产品(不包括乳及乳制品)饲喂反刍动物。禁止使用工业合成的油脂。禁止使用畜禽粪便。

4.允许使用的饲料添加剂　生产者应优先使用符合绿色食品生产资料的饲料添加剂类产品;所选饲料添加剂必须是《允许使用的饲料添加剂品种目录》中所列的饲料添加剂和允许进口的饲料添加剂品种。

5.禁止使用的饲料添加剂　禁止使用任何药物性饲料添加剂。禁止使用激素类、安眠类静类药品。营养性饲料添加剂的使用量应符合NY/T 14,NY/T 33,NY/T 34,NY/T 65中所规定的营养需要量及营养安全幅度。

第四节　产品质量标准

与无公害农产品类似，绿色食品生产不但基地的环境质量应达到相关标准的要求之外，还必须严格按照各自的生产过程标准生产并且最终达到该种绿色食品的产品标准后，才可视为绿色食品。

每种绿色食品的产品质量标准通常分为"范围"、"规范性引用标准"、"术语和定义"、"产品分类、代号"(或无)、"质量要求"、"检验方法"、"检验规则"、"标志、标签"及"包装、运输、贮存"等八九大项内容。

一、种植业产品

(一)粮食作物

以小麦粉为例，见表5.12。

表5.12　绿色食品　小麦粉的卫生要求　mg/kg

项目	指标
汞(以Hg计)	≤0.01
镉(以Cd计)	≤0.10
砷(以PL计)	≤0.4
铅(以Pb计)	≤0.2
氟	≤1.0
六六六	≤0.05
滴滴涕	≤0.05
磷化物(以pH计)	不得检出
氰化物(以HCN计)	不得检出
氯化苦	不得检出
二硫化碳	不得检出
黄曲霉毒素	≤5
甲拌磷	不得检出
杀螟硫磷	≤1.0
倍硫磷	不得检出
敌敌畏	≤0.05
乐果	≤0.02
马拉硫磷	≤1.5
对硫磷	不得检出
食品添加剂	按NY/T 392执行

说明：其他农药施用方法及其限量应符合NY/T 393的规定。

(二)蔬菜

以白菜类、茄果类蔬菜为例,见表5.13。

表5.13 绿色食品 白菜类、茄果类蔬菜的卫生指标 mg/kg

序号	项目	白菜类	茄果类
1	砷(以As计)	≤0.2	≤0.2
2	汞(以Hg计)	≤0.01	≤0.01
3	铅(以Pb计)	≤0.1	≤0.1
4	镉(以Cd计)	≤0.05	≤0.05
5	氟(以F计)	≤0.5	≤0.5
6	乙酰甲胺磷	≤0.02	≤0.02
7	乐果	≤0.5	≤0.5
8	杀螟硫磷	≤0.2	/
9	敌敌畏	≤0.1	≤0.1
10	马拉硫磷	不得检出	/
11	辛硫磷	/	≤0.05
12	毒死蜱	≤0.05	≤0.2
13	敌百虫	≤0.1	≤0.1
14	喹硫磷	≤0.1	/
15	氯氰菊酯	≤0.1	≤0.5
16	溴氰菊酯	≤0.5	≤0.2
17	氰戊菊酯	/	≤0.2

(三)水果

以温带水果为例,见表5.14。

表5.14 绿色食品 温带水果的卫生指标 mg/kg

序号	项目	指标
1	砷(以As计)	≤0.2
2	铅(以Pb计)	≤0.2
3	镉(以Cd计)	≤0.01
4	汞(以Hg计)	≤0.01

续表 5.14

序号	项　　目	指　标
5	氟(以 F 计)	≤0.5
6	铜(以 Cu 计)	≤10
7	锌(以 Zn 计)	≤5
8	铬(以 Cr 计)	≤0.5
9	六六六	≤0.05
10	滴滴涕(DDT)	≤0.05
11	乐果	≤0.5
12	敌敌畏	≤0.2
13	对硫磷	不得检出(检出限≤0.001)
14	马拉硫磷	不得检出(检出限≤0.001)
15	甲拌磷	不得检出(检出限≤0.001)
16	杀螟硫磷	≤0.2
17	倍硫磷	≤0.02
18	溴氰菊酯	≤0.1
19	氰戊菊酯	≤0.2
20	敌百虫	≤0.1
21	百菌清	≤1
22	多菌灵	≤0.5
23	粉锈宁	≤0.2
24	亚硝酸盐(以 $NaNO_2$ 计)	≤4
25	二氧化硫	≤50

说明:其他农药施用方法及其限量应符合 NY/T 393 的规定;标准中未规定的其他温带水果可参照本表执行。

(四)茶叶

绿色食品　茶叶的卫生指标见表 5.15。

二、养殖业产品

(一)畜禽产品

1.绿色食品　肉及肉制品　鲜、冻和冷却猪肉、牛肉、羊肉、兔肉及畜禽肉制品的卫生指标见表 5.16。

表 5.15　绿色食品　茶叶的卫生指标　　mg/kg

项目	指标	项目	指标
铅(以 Pb 计)	≤2	溴氰菊酯	≤5
铜(以 Cu 计)	≤60	甲胺磷	≤0.1
六六六(BHC)	≤0.05	乙酰甲胺磷	≤0.1
滴滴涕(DDT)	≤0.05	乐果	≤0.2
三氯杀螨醇	≤0.1	敌敌畏	≤0.1
氰戊菊酯	≤0.1	杀螟硫磷	≤0.1
联苯菊酯	≤0.2	喹硫磷	≤0.2
氯氰菊酯	≤0.5		

说明:其他农药施用方式及其限量符合 NY/T 393 的规定。

表 5.16　绿色食品　鲜、冻、冷却畜肉的卫生指标　　mg/kg

项　目	猪肉、牛肉、羊肉、兔肉等	禽肉
挥发性盐基氮	≤15	≤15
汞(以 Hg 计)	≤0.05	≤0.05
铅(以 Pb 计)	≤0.1	≤0.5
砷(以 As 计)	≤0.5	≤0.5
镉(以 Cd 计)	≤0.1	≤0.1
铜(以 Cu 计)	≤10	≤10
铬(以 Cr 计)	≤0.5	≤1.0
氟(以 F 计)	≤1.0	≤2.0
四环素	不得检出(<0.1)	≤0.1
土霉素	不得检出(<0.1)	≤0.1
金霉素	不得检出(<0.1)	≤0.1
伊维菌素	≤0.02	/
磺胺类(以磺胺类总量计)	不得检出(<0.01)	≤0.1
己烯雌酚	不得检出(<0.25)	≤0.001
喹乙醇	不得检出(<0.05,仅对猪肉要求)	/
盐酸克伦特罗	不得检出(<0.002)	/
氯霉素	不得检出(<0.01)	/
呋喃唑酮	不得检出(<0.01)	≤0.01
二氯二甲吡啶酚	/	≤0.01
二甲硝咪唑	/	≤0.005
六六六	≤0.05	≤0.1
滴滴涕	≤0.05	≤0.1
敌敌畏	≤0.02	≤0.05

2.绿色食品　禽蛋　蛋与蛋制品的卫生指标见表5.17。

表5.17　绿色食品　蛋及蛋制品的卫生指标　mg/kg

项目	指标
汞(以Hg计)	≤0.03
铅(以Pb计)	≤0.1
砷(以As计)	≤0.5
镉(以Cd计)	≤0.05
氟(以F计)	≤1.0
铜(以Cu计)	≤5(皮蛋不超过10)
锌(以Zn计)	≤20
铬(以Cr计)	≤1.0
六六六	≤0.05
滴滴涕	≤0.05
四环素	≤0.2
金霉素	≤0.2
土霉素	≤0.1
呋喃唑酮	≤0.01
碘胺类(以磺胺类总量计)	≤0.1

说明:表中锌指标仅对皮蛋需要检测。

3.绿色食品　蜂产品　蜂产品的卫生指标见表5.18。

表5.18　绿色食品　蜂产品的卫生指标

项目	蜂蜜	王浆	蜂花粉
铁(以Fe计)/(mg/kg)	≤10	/	/
锌(以Zn计)/(mg/kg)	≤5	/	/
砷(以As计)/(mg/kg)	≤0.2	≤0.2	≤0.2
镉(以Cd计)/(mg/kg)	≤0.1	/	/
铅(以Pb计)/(mg/kg)	≤0.2	≤0.2	0.5
汞(以Hg计)/(mg/kg)	/	/	≤0.015
四环素族抗生素/(mg/kg)	≤0.01	≤0.01	/
链霉素/(mg/kg)	≤0.02	≤0.02	/
氟胺氰菊酯/(mg/kg)	≤0.05	≤0.02	/
氟氯苯氰菊酯/(mg/kg)	≤0.01	/	/
溴螨酯/(mg/kg)	≤0.1	/	/

续表 5.18

项 目	蜂蜜	王浆	蜂花粉
8 种磺胺/(mg/kg)	≤0.02	≤0.02	/
双甲脒/(mg/kg)	≤0.2	/	/
氯霉素/(μg/kg)	≤0.3	/	/
六六六/(mg/kg)	/	/	≤0.02
滴滴涕/(mg/kg)	/	/	≤0.02

说明:四环素族抗生素为:四环素、土霉素、金霉素;8 种磺胺为:磺胺醋酰、磺胺吡啶、磺胺甲基嘧啶、磺胺甲氧哒嗪、磺胺甲氧嘧啶、磺胺氯哒嗪、磺胺甲基异噁唑、磺胺二甲氧嘧啶。

(二)水产品

以鱼类为例,见表 5.19。

表 5.19 绿色食品 鱼类产品的卫生指标

项 目	海水鱼类	淡水鱼类
挥发性盐基氮/(mg/100 g)	一般鱼类≤15,板鳃鱼类≤40	≤10
组胺/(mg/100 g)	≤30	/
总砷/(mg/kg)	/	≤0.5
无机砷/(mg/kg)	≤0.5	/
铅/(mg/kg)	≤0.2	
总汞/(mg/kg)	≤0.2	
氟/(mg/kg)	/	≤2.0
镉/(mg/kg)	≤0.05	
甲醛/(mg/kg)	<10.0	
六六六/(mg/kg)	≤0.05	
滴滴涕/(mg/kg)	≤0.05	
多氯联苯/(mg/kg)	≤0.2	
敌百虫/(mg/kg)	/	不得检出
溴氰菊酯/(mg/kg)	/	不得检出
氯霉素/(μg/kg)	不得检出(≤0.3)	
土霉素、金霉素(以总量计)/(mg/kg)	≤0.05	
磺胺类药物(以总量计)/(mg/kg)	不得检出	
喹乙醇/(mg/kg)	不得检出	
己烯雌酚/(mg/kg)	不得检出	
呋喃唑酮/(mg/kg)	不得检出	
噁喹酸/(mg/kg)	不得检出	
孔雀石绿/(mg/kg)	不得检出	

第五节　包装与标签标准

一、绿色食品的包装标准

(一)食品包装的概念及其基本要求

食品包装是指为了在食品流通过程中保护产品、方便贮运、促进销售,按照一定的技术方法而采用的容器、材料及辅助物的总称,也指为了上述目的而采用容器、材料和辅助物的过程中施加一定技术方法等的操作活动。

食品包装的基本要求:较长的保质期;不带来二次污染;少损失原来营养及风味;包装成本要低;贮藏运输方便、安全;增加美感引起食欲。

(二)绿色食品的包装标准

由于我国的包装工业起步较晚,相应的法制、法规体系尚不完善。因此,在发展与环保问题,现有传统的某些包装不利于环保。一方面,它在食品的贮存和流通中保护了食品;另一方面,又给环境带来了一些的废弃物污染问题。发展绿色食品包装,必须考虑环境保护问题。包装产品从原料、产品制造、使用、回收和废弃的整个过程都应符合环境保护的要求;它包括节省资源、能量,减少,避免废弃物产生,易回收利用,再循环利用,可降解等具体要求和内容。也就是世界工业发达国家要求包装做到"3R"和"1D"(reduce 减量化,reuse 重复使用,recycle 再循环,degradable 再降解)原则。

从长远看,有利于环境的包装必将得到发展,有害于环境的包装必将被淘汰,这一趋势不可逆转。当务之急是依靠科学进步,加快绿色食品包装标准的制定工作,参照绿色食品的管理办法,对绿色食品包装采取必要的评价和管理,将其纳入法制化、规范化的轨道。

绿色食品对包装的具体要求如下:

1. *总体要求*　根据不同的绿色食品选择适当的包装材料、容器、形式和方法,以满足食品包装的基本要求。包装的体积和质量应限制在最低水平,包装实行减量化。在技术条件许可与商品有关规定一致的情况下,应选择可重复使用的包装;若不能重复使用,包装材料应可回收利用;若不能回收利用,则包装废弃物应可降解。

2. 材料要求

(1)纸类包装要求：可重复使用回收利用或可降解；表面不允许涂蜡、上油；不允许涂塑料等防潮材料；纸箱连接应采取粘合方式，不允许用扁丝钉钉合；纸箱上所作标记必须用水溶性油墨，不允许用油溶性油墨。

(2)金属类包装应可重复使用或回收利用，不应使用对人体和环境造成危害的密封材料和内涂料。

(3)玻璃制品应可重复使用或回收利用。

(4)塑料制品要求：使用的包装材料应可重复使用、回收利用或可降解；在保护内装物完好无损的前提下，尽量采用单一材质的材料；使用的聚氯乙烯制品，其单体含量应符合 GB 9681 要求；使用的聚苯乙烯树脂或成型品应符合相应国家标准要求；不允许使用含氟氯烃(CFS)的发泡聚苯乙烯(EPS)、聚氨酯(PUR)等产品。

(5)外包装上印刷标志的油墨或贴标签的黏着剂应无毒，且不应直接接触食品。

(6)可重复使用或回收利用的包装，其废弃物的处理和利用按 GB/T 16716 的规定执行。

3. 包装尺寸　绿色食品运输包装件尺寸应符合 GB/T 4892，GB/T 13201，GB/T 13757 的规定。绿色食品包装单元应符合 GB/T 15233 的规定。绿色食品包装用托盘应符合 GB/T 16470 的规定。

4. 抽样　根据包装材料及相关产品中规定的检验方法进行抽样。一般生产中按 GB/T 2828 执行。产品认证或监督抽查检验按 GB/T 15239 执行。鉴定检验及仲裁检验按 GB/T 15239 执行。

5. 试验方法　可降解材料参照 GB/T 18006.2 进行检验。

食品包装用聚氯乙烯成型品按 GB 9681 的规定执行；其余包装材料卫生性能按相应材料的卫生标准检验(常用包装材料的卫生指标参见附录 A)。

6. 标志与标签　绿色食品外包装上应印有绿色食品标志，并应有明示使用说明及重复使用、回收利用说明。标志的设计和标志方法按有关规定执行；绿色食品标签除应符合 GB 7718 的规定外，若是特殊营养食品，还应符合 GB/ 13432 的规定。

7. 贮存与运输　绿色食品包装贮存环境必须洁净卫生，应根据产品特点、贮存原则及要求，选用合适的贮存技术和方法。贮存方法不能使绿色食品发生变化，引入污染。可降解食品包装与非降解食品包装应分开贮存与运输。绿色食品不应与农药、化肥及其他化学制品等一起运输。

二、绿色食品的标签标准

绿色食品产品、标签除符合国家《食品标签通用标准》要求外，还应符合《中国绿色食品商标标志设计使用规范手册》(以下简称《手册》)的要求。凡取得绿色食品标志使用资格的单位，应严格按手册规范要求将绿色食品标志用于产品的标签上。《手册》对绿色食品的标准图形、标准字形、图形与字体的规范组合、标准色、广告用语及用于食品系列化包装的标准图形、编号规范均作了严格规定。

(一)绿色食品标志防伪标签的作用与特点

1. 实施绿色食品防伪标签的重要作用

(1)保护作用。随着绿色食品事业的不断发展，绿色食品在国内外的知名度日益提高，与此同时，市场上假冒绿色食品的现象也时有发生。为规范绿色食品的统一形象，保护绿色食品生产企业的利益，帮助消费者识别真伪。中国绿色食品发展中心根据《绿色食品标志管理办法》及国家有关法规精神，要求绿色食品标志产品加贴绿色食品标志防伪标签。实施绿色食品标志防伪措施，可以省去企业自身的防伪措施，同时保障绿色食品形象不被损害，绿色食品市场不受干扰。对每个使用绿色食品标志的产品及整个绿色食品形象发挥“双层”保护作用。

(2)监控作用。许多企业申报绿色食品标志以后，标志产品的市场占有率很快上升。企业为了占领市场，盲目扩大产品的生产量，但申报监控的原料量满足不了现有生产的需求。许多企业从非监控的产地大量购买加工原料，从而严重影响了绿色食品标志产品的质量。实施绿色食品标志防伪措施，可以严格控制使用标志产品的数量，使产量与申报时所监控的原料供应量相适应，以保证绿色食品标志产品的原料出自监测的原料产地。

2. 绿色食品标志防伪标签的特点

(1)技术的先进性。中国绿色食品发展中心经过慎重的选择，采纳了难以仿冒的以造币技术为核心的综合防伪技术。该技术生产的绿色食品标志防伪标签为纸质，便于粘贴，可兼作部分产品包装的标签。标签表面以绿色食品指定颜色印有标志及编号，背景为各国货币通用的细密实线条纹图案，在紫外线下可见中国绿色食品发展中心主任刘连馥的亲笔签名字样，难以仿冒。

(2)专用性。绿色食品标志防伪标签同时印有标志图形和使用标志的编号，该标签只能使用在同一编号的绿色食品产品上，即一种产品使用一种标签。

(3)价格的合理性。由于发挥了全国绿色食品的规模优势，大大降低了印制标签的成本，含运输费在内，和市场上其他防伪标签的价格相当。

(4)标签类型多样化。为满足不同产品包装的需要，绿色食品标志防伪标签采用了多种规格类型。一类为圆形，可分为直径 15 mm，20 mm，25 mm，30 mm 或大于 15 mm 的任意规格。一类为 52 mm×126 mm 的长方形或按比例变化的任意规格。

(二)绿色食品标志防伪标签管理

1. 生产管理　为便于管理，防止流失，绿色食品标志防伪标签由中国绿色食品发展中心统一委托定点的专业生产单位印刷。任何企业均不得自行生产或从其他渠道获取绿色食品标志防伪标签。绿色食品标志防伪标签的生产实行全面质量管理，从原料的选择到最终产品的储运，都实行“岗位负责制”，严把质量关。

2. 供应管理　各企业根据其绿色食品的生产计划及产品包装规格的需要，填报《绿色食品标志防伪标签需求计划表》，最迟于使用前 2 个月报中国绿色食品发展中心。防伪标签的需求计划，应满足于 1 年之内的使用，不能隔年度储备。

各企业在确定订标签计划时，应同时向中国绿色食品发展中心拨付印标费用。

中国绿色食品发展中心根据全国各企业的用标计划，以生产任务通知单的形式，分批向防伪标签签承印企业下达生产计划，并根据企业要求按时发货。各企业收到货后应及时检验，如遇标签印刷有质量或数量问题，于收到货 5 日内及时和发展中心联系。

各绿色食品生产企业不可直接向防伪标签的生产企业订货。

3. 使用管理　许可使用绿色食品标志的产品必须加贴绿色食品标志防伪标签；绿色食品标志防伪标签只能使用在同一编号的绿色食品产品上，非绿色食品或与绿色食品防伪标签编号不一致的绿色食品产品不得使用该标签；绿色食品标志防伪标签应贴于食品标签或其包装正面的显著位置，不得掩盖原有绿标、编号等绿色食品的整体形象；企业同一种产品贴用防伪标签的位置及外包装箱封箱用的大型标签的位置应固定，不可随意变化。

绿色食品标志如下：

第六节　贮藏运输准则

一、贮藏要求

绿色食品对产品的贮藏设施、环境及贮藏管理均有严格的规定。具体要求如下：

1.贮藏设施的设计、建造、建筑材料　用于贮藏绿色食品的设施结构和质量应符合相应食品类别的贮藏设施设计规范的规定。不应使用对食品产生污染或潜在污染的建筑材料与物品。贮藏设施应具有防虫、防鼠、防鸟的功能。

2.贮藏设施周围环境　设施周围环境应清洁和卫生，并远离污染源。

3.贮藏设施管理

卫生要求：设施及其四周要定期打扫和消毒。贮藏设备及使用工具在使用前均应进行清理和消毒，防止污染。优先使用物理的或机械的方法进行消毒，消毒剂的使用应符合 NY/T 393 和 NY/T 472 的规定。

出入库：经检验合格的绿色食品才能出入库。

堆放：按绿色食品的种类要求选择相应的贮藏设施存放，存放产品应整齐。堆放方式应保证绿色食品的质量不受影响。不应和有毒、有害、有异味、易污染物品同库存放。保证产品批次清楚，不应超期积压，并即使剔除不符合质量卫生标准的产品。

贮藏条件：应符合相应食品的温度、湿度和通风等贮藏要求。

4.保质处理　应优先采用紫外光消毒等物理与机械的方法和措施。在上述措施不能满足需要时，允许使用药剂，但其种类、剂量和使用方法应符合 NY/T 393 和/NY/T 472 的规定。

5.管理和工作人员　应设专人管理，定期检查质量和卫生情况，定期清理、消毒和通风换气，保持洁净卫生。工作人员应保持良好的个人卫生，且应定期进行健康检查。应建立卫生管理制度，管理人员应遵守卫生操作规定。

6.记录　绿色食品生产者应建立设施管理记录程序。应保留所有搬运设备、贮藏设施和容器的使用登记表或核查表。应保留贮藏记录，认证记载进出库产品的地区、日期、种类、等级、批次、数量、质量、包装情况、运输方式，并保留相应的单据。

二、运输准则

1. 运输工具　应根据绿色食品的类型、特性、运输季节、距离以及产品保质贮藏的要求选择不同的运输工具。运输应专车专用,不应使用装载过化肥、农药、粪土及其他可能污染食品的物品而未经清污处理的运输工具运载绿色食品。运输工具在装入绿色食品之前应清理干净,必要时进行灭菌消毒,防治害虫感染。运输工具的铺垫物、覆盖物等应清洁、无毒、无害。

2. 运输管理　控温:运输过程中采用控温措施、定期检查车(船、箱)内温度以满足保持绿色食品质量需要的适宜温度。保鲜用冰应符合 SC/T 9001 的规定。

绿色食品在运输过程中还应注意如下问题:

(1)不同种类的绿色食品运输时应严格分开,性质相反和相互串味的食品不应装在一个车(箱)中。不应与化肥、农药等化学物品及其他任何有害、有毒、有气味的物品一起运输。

(2)装运前应进行食品质量检查,在食品、标签与单据三者相符的情况下才能装运。

(3)运输包装应符合 NY/T 658 的规定。

(4)运输过程中应轻装、轻卸、防治挤压和剧烈震动。

(5)运输过程应有完整的档案记录,并保留相应的单据。

第六章 绿色食品生产关键技术

第一节 绿色食品基地规划和建设

一、绿色食品产地选择的目的和内容

农业生产需要在适宜的环境条件下进行。农业环境受到污染、破坏，就会影响到农产品的数量和质量，进而影响到人类的生存和发展。绿色食品产地是绿色食品初级产品或加工产品原料的生长地，产地生态环境条件是影响绿色食品产品的主要因素之一。因此，开发绿色食品，必须合理选择绿色食品产地。通过绿色食品产地的选择，可以较全面地、深入地了解产地及产地周围的环境质量现状，为建立绿色食品产地提供科学的决策依据，为绿色食品产品质量提供最基础的保障条件；通过绿色食品产地的选择，可以减少许多不必要的环境监测，从而提高工作效率，并减轻生产企业的经济负担；通过绿色食品产地的选择，可以发现产地及产地周围环境中存在的问题。从而为保护产地环境、改善产地环境提供最基础的资料。

绿色食品产地的选择是指在绿色食品产品开发之初，通过对产地生态环境条件的调查研究和现场考查，并对产地环境质鲢现状作出合理判断的过程。调查研究和现场考查的主要内容包括：

自然环境特征调查，主要调查气象、地貌、土壤肥力、水文、植被等。

产地内社会、人群及地方病的调查。

收集产地土壤、水体（地表水、地下水）和火气的有关原始监测数据。

农业生产及上地利用状况调查，包括两个方面：一是农作物、水果、蔬菜种植面积以及耕作制度等；二是近 3 年来种植施肥、植保农药使用情况，包括使用品种、数量和方法等。

产地及产地周围自然污染源调查，主要是酸性水、碱性水、因地质形成所致含有害物质（如含氟水）的水源、金属或非金属矿山等。

产地及产地周围社会活动污染源调查，主要包括工业污染源重点调查(包括污染物种类、数量和途径等)，农业污染源调查(重点调查化肥、农药使用种类、数量、时间、污泥、垃圾肥料的来源、成分及使用情况)，污水灌溉调查(主要调查污水来源、污水量、主要污染物种类、浓度、灌溉面积及时问等)，生活污染源及交通污染调查等内容。

二、绿色食品产地选择的原则

绿色食品产地的生态环境主要包括大气、水、土壤等环境。绿色食品产地应选择在空气清新、水质纯净、土壤未受污染、农业生态环境质量良好的地区，应尽量避开繁华都市、工业区和交通要道。边远省区、农村农业生态环境相对良好，是绿色食品产地的首要选择。城市郊区受城市污染较轻或未受污染，农业生态环境现状较好，也是绿色食品产地选择的理想区域。

对大气的要求：要求产地及产地周围不得有大气污染源，特别是上风口不得有污染源，如化工厂、钢铁厂、水泥厂等，不得排放有毒、有害气体，也不得有烟尘和粉尘。生产生活用的燃煤锅炉是大气中二氧化硫和飘尘的重要来源，燃煤锅炉需要装置除尘除硫设备.汽车尾气中会产生二氧化硫等污染物，绿色食品产地需避开交通繁华要道。

对水的要求：必须满足绿色食品生产过程中用水的需要。除了对水的数量(如地面水的多少、分布、地下水资源的多少及降水的多少)有一定要求外，更重要的是对水的环境质量的要求，即生产用水不能含有污染物，特别是重金属和有毒有害物质，如汞、铅、铬、镉、酚、苯、氰等。这些污染物可以通过灌溉在土壤中积累，然后通过根系吸收入作物体内，在作物体内富积。若是饲养动物，则可通过饮水进入畜禽体内，并且也有富积过程。如果是食品加工厂，加工水质量将直接影响到产品质量。因此绿色食品产地要选择在地表水、地下水水质清洁无污染的地区，要远离对水造成污染的工厂矿山，产地应位于地表水、地下水的上游。对于某些因地质形成原因而致使水中有害物质(如氟)超标的地区，应尽量避开。

对土壤的要求：要求产地位于土壤元素背景值正常区域，产地及产地周围没有金属或非金属矿山，并未受到人为污染。土壤中无农药残留。上壤肥力是上壤物理、化学和生物特性的综合表现，在选择绿色食品产地时应考虑土壤肥力指标，选择土壤有机质含量较高的地区。对于土壤中某些元素自然本底高(如放射性元素高本底区、重金属元素高本底区等)的地区，因土壤中的这些元素可转移、累积于植物体内，并通过食物链危害人类，不宜作为绿色食品产地。

此外，为了保证绿色食品产地整体处于健全的生态环境之中，保证绿色食品生产能持续、稳定发展，还应考虑产地生物多样性、生态环境的基础建设，如农田防护林的建设等问题。

第二节　绿色食品生产技术

一、绿色食品生产的特点

绿色食品生产由绿色食品自身特性决定，按绿色食品标准要求：绿色食品生产是在未受污染、洁净的生态环境条件下进行；生产过程中通过先进的栽培、养殖技术措施，最大限度地减少和控制对产品和环境的污染和不良影响；最终获得无污染、安全的产品和良好的生态环境。

绿色食品生产以生态学为理论依据，要求生产中充分合理地利用资源，保护生态环境，维护良好生态平衡。生产技术措施着重围绕控制化学物质的投入，减少对产品和环境的污染，形成持续、综合的生产能力，达到农业生态系统的良性生态循环而实施。

绿色食品生产既不同于现代农业生产，也不同于传统的农业生产，而是综合运用现代农业的各种先进理论和科学技术，排除因高能量投入，大量使用化学物质带来的弊病，吸收传统农业中农艺精华，使之有机结合成为全新的生产方式。

二、绿色食品生产的基本原则

（一）通过绿色食品生产，要逐步建立和实现农业生态系统的良性循环

农业生态系统有绿色植物、动物、微生物及非生物环境 4 个主要组成成分，绿色植物通过光合作用，合成有机物，将太阳能转化为化学能，为动物、微生物提供食物——生存的能量来源。动物是直接或间接食用植物的消费者，微生物将动植物残体及其排泄物分解成无机物质。归还到环境中去。供植物再利用，非生物环境为生物提供营养物质和能量以及活动、生存的场所。4 个组成成分通过食物链，即能量转化和物质循环紧密地结合成一个整体，它们内部具有自动调节能力，以保持自身的相对稳定性和平衡。例如，有时由于自然灾害和人为的因素会破坏这种生态平衡；又如，化学农药的滥用会增加害虫的抗药性，使害虫的天敌种类和数量减少，致使害虫更加猖獗；再如，单一地发展粮食生产，忽略畜牧业的发展，没有足够

的有机肥返回土壤补充养分，为了追求产量，势必增加化肥的用量，其结果造成土壤板结，影响微生物群的分解活动，并污染环境。

因此，绿色食品产地应从农业生态系统的整体出发，保持和不断改善对人类有利的平衡。要因地制宜地调整、确定产业结构和布局，并不断优化其结构，使其相互协调发展，在能量和物质的利用上，要有取有补，加速和不断扩大能量流动和物质循环利用。这样建立起的农业生态系统才能出现最佳的动态平衡和实现良性循环。良性生态循环将进一步促进绿色食品生产。

（二）绿色食品产地要形成综合可持续生产能力

为了持续稳定地发展绿色食品生产，确保当代人及其后代对绿色食品产品不断得到满足，必须在绿色食品产地形成综合、可持续生产能力。农业可持续发展的基础是丰富的资源和良好的生态环境，在一部分自然资源日趋减少以及人口迅速增长的情况下，通过利用和维护自然资源的方式并改革技术手段，合理利用土地、水等资源。充分发掘物质的生产潜力和改善失调的生态环境，已成为实现农业可持续发展的重要途径。

持续发展不是一成不变的协调状态，而是一个变化的过程，在这个过程中，资源的开发、技术改革等各项措施都必须把将来和目前的需要统一考虑。绿色食品生产规程也正是基于此而制定的。例如，生产规程中减少和限制化学物质的使用，正是从减少对大气、土壤、水源等环境的污染，以及保护当代人及子孙的健康出发，也是为了逐步形成可持续发展的生产能力。

绿色食品生产要求其产地合理地开发利用当地资源，种、养、加多业结合，协调发展。建立作物秸秆和其他副产物循环系统，使有机物质多层次地循环利用，实行无废物生产和无污染生产。只有这样，才能形成和保持综合可持续生产能力。

（三）依靠先进的科学技术

绿色食品生产追求的目标是高效益和无污染，生产过程是在减少能源消耗，减少化学物质投入的前提下进行。为了保持和不断提高绿色食品生产水平，就必须在总结传统农业中精耕细作，有利于保护生态环境的农艺技术基础上，更多地依靠先进的科学技术，将它们有机结合成综合的农业技术系统。

我国是世界农业起源中心之一，有着长期有机农业的基础，遗留下许多优良传统和生产经验。例如，千百年来我国农民在生产实践中始终强调土地的用养结合、种植也与各业相结合，积累有轮作、间作、套作的丰富经验，有使用人、畜禽粪尿的传统和处理技术等，所有这些凡是符合绿色食品生产的目标和要求的，都应在绿色食品生产中被吸收应用。同时绿色食品生产还必须吸收应用先进的科技成果，例如选用抗性强、高光效能的优良品种增加作物自身抗病虫、抗逆能力，并提高对光能的利用；运用营养"诊断"技术指导施肥；利用天敌及生物制剂防治病虫草害；利用环保新技术，防治污染，提高环境质量等，这样才能不断提高绿色食品生产水平。

绿色食品生产不是各项技术简单地累加，也不是单纯地执行绿色食品生产规程及各项限制规定，而是要运用各学科、各领域的信息和先进技术，不断发现、研究和解决生产中的技术难点及其他阻碍绿色食品生产和事业发展的问题。

（四）实行全程质量控制

绿色食品生产要严格按照绿色食品标准，实行全程质量控制。所谓"全程"是指"从土地到餐桌"，即"产地环境、种植(养殖)、加工、贮运、销售、食用"全过程的各个环节都要从管理及施加的技术措施等方面严格地控制和防止污染，并将技术和管理措施落实到每个企业、每个产品、每个生产者。

为了确保全程质量控制，绿色食品生产应设立专门管理机构或专门管理人员，负责绿色食品生产的规划和计划的制定，生产操作规程的制定、指导、落实和检查；生产资料(包括种子、种苗、种畜、种禽、饲料、肥料、农药、兽药、加工原料等)应统一管理、供应，保证符合绿色食品标准要求；产品收购、贮运及销售有组织并有防止污染、防止与非绿色食品混杂的措施；绿色食品生产全过程都应建立档案记录，可供生产逆向追踪监控和总结经验。

在落实全程质量控制措施中，必须十分注意对从事绿色食品生产人员的培训，提高其认识，加强责任感，并且通过培训和生产实践，不断提高生产者科学文化素质。

（五）力求达到经济效益、社会效益、生态效益的统一

绿色食品生产的目标不仅要获得无污染、高品质的产品，还要力求以较少的生产投入，去获得较大的经济效益，保持和逐步提高生态环境的质量。因此，生产中每项措施的确定和实施都要围绕这一目标进行，要考虑提高产量，改善品质，提高产品档次，以取得好的经济效益。还要节约能源，保护资源，推动农业技术的发展，并要求能带动农业生态条件的优化，促进人民生活质量的提高，逐步实现"三效益"的统一。

三、关键控制点

绿色食品生产过程控制是绿色食品质量控制的关键环节。有别于无公害食品，绿色食品并未按照产品种类制定相应的操作规程，绿色食品生产操作过程是绿色食品生产资料使用准则在一个物种上的细化和落实。从技术要求角度来讲，绿色食品对农业投入品的要求比无公害食品严格，交有机食品宽松。其生产技术可以根据不同生产条件与情况，按照绿色食品生产过程标准的相关准则对投入品的要求，参照有机产品的生产技术进行生产。下面分别介绍农产品种植、畜禽养殖和水产养殖等3个方面的关键控制点。

(一)种植业生产

种植业的生产操作规程系指农作物的整地播种、施肥、浇水、喷药及收获等5个环节中必须遵守的规定。其关键控制点如下：

1. 植保方面　农药的使用在种类、剂量、时间和残留量方面都必须符合《生产绿色食品的农药使用准则》。

2. 作物栽培方面　肥料的使用必须符合《生产绿色食品的肥料使用准则》，有机肥的施用量必须达到保持或增加土壤有机质含量的程度。

3. 品种选育方面　选育尽可能适应当地土壤和气候条件，并对病虫草害有较强的抵抗力的高品质优良品种。

4. 耕作制度方面　尽可能采用生态学原理，保持特种的多样性，减少化学物质的投入。

(二)畜牧业生产

畜牧业的生产操作规程系指在畜禽选种、饲养、防治疫病等环节的具体操作规定。其主要关键控制点如下：

1. 品种　选择饲养适应当地生长条件的抗逆性强的优良品种。

2. 饲料　主要饲料原料应来源于无公害区域内的草场、农区、绿色食品种植基地和绿色食品加工产品的副产品。

3. 饲料添加剂　饲料添加剂的使用必须符合《生产绿色食品的饲料添加剂使用准则》，畜禽房舍消毒用药及畜禽疾病防治用药必须符合《生产绿色食品的兽药使用准则》。

4. 防病　采用生态防病及其他无公害技术。

（三）水产养殖业生产

绿色食品水产养殖过程中的关键控制点主要包括：

1. 水质　养殖用水必须达到绿色食品要求的水质标准。

2. 品种　选择饲养适应当地生长条件的抗逆性强的优良品种。

3. 饲料　鲜活饵料和人工配合饲料的原料应来源于无公害生产区域。

4. 饲料添加剂　人工配合饲料的添加剂使用必须符合《生产绿色食品的饲料添加剂使用准则》。

5. 用药　疾病防治用药必须符合《生产绿色食品的水产养殖用药使用准则》。

6. 防病　采用生态防病及其他无公害技术。

第七章 绿色食品标志管理

第一节 绿色食品标志管理概述

一、绿色食品标志管理是一种质量管理

绿色食品必须对质量、成本、交货期和服务水平进行全面管理，对产品形成的全过程进行管理，还要把质量与成本联系在一起考虑，以及预防为主等一套指导思想。这一新的质量管理理论，较快地被世界各国所接受，先后在日本等国家和地区取得实践成功。

如今，全面质量管理的思想，随着现代产品的结构和制造工艺日益复杂而备受人们的重视，人们愈来愈清醒地意识到，仅对制成品按技术规范进行检验显然是不够的，因为技术规范和生产体系不够完善时，规范本身就不能保证产品质量始终达到要求，绿色食品的质量管理即是以标志管理的形式引导企业在生产过程中建立质量体系，以补充技术规范对产品的要求；把影响产品质量的诸多因素组织起来，加以严格控制，做到预防为主，避免质量发生问题。

二、绿色食品标志管理是一种认证性质的管理

如何保证一个企业确实按照全面质量管理的思想建立了质量管理和保证体系？如何帮助消费者确认某一产品是在这种质量体系保障下生产出来的？问题的答案便是认证。

认证主要来自买方对卖方产品质量放心的客观需要。当科学技术尚不发达，产品比较简单，又无统一标准的手工业生产时代，买方一般习惯于以制造者的“产品合格声明”作为购物指引。所谓“合格声明”即由供方在包装、产品说明、产品标记或者有关文件上明确表示所提供的产品质量完全符合买方要求。由于产品简单，买方无需专门的检测手段，仅凭自己的经验即可鉴别产品质量。随着科学技术的发展，产品的结构和性能日趋复杂，特别是出现了社会化大生产之后，产品的生

产量剧增,产品的标准化程度日益发展,此时,仅靠买方的有限知识和测试条件,很难亲自判断产品质量是否符合标准。而产品的生产者和销售者为了推销其商品,总是以各种形式声明和宣传其产品何等优良和符合某先进标准。经验告诉消费者,完全以这种宣传作消费指南是不可取的,于是,卖方为了证实自己的产品符合质量要求,买方为了在鱼龙混杂的市场中挑选信得过的产品,社会也有保护消费者利益的呼声,在这样的客观需要条件下,由第三方来证实产品质量的现代质量认证制度应运而生了。

第二节　绿色食品标志管理的原则

一、自愿参与的原则

所谓自愿参与,即指一切从事与绿色食品工作有关的单位和人员,无论是生产企业还是检查机构或监督检验部门,均须出于自愿的目的,参加相应的工作,而不是为完成某方面的任务或在某种命令的驱使下行事。从认证角度讲,绿色食品标志管理带有明显的非强制性认证性质。《绿色食品标志管理办法》关于“申请人”部分明确阐述:一切从事食品生产经营的单位和个人,均可志愿成为申请人,向中国绿色食品发展中心申请使用绿色食品标志。分布于全国各地的检查人员,也是在自愿提出申请的前提下,经中国绿色食品发展中心培训、考核、颁证之后上岗的。全国各区域承担绿色食品监督检查检验的机构,也是在具备国家技术监督部门颁发的计量认证合格证书条件并自主申请后,经中国绿色食品发展中心统一定点委托的。

二、质量认证和商标管理相结合的原则

绿色食品标志管理实际上包含绿色食品产品的认定和认定后使用标志的管理两部分内容。就产品的无污染安全优质营养等特质的认定而言,运用质量认证的一整套管理体系无疑是最科学、最精密的。因为现代质量认证制度的建立差不多近100年了,各国认证组织在漫长的认证实践中不断积累经验,已逐步总结和完善出一套详尽的质量认证体系,并以ISO/IEC守则的形式指导世界各国认证制度的建立。1991年9月,我国也颁布了《中华人民共和国产品质量认证管理条例》,翌年又颁布了《中华人民共和国产品质量认证管理条例实施办法》,标志着我国的产品质量认证制度日臻成熟。产品质量认证从可能影响产品质量的各个环节反复进

行验证，以求得出最与客观事实相符的结论。型式检验验证产品是否完全达到标准要求；质量体系检查证实企业是否具备持续、稳定地生产符合标准要求的产品的能力；监督检验和监督检查则分别验证获得认证之后的产品是否符合标准以及企业是否保持达标的生产能力。

三、公正、公平、公开的原则

所谓公正，就是要把绿色食品标志管理纳入法制管理的轨道，使其一切措施遵循社会主义法制的要求，符合法律管理的规律和特点。其中包括：

(1)积极立法，在国家宪法和其他法律的基础上，通过法定的程序和手续，制定和颁布绿色食品管理的法规、规章，以使整个管理工作有法可依、有章可循。

(2)严格执法，在日常的质量认证工作中，对企业申请的任何审核、裁定工作，都不能以个人的意愿和好恶为准，必须严格执行绿色食品的有关标准和规章规定。严格执法还包括对那些绿色食品企业在使用绿色食品标志过程中违反规定的行为，以及非绿色食品企业冒用绿色食品标志的行为，严格依法打击。

所谓公平，就是在执行管理的政策和措施上，要保证对待所有的申请使用标志者和使用标志者一视同仁，不能厚此薄彼。同时，要在公正的基础上，严格掌握各类政策界限，尽量保证每个企业间均等的发展机会。要做好这一点，管理者必须发扬清廉、无私的工作作风，全心全意为企业服务，真正使精品与人品共存。

所谓公开，就是指绿色食品的认证管理活动要毫无保留地置于社会公众的监督之下。认证机构和所有被认证单位都不能有任何形式的隶属关系和经济关系，更不能有丝毫的交易成分；认证机构也不能从事任何有碍其认证公正性的经营活动和其他活动，以确保其公正地位，而只有全方位地公开认证机构的认证活动，自觉接受社会公众的监督，才能真正达到取信于消费者和申请者的目的。公开的另一层意义在于认证的大门向一切符合标准的企业开放，不论其体制如何，实力强弱，也不管其身居都市还是在穷乡僻壤，只要其有发展绿色食品的积极性，又符合标准要求，认证部门就必须接纳它并为它认真服务。

四、以人为本的原则

绿色食品标志管理强调以人为本的原则，正是敏锐地洞察到了人的因素在这个新生事业、新型管理模式中的重要性。因此，我们不仅在事业起步之际就反复强调“万事非人莫举”、“成事在人、败事也在人”的观点，而且采取了一系列行之有效的建设队伍、培养人才的措施。如提出事业管理人员享受终身培训的待遇、在全国建立一系列培训中心对全国绿色食品管理人员实施轮训、持证上岗等。实践证明，绿色食品事业能取得今天的成就，至关重要的因素之一，就是贯彻了人本原则，在事业的开发过程中锻炼了一批年轻人，培养了一批管理干部，团结了一批科研和学术专家，建立起一支能吃苦、勇开拓的队伍。今后只有坚持不懈地贯彻这个原则，事业才能后继有人、健康发展。

第三节　绿色食品标志管理的内容

一、标志商标的注册

1993 年，国家工商局发布《集体商标、证明商标注册管理办法》后，绿色食品标志又成为中国第一例证明商标。

为什么一定要把标志注册为商标？因为绿色食品是市场经济的产物，它不仅必然要进入国内、国际两个市场，也要在市场的风雨里成长。随着市场国际化进程的加快，我国已成为全球竞争的主要市场，市场的竞争就是商品的竞争，而商品的竞争往往表现为品牌的竞争、商标的竞争。其实品牌和商标并不是完全相同的概念，品牌和名牌只不过是大众的通俗说法，通常表达的是地域概念，而商标却是具有法律地位的概念，而且是一个国际化的概念。对消费者而言，商标（尤其是注明商标）是产品品质与价值的保证；对企业而言，商标是推销产品或服务，掌握市场的商战利器，是企业创造利润、持续发展的动力；对国家而言，商标，特别是驰名商标的多少，在一定程度上反映出这个国家的经济实力和技术水平，体现出这个国家的综合国力。对绿色食品事业而言，绿色食品标志商标是管理和发展事业的法律基础。

二、以商标标志委托管理

绿色食品是改革开放和市场经济的产物，必须按市场规律办事。从市场宏观形势看，绿色食品的国际市场比国内市场成熟，国内沿海开放地区的市场需求比中西部欠发达地区的需求大；从消费人群结构分析，绿色食品的消费者明显偏重于高收入阶层和高知识阶层；从生产地的生态环境条件和开发产品的迫切性而言，北方地区优于南方地区等。绿色食品的管理形式，必须服从于其工作内容。本着“谁有条件和积极性就委托谁”的原则，委托各地相应的机构管理绿色食品标志，不仅体现了因地制宜、因人制宜、因时制宜的求实态度。而且对绿色食品事业长期健康稳定发展奠定了基础。

变行政管理逐步转为为法律管理。实施标志委托管理,被委托机构获得相应管理职能的同时,即承担厂维护标志法律地位的严肃义务。因为此时的标志管理,实际是一种证明商标的管理,此时的被委托机构,形同商标注册人在地域上的延伸。被委托机构和绿色食品企业的关系犹如商标注册人和被使用许可人的关系,一切管理措旋都得以《中华人民共和国商标法》为依据。

充分体现自愿原则。因为任何委托都是在自愿的基础上进行的,所以被委托机构的积极性和主动性是接受委托的前提。

引入竞争机制。实施标志的委托管理,本身即意味着打破了"岗位终身制"。每一个被委托机构都可能因丧失了其工作条件或责任心而随时失去被委托的地位,每一个不在委托之列的机构都存在竞争获得委托的机会。因而,委托管理制引入了竞争机制。而竞争则可以带来生机,竞争才能加速发展。

体现绿色食品的社会化特点。实施标志的委托管理,打破了行业界限和部门垄断,符合绿色食品质量控制从土地到餐桌一条龙的产业化特点,也体现了绿色食品"大家的事业大家办"的社会化特点,不仅有利于吸收各行业人士的关心和支持,而且有利于绿色食品在相关各行业的发展。从质量认证的角度看,实行委托管理的方式,符合认证、检查、监督相分离的原则,更充分地体现了绿色食品认证的科学性和公正性。

目前,中国绿色食品发展中心已在全国 30 个省、市、自治区均成立了委托机构。

第三部分
有 机 产 品

第八章 有机农产品标准

第一节 标准概况

标准是人们对科学、技术及经济领域中重复出现的事物和概念，结合生产实践，经过论证、优化，由有关各方充分协调后为各方共同遵守的技术性文件。标准随着科学技术的发展和生产经验的总结而产生和发展。

有机标准发展至今，已在世界范围内初步形成了不同层次的标准体系，主要表现在国际水平、地区水平、国家水平和认证机构水平等 4 个方面。

一、国际水平

从国际水平上看，有机标准有“国际有机农业运动联盟（IFOAM）”的《基本标准》。IFOAM 基本标准和准则作为国际标准已在 ISO 注册，是地区标准、国家标准和认证机构自身标准的基础，是有机标准的标准。

联合国（CAC）的有机农业和有机农产品标准是由联合国粮农组织（FAO）与世界卫生组织（WHO）制定的，是《食品法典》的一部分，属于建议性标准。《食品法典》作为联合国协调各个成员国食品卫生和质量标准的跨国性标准，一旦成为强制性标准，就可以作为 WTO 仲裁国际食品生产和贸易纠纷的依据。

二、地区水平

欧盟标准属于地区水平标准。1991 年 EU 有关有机农业的规则被发表于 EU 的官方刊物。1999 年 12 月，EU 委员会决定通过了有机产品的标志，这个标志可以由 EU 2092/91 规则下的生产者使用。EU 关于有机生产的 EU 2092/91 规则中有很多对消费者和生产者的保护。欧盟的 EU 2092/91 是 1991 年 6 月制定的，对有机农业和有机农产品的生产、加工、贸易、检查、认证以及物品使用等全过程进行了具体规定，共分 16 条款和 6 份附件。1991 年制定的时候，标准只包括植物生产的内容，1998 年完成了动物标准的制定，2000 年 8 月 24 日正式生效。

欧盟标准适用于其15个成员国的所有有机农产品(食用农产品)的生产、加工、贸易包括进口和出口。也就是说,所有进口到欧盟的有机农产品的生产过程应该符合欧盟的有机农业标准。因此,欧盟标准制定完成后,对世界其他国家的有机农产品生产、管理特别是出口产生了很大影响。

三、国家水平

在国家水平上,除了15个欧盟成员国外,日本、阿根廷、巴西、澳大利亚、美国、智利、匈牙利、以色列、瑞士等国家都有自己的标准。不同国家的有机标准的发展历程各异,但共同的特点是发展历史短,主要集中在近10年左右。现举几例说明如下:

美国:1990年通过联邦法《有机食品生产法案》;1992年成立国家有机食品标准委员会(NOSB);1994年NOSB提交有机标准建议稿;1997年美国农业部(USDA)制定有机规章提案;1998年USDA着手修改有机规章;1999年有机贸易协会(OTA)发布美国民间有机标准;2000年3月USDA第二次提交有机规章提案;2001年夏天公布并开始执行美国的有机标准。

日本:早在1935年,日本宗教和哲学领袖冈田茂吉就倡导"建立一个不依赖人造化学品和保护稀有资源的农业生态系统",进入20世纪六七十年代,日本民间一些人士纷纷探索保护环境的农业生产体系,并相继产生了一批有机农业的民间交流和促进组织,如自然农法国际基金会、日本有机农业研究会、日本有机农业协会,等等。1992年日本农林水产省制定了《有机农产品蔬菜、水果生产准则》和《有机农产品生产管理要点》,并于1992年将以有机农业为主的农业生产方式列入保护环境型农业政策。2001年正式出台的JAS法标志着在日本有机农业生产的规范化管理以完全纳入政府行为。

中国:按照国际有机食品标准和管理要求,1995年原国家环保局制定了《有机食品标志管理章程》和《有机食品生产和加工技术规范》,初步形成了较为健全的有机食品生产标准和认证管理体系。《有机产品认证标准》是目前国家环保总局有机食品发展中心进行有机食品认证的基本依据。

四、机构水平

从认证机构水平上看,基本上每一个认证机构都建立了自己的认证标准。这里需要说明的是,一个国家可以有1个认证机构,也可以有多个认证机构(比如美国境内就有40多个认证机构),这些认证机构多数是民间的(如德国的Naturland,英国的Soil Associatin和美国的OCIA等),也可以是官方的。不同认证机构执行的标准都是在 IFOAM 基本标准的基础上发展起来的，但侧重点有所不同，比如欧洲一些认证机构的有机标准，其主要内容多是围绕畜禽饲养，包括了牲畜、家禽饲养，牧草、饲料生产，肉、奶制品加工，等等，而中国以及其他一些亚洲国家的认证机构，其标准则多集中在大田作物(蔬菜水果)生产、野生产品开发、茶叶以及水产等方面。这也从一个侧面反映了不同国家或地区不同的资源特色。此外，根据不同地区的特征和需要，不同认证机构对标准的发展也有所不同，这其中多数认证机构仍以 IFOAM 基本标准的内容为主，标准比较原则化，也有一部分认证机构已根据本地区或本国实际，进一步发展了 IFOAM 标准，使之更具体化，便于操作，比如德国的 BIOLAND 已经建立了针对不同产品的标准系列。

第二节 中国有机产品国家标准

2004 年，国家标准化管理委员会和国家认证监督管理委员会组织有机农业研究机构、认证机构、认可机构等单位组成标准起草工作组并完成了《有机产品》国家标准的制定。

一、制定的原则

(一)以国际有机农业标准(IFOAM 和 CAC)为基础

IFOAM 是有机食品生产的民间机构，其目的在于促进全球有机农业的发展，从技术和可操作性角度，提出了有机食品生产的最低标准，作为各国制订有机农业标准的基础。国际食品法典委员会 CAC 发布的《有机食品生产、加工、标志和销售指南》(GL32—1999. Rev. 1—2001 Guidelines for the Production, Processing, Labelling and Marketing of Organically Produced Foods)是规范全球有机农业生产、加工、标志和销售的综合标准。为促进中国有机农业的发展与国际接轨，促进有机产品和体系的国际认证，《有机产品》国家标准采用国际和国外先进标准为基础。

(二)参考其他国家的标准

为了促进和加快我国有机农业标准与其他国家的互认，在具体指标和物质投入表中，参考了欧盟委员会有机食品(EEC)No. 2092/2091 法规、欧盟委员会有机食品(EEC)No. (EC)No. 1788/2001 法规、美国有机食品生产法规(NOP)、德国 NATURLAND 有机水产养殖标准等，保证了标准的衔接性和先进性。

(三)结合我国有机农业生产的实际

为结合我国有机农业生产的实际情况,《有机产品》国家标准在国家环保总局发布的《有机(天然)食品标志管理章程》、《有机(天然)食品生产和加工技术规范》和国家环保总局有机食品发展中心发布的《OFDC有机认证标准》以及中国认证机构国家认可委员会发布的《有机产品生产和加工认证规范》等基础上,进行完善和修改。

二、标准的内容

中国《有机产品》标准分为4部分:

第一部分 生产:主要包括作物种植、食用菌栽培、野生植物采集、畜禽养殖、水产养殖、蜜蜂养殖及其产品的运输、贮藏和包装,是农作物、食用菌、野生植物、畜禽、水产、蜜蜂及其未加工产品的有机生产通用规范和要求。

第二部分 加工:主要包括有机产品加工的通则,根据第一部分生产标准生产的未加工产品为原料进行加工及包装、贮藏和运输和有机纺织品(棉花或蚕丝),是有机产品加工通用规范和要求。

第三部分 标志与销售:按《有机产品 第一部分 生产》、《有机产品 第二部分 加工》生产或加工并获得认证的产品的标志和销售。是有机产品标志和销售的通用规范及要求。

第四部分 管理体系:主要包括有机产品生产、加工、经营过程中必须建立和维护的管理体系,是有机产品的生产者、加工者、经营者及相关的供应环节质量管理的通用规范和要求。

三、主要特点

1. 涵盖一个大农业体系 《有机产品》国家标准不仅涵盖了种植业方面的要求,还包括了畜牧和家禽饲养业、水产品、蜜蜂等方面的要求;不仅包括生产过程的要求,还延伸到收获、加工和包装、标签等方面的要求。所以,《有机产品》国家标准是控制从农业(包括粮食、饲料和纤维)、畜牧和家禽、水产的田间生产到加工成最终消费产品的一个完整的、基础性的指导法规,也可以说是有机农业的根本法则。

2. 将技术和管理融为一体 《有机产品》国家标准的框架分为有机生产过程控制和管理体系控制两大部分,明确了管理体系对有机产品生产的统领作用,从而丰富了世界有机农业的内容。

3. 将健康、环保和安全有机结合　《有机产品》国家标准强调以健康的生态系统为基础，以良好的操作为规范；提倡在保证有机生产基地基本的本底（土壤、水等）环境条件下，重视生产过程中对环境的保护；并设定了评估由于不可避免的因素（土壤本身和外来物质的漂移）对最终产品安全指标造成风险的最低限值。

4. 符合国情，国际接轨　《有机产品》国家标准充分考虑到中国几千年农业发展的传统经验和实践，遵循国家相关法律法规，保证标准的实用性；在国际标准有争议和敏感的具体环节（如人粪尿、集约化生产的畜禽粪便、烟草、食品添加剂等）保持与国际标准的一致性。

第三节　生 产 标 准

一、产地环境技术标准

（一）种植业

1. 农作物栽培　有机栽培是一种禁止使用化学合成肥料和农药的环境友好的生产方式，因此种植选址尤为重要：一般选择土壤、空气、水源均未受污染且土壤质地良好的地块建园。有机生产基地环境应满足 3 个条件：其一，必须保证生产地块的土壤未受重金属污染；其二，用于有机蔬菜生产的灌溉水质应达到农田灌溉水的相应标准；其三，有机蔬菜生产区及其周围的空气和水体不受污染。

根据 GB/T 19630.1 的要求，有机生产基地的土壤环境质量应符合 GB 15618—1995 中的二级标准。

有机生产基地环境空气质量应达到 GB 3095—1996 二级标准（参考国家环境保护总局环发[2000]1 号的内容）和 GB 9137 的相关指标。

2. 食用菌栽培　GB /T19630.1 中关于食用菌场地和环境要求为：“直接与常规农田毗邻的露天食用菌栽培区必须设置大于 30 m 的缓冲带，以避免禁用物质的影响。在栽培场地周围禁止使用化学合成的农药。”另外，食用菌栽培用水水源水质应符合 GB 5749 的指标要求。

（二）水产养殖业

GB/T 19630.1 中规定，有机水产养殖场水质必须符合 GB 11607 的要求。

（三）加工业

GB/T 19630.2 中对加工厂环境没有具体指标的要求，只是规定“加工厂周围不得有粉尘、有害气体、放射性物质和其他扩散性污染源；不得有垃圾堆、粪场、露天厕所和传染病医院；不得有昆虫大量孳生的潜在场所。”而且，“生产区建筑与外缘公路或道路应有防护带。”

二、生产过程技术标准

GB/T 19630.1～2 规定了生产（种植、食用菌、养殖、水产、蜜蜂和蜂产品）及加工（食品与服装加工）的生产过程技术标准。

（一）生产技术要求

1. *农作物生产要求* 有机作物生产是 GB/T 19630 中的主要内容，其重点在于农田周围环境、农田历史和田间管理 3 个方面。其中田间管理又包括土壤培肥、病虫草害防治、种子选育、生态保护和水土保持、多样化种植和轮作等内容。

（1）基本概念。

农场范围 申请认证的土地应是完整的农场。如果农场既有有机生产又有常规生产，则农场经营者必须指定专人管理和经营用于有机生产的土地。同时，要制定计划将原有的常规生产土地逐步转换成有机生产，并将计划交认证机构备案。这里所指的认证农场包括：国营或集体有机农场、个人承租的有机农场、公司承租的有机农场以及小农户理合组成的有机农场。其中小农户组成的有机农场指在一定区域内的土地由多个农户经营，这些农户都愿意从事有机生产，并且建立了有效的组织管理体系，包括跟踪审查体系，那么该区域内的土地可以被看作是独立的有机农场，这种经营模式在发展中国家比较普遍。

认证对象 有机认证的对象是地块，如果地块环境条件符合有机生产要求，作物生产以及田间管理又满足有机作物要求，则该地块上生产的所有作物都可以作为有机作物销售。生产者必须采取有效措施区分处于有机转换中的作物和已获得颁证的地块上的作物。

转换期 由常规生产系统向有机生产转换通常需要 3 年时间。生产者在转换期间必须完全按有机生产要求操作。经 1 年有机转换后的田块中生长的作物，可以作为认证机构有机转换作物销售。

转换期的开始时间从申请认证机构认证之日起计算。如果申请者在申请前已经在当地主管部门、环保部门或认证机构分中心的监督下进行有机生产（监督部门必须与申请者没有利益冲突），并能提供相应的书面证明材料和土地利用的历史资料，经认证机构核准后，转换期的开始时间可以从生产者实际开始有机生产的日期算起。

新开荒地、撂荒多年未予农业利用的土地以及一直按传统农业方式耕种的土地，都要经过至少1年的转换期才有可能获得认证机构颁证。

已通过有机认证的农场一旦回到常规生产方式，则需要重新经过有机转换后才有可能再次获得有机颁证。

缓冲隔离带 如果某农场邻近田块受到禁用物质的喷洒或可能有其他污染物存在，则在有机种植的地块和喷洒禁用物质的地块之间必须设置足够的物理障碍物，或在有机和常规作物之间设置足够的过渡带，以保证有机生产田块不受污染。

生产和管理计划 为了保持和改善土壤肥力，减少病虫害和杂草的危害，有机生产者应根据当地的生产情况，制定并实施非多年生作物的轮作计划，在作物轮作计划中，应将豆科作物包括在内。在实施轮作计划时，生产者可以根据现实情况作适当调整。有机生产者应制定和实施切实可行的土地培肥计划和有效的农场生态保护计划，包括种植树木和草皮，控制水土流失，建立天敌的栖息地和保护带，保护生物多样性等。

内部质量保证和控制方案 有机生产者应做好详细的生产和销售记录，包括有机农场田块与从业人员购买或使用农场内外的所有物质的来源和数量，作物种植管理、收获、加工和销售的全过程记录。

(2)生产管理。

土壤培肥 有机农业是建立在土地、植物、动物、人类、生态系统和环境之间健康发展的动态的农业生产系统，其基础是维护土地良好的状况。在有机农业生产中，土壤肥力的维持是通过有机物质的的循环实现的，通过土壤微生物和细菌的活动，使有机物质的营养有利于作物吸收。有机农场中来源于微生物、植物或动物的可生物降解的物质应是农场土壤培肥计划的基础。应有足够数量的来源于微生物、植物或动物的可生物降解物质返回土壤，以增加或至少是保持土壤的肥力和其中的生物活性。

在有机生产中，许多物质的投入是受限制的，主要考虑诸如污染状况、营养失衡和自然资源枯竭等因素。培肥计划应尽量减少营养物损失。应防止重金属和其他污染物质的积累。矿物肥料的使用仅对碳源肥料起辅助作用。只有在其他土壤培肥措施已达最优化时，才允许使用矿物肥料。矿物肥料应以其天然成分的形态使用，不允许通过化学处理来提高其可溶性。

在可能的情况下，认证机构应要求，在保持或增加土壤有机质、肥力、微生物活性和土壤健康的同时，考虑可能出现的病虫草害及其他害虫，及时或恰当地保证足够的多样性。对于非多年生作物，通常(但不是唯一的)可通过作物轮作获得足够的多样性。

病虫杂草的管理　有机农业生产系统应按照能确保病虫草害所带来的损失最小的方式管理。重点应放在选用对环境有很好适应性的作物和品种、平衡的培肥土壤计划、高生物活性的肥沃土壤、适宜的轮作方式、间作和绿肥种植上。

杂草和病虫害应通过大量的预防性耕作技术来控制，这些耕作技术限制病虫草害的发展，比如适当的轮作、绿肥种植、制定平衡的施肥计划、早期的和春播前的苗床管理、覆盖、机械控制和扰乱虫害繁殖周期等。

通过适当管理天敌栖息地(如树丛和巢穴)等措施保护和发展病虫害的天敌。通过了解和干扰害虫的生态需要制定虫害管理计划。允许使用农场内的动植物和微生物制成的用于病虫草害管理的产品。允许使用热法控制草害和使用物理方法控制病虫草害。

种子选育　所有的种子和植物原料都应获得有机认证。所选择的作物种类及品种应适应当地的土壤和气候特点，对病虫害有抗性。在品种的选择中要充分考虑基因多样性。不允许使用任何基因工程的种子、花粉、转基因植物或种苗等。

水土保持　应以可持续的方式对待土壤和水资源。应采取有关措施，防止水土流失、土壤盐化、过量或不合理使用水资源以及防止地表水和地下水污染。应最大限度地限制通过焚烧有机物开垦土地，比如通过刀耕火种或焚烧秸杆。认证机构应规定适当的载畜量，以便不导致土地退化和污染地表水以及地下水。采取相应措施，防止土壤和水盐碱化。

禁止开垦原始森林。禁止过度开发和利用水资源。禁止国家或地方政策不允许的一切土地农用方式。

多样化种植和轮作　作物生产的基础是土壤及周围生态系统的结构和肥力，以及在营养损失最小化的情况下，提供物种多样性。这里的多样性包括了自然生态系统中的生物多样性和作物品种多样性。

作物生产多样性可以通过综合以下要素获得：包括豆科作物在内的多种作物轮作；在1年中要尽量通过种植不同类型的作物，使土壤得到适当的覆盖。通过不同深浅根作物的轮作，充分利用和提高土壤肥力的生物有效性，轮作也可作为作物防病抗虫的一种有效措施。

野生产品的采集　收获或收集产品不应超过该生态系统可持续的生产量，也不应危害到动植物物种的生存。

收获或收集野生产品应有利于维持和保护自然区域功能，应考虑维持生态系统的可持续性。只有当收获的野生产品来自一个稳定和可持续的生长环境中，而且产品来自未受禁用物质影响时，该野生产品才能得到有机认证。

收集区域应与常规农田以及污染区域保持一定的距离。

2. 养殖生产要求

管理技术　牲畜饲养的管理技术应取决于农场动物的生理和个体行为的需要。这包括：应许可动物表现他们的基本行为需要；所有的管理技术应该以保持动物健康与良好生活条件为导向。从动物生活条件的角度考虑，畜群的大小不应影响动物的行为方式。群养动物不能单个饲养。

生产者应保证牲畜环境的管理要考虑动物的行为需要并提供足够的自由活动、新鲜空气和自然光线；避免过度的阳光、温度、雨水和通风；提供足够的淡水和饲料；提供足够的躺卧和/或休息的地方。对那些需要垫圈的动物，应提供自然材料。

所有有机动物都应在有机农场中出生和长大。有机动物饲养不应依赖于常规饲养系统。当买卖或交换牲畜时，最好在有机农场之间进行，或作为特定农场之间长期合作的一部分。

动物品种　应选择能适应当地环境条件的动物品种。饲养目标不能违背动物的自然行为且应有利于动物的健康。

繁殖技术应是自然的方式。认证机构应保证有机饲养体系应以能自然交配和分娩的品种为基础。允许使用人工授精技术，但有机农场不允许使用胚胎移植技术，不允许激素热处理和引产，除非作为治疗目的而用于个别动物，且在兽医的指导下进行。

不允许使用遗传工程品种。

动物营养　牲畜应用有机种植的高品质饲料饲养。至少50%的饲料都应来自农场本身或本地区。

喂养时应以使动物可表现其自然取食行为和消化需要的方式供给食物。牲畜食物应根据动物的营养需要平衡供给。应利用来自有机食品加工业的产品。

认证机构应制定有关饲料和饲料配料的标准。

兽医　生病和受伤的动物应给予迅速且足够的治疗，应采用天然的药物和方法。当疾病确实发生时，应找出发病原因，并通过改变管理方法预防今后疾病蔓延。

保持动物健康是减少动物疾病的首要考虑。当不能得到合理的替代药物时，允许使用常规兽药。使用常规兽药时，药物降解期至少应为法定时间的2倍。

禁止使用合成的生长促进剂、用于刺激或抑制自然生长的合成物和用于热诱导和热同步的激素，除非用于单个动物以处理生殖紊乱，且得到兽医的指导。

3. 水产品生产技术要求　水产品生产包括淡水、半咸水和海水多种生物物种、多种形式的生产。任何形式的养殖场如泥塘、水箱和笼子(开放的和封闭的系统)中生活的各个阶段的肉食性、杂食性、草食性生物都包括在标准之内。开放水体中的自由生物,不能按照有机生产的一般检查程序进行检查的,不包括在标准之内有机生产的基础是维持水生环境和周围的水生和陆地生态系统。

根据标准,要在一段时期里对全部生产进行转换。如果某个生产单位不能全部立即进行转换,可以把各个部分完全按标准的要求进行逐步转换。认证机构要具体规定转换期的长短,而且要考虑水生物的生命周期、物种、环境因子以及养殖场过去的废物、沉积物利用情况和水质状况。

选择养殖场时,应当考虑维持水生环境和周围水生和陆生生态系统平衡。养殖场与污染源和常规养殖场之间要保持适当的距离。水产养殖的不利环境影响应达到最小。

认证机构应规定在开放体系中有机养殖场和常规养殖场之间的距离。认证机构应当制定保护养殖场不受污染(包括离污染源适当距离)。

捕捞区应能被清楚地界定,有关养殖水质、饵料、药物、投入物和按照标准所要求的其他因素应是可检查的。认证机构要明确规定捕捞区与常规养殖场之间应保持适当的距离,以防常规水产养殖对其造成污染或有害影响。

按动物的自然行为进行养殖,尽量减少干扰。不采用高技术和高投入的方法进行繁殖。

应选择适合当地条件的养殖方法,以最低的投入尽可能地提高水产品的质量,并使生物生长良好。引进的常规水生生物在有机体系中至少饲养过 2/3 的生命周期时间。

通常选择自然出生的繁殖方法,但认证机构也允许使用不包含自然出生的生产体系,例如鱼卵的孵化。

根据生物的营养需要,水产养殖的饵料要平衡,质量要好。要以自然摄食的方式给生物提供饵料,而且损失到环境中的量要最小。经有机认证的副产品和不适合人类直接消费的野生海洋食物资源,应当用作饵料成分。喂食的原则是以最小的投入使生物最快地生长。

捕捞方面,无论从养殖场还是开放的捕捞区捕捞水生生物,都应使水生生物受到的胁迫最小,捕捞行为不应对自然水域的可持续性产生不利影响。

(二)食品加工技术标准

应优化有机食品的加工和处理,以保持产品质量和完整,并尽量减少病虫害的发生。有机食品在生产、加工、贮存和运输的过程中必须杜绝化学物质的污染。

除在常温下贮藏外，以下特殊的贮藏条件是允许的：受控大气环境，冷却，冷冻，干燥，湿度调节，乙烯气体可允许用于催熟。

1.病虫害控制　应制定害虫防治计划，对于害虫管理与控制，应优先使用下列预防措施：

预防方法：例如消灭害虫的栖息地，避免害虫进入的设施；机械/物理和生物法；基本标准中规定的灭虫剂；其他用于扑虫器中的物质。在不得已的情况下，可以考虑使用害虫调节剂处理害虫。

推荐的处理方法：物理栅栏、声音、超声波、光和紫外光、扑虫器(包括外激素扑虫器和静态饵诱扑虫法)温度控制、控制大气及硅藻土法。

禁止使用辐射法杀虫。

2.成分、添加剂和加工配料　通常，有机产品中100%的成分应是认证有机成分。在有机原料成分的质量不满意或数量不足的情况下，认证机构可以授权使用非有机物质，但须定期检查和评估。这些物质不应是基因工程制得的物质。一个产品中同样的成分不应既从有机原料又从非有机原料中获得。

加工产品中可以使用水和食盐。不应使用矿物质(包括微量元素)维生素和类似的独立成分。

可以允许在食品加工过程中使用一些常用微生物和酶配置品。但不可使用基因工程生产的微生物和及其产品。限制使用添加剂和加工配料。

3.加工方法　加工的基本方法应为机械、物理和生物的加工法。在加工过程的每一道工序中应保证有机成分的主要质量。选择加工方法应本着尽量少用添加剂和加工配料的原则。不允许使用辐照法。

4.质量管理　加工厂在原料采购、生产、加工、包装、贮存和运输等过程中必须有完整的档案记录，包括相应的票据，并建立跟踪审查体系。有机加工者必须制定和实施有机加工内部质量保证和控制方案。

(三)包装和标志

1.包装　包装工序要使环境影响最小化。避免使用不必要的包装物质。尽可能回收和循环利用包装物质。应该使用可生物降解的包装材料。用于包装的材料不应污染食品。认证机构应确立减少包装材料对环境影响的方针。

2.标志　标志应该清楚并准确标出有机产品的状况。

一旦满足所有标准的要求，产品就应视作“有机产品”或相似意义名称的产品出售；标志中应注明负责产品生产和加工的法人或公司的名称和地址；产品标志中应给出间接影响产品质量的加工程序；需要时，应该提供产品的附加信息；说明产品中添加剂及加工配料的所有成分；野生产品或野生产品中提取的成分也应标明。应注明负责产品生产和加工的法人或公司。

单一成分的产品一旦满足所有标准的要求，可标示为“有机产品”或相似意义名称的产品。对于混合成分的产品，如果其成分（包括添加剂）不全来自有机原料，其所有原料应按照重量百分比的顺序在产品标签中列出。应明确哪种原料是认证有机原料，哪种不是。所有添加物应列出全称。

3. 社会公正性　社会公正性是有机农业生产和加工的一个重要组成部分。

应当遵守国际劳工组织（ILO）有关劳动福利的全部规定，所有雇员及其家庭有享受饮水、食物、住房、教育、交通和健康服务的权利，要满足包括产育、疾病和退休等在内的社会保障需要。

所有雇员不论其肤色、信仰及性别，只要从事同种工作，都享有同等的报酬并有均等的就业机会和足够的劳动保护。

三、生产管理体系

建立完善的管理体系是促进有机生产系统更有效实施的基本保证。有机产品生产、加工和经营者应建立和维护有机生产、加工和经营管理体系。GB/T 19630.4《有机产品》规定了有机生产质量管理的要求。其要求包括基本要求、文件要求、资源管理、内部检查、追踪体系和持续改进 6 个方面。

（一）基本要求

国标要求有机产品生产、加工、经营者必须具有合法的土地使用权和合法的经营证明文件（即营业执照、土地承包租赁合同等），而且应按 GB/T 19630 的要求建立和保持有机生产、加工、经营管理体系，并加以实施和保持。

（二）文件要求

生产管理体系的内容包括位置图、质量管理手册、操作规程和文档记录 4 个部分。

1. 生产基地或加工、经营等场所的位置图　申请人应按比例绘制生产基地或加工、经营等场所的位置图。应及时更新图件，以反映单位的变化情况。图件中应相应标明但不限于以下的内容：种植区域的地块分布，野生采集/水产捕捞区域的地理分布，加工、经营区的分布，水产养殖场、蜂场分布，畜禽养殖场及其牧草场、自由活动区、自由放牧区的分布；河流、水井和其他水源；相邻土地及边界土地的利用情况；畜禽检疫隔离区域；加工、包装车间；原料、成品仓库及相关设备的分布；生产基地内能够表明该基地特征的主要标志物。

2.有机产品生产、加工、经营质量管理手册 申请人应编制和保持有机产品生产、加工、经营质量管理手册，该手册应包括以下内容：有机产品生产、加工和经营者的简介；有机产品生产、加工和经营者的经营方针和目标；管理组织机构图及其相关人员的责任和权限；有机生产、加工和经营的实施计划；内部检查；跟踪审查；记录管理；客户申、投诉的处理。

3.生产、加工、经营操作规程 申请人应制定并实施生产、加工和经营的操作规程，操作规程中至少应包括：

作物栽培、野生采集、畜禽、蜜蜂、水产养殖等有机生产、加工和经营的操作规程。

禁止有机产品与转换期产品及非有机产品相互混合，以及防止有机生产、加工和经营过程中受禁用物质污染的规程。

作物收获规程及收获后运输、加工、贮藏等各道工序的管理规程。

畜禽、水产等产品的屠宰、捕捞、加工、运输及贮藏等管理规程。

机械设备的维修、清扫规程。

员工福利和劳动保护规程。

4.记录控制 有机产品生产、加工和经营者应建立并保存记录。记录应清晰准确，并为有机生产、加工活动提供有效证据。记录至少保存5年并应包括但不限于以下内容：

土地、作物种植和畜禽、蜜蜂、水产养殖历史记录及最后一次使用禁用物质的时间及使用量。

种子、种苗、种畜禽等繁殖材料的种类、来源、数量等信息。

施用堆肥的原材料来源、比例、类型、堆制方法和使用量。

为控制病、虫、草害而施用的物质的名称、成分、来源、使用方法和使用量。

对畜禽养殖场（及养蜂场）要有完整的存栏登记表，其中包括所有进入该单元动物的详细信息（品种、产地、数量、进入日期等），还应提供所有的出栏畜禽的详细资料，年龄、屠宰时的重量、标志及目的地等。

畜禽养殖场（及养蜂场）要记录所有兽药的使用情况，包括购入日期和供货商，产品名称、有效成分及采购数量，被治疗动物的识别方法，治疗数目、诊断内容和用药剂量，治疗起始日期和管理方法，销售动物或其产品的最早日期。

畜禽养殖场要登记所有饲料的详情，包括种类、成分及其来源等。

加工记录，包括原料购买、加工过程、包装、标志、贮藏和运输记录。

加工厂有害生物防治记录和加工、贮存、运输设施清洁记录。

原料和产品的出入库记录，所有购货发票和销售发票。

标签及批次号的管理。

（三）资源管理

有机产品生产、加工者不仅应具备与有机生产、加工规模和技术相适应的资源，而且应具备符合运作要求的人力资源并进行培训和保持相关的记录。

1.管理者　申请人应配备有机产品生产、加工的管理者，其应具备以下条件：本单位的主要负责人之一；了解国家相关的法律、法规及相关要求；了解GB/T 19630的要求；具备5年以上农业生产和/或加工的技术知识或经验；熟悉本单位的有机生产、加工管理体系及生产和/或加工过程。

2.内部检查员　申请人应配备内部检查员并具备以下条件：了解国家相关的法律、法规及相关要求；相对独立于被检查对象；熟悉并掌握GB/T 19630的要求；具备3年以上农业生产和/或加工的技术知识或经验；熟悉本单位的有机生产、加工和经营管理体系及生产和（或）加工过程。

（四）内部检查

《有机产品》国家标准要求申请人建立内部检查制度，以保证有机生产、加工管理体系及生产过程符合GB/T 19630的要求。

内部检查是有机生产质量管理体系的特点，也是有机产品质量控制的保证。认证机构的年度即外部检查不能完全满足有机蔬菜生产质量管理体系的要求。为确保有机蔬菜生产的全过程完全符合GB/T 19630的要求，必须通过内部检查进行质量管理体系内部的不断自我监督与改进。内部检查应由内部检查员来承担。内部检查依据有机生产质量管理体系的要求，按照固定的程序、方法和频次，有计划地实施，目的在于发现质量管理体系中违反GB/T 19630要求的内容，进行改进，并分析发生原因，并最终消除违反要求的潜在因素。

内部检查员的职责：配合认证机构的检查和认证；对照GB/T 19630.4部分，对本企业的质量管理体系进行检查，并对违反该部分的内容提出修改意见；对本企业追踪体系的全过程确认和签字；向认证机构提供内部检查报告。

（五）追踪体系

为保证有机生产完整性，有机产品生产、加工者应建立完善的追踪系统，保存能追溯实际生产全过程的详细记录（如地块图、农事活动记录、加工记录、仓储记录、出入库记录、销售记录等）以及可跟踪的生产批号系统。

（六）持续改进

应利用纠正和预防措施，持续改进其有机生产和加工管理体系的有效性，促进有机生产和加工的健康发展，以消除不符合或潜在不符合有机生产、加工的因素。有机生产和加工者应确定不符合的原因；评价确保不符合不再发生的措施的需求；确定和实施所需的措施；记录所采取措施的结果；评审所采取的纠正或预防措施。

第九章 有机农产品种植技术

第一节 原 则

有机农业的产生和发展是基于不同国家的政治、经济和文化背景，因而，在阐述有机农业概念时其侧重点各不相同。欧洲把有机农业描述为：一种通过使用有机肥料和适当的耕作与养殖措施，以达到提高土壤的长效肥力的系统。有机农业生产中仍然可以使用有限的矿物物质，但不允许使用化学肥料。要通过自然的方法而不是通过化学物质控制杂草和病虫害。美国农业部把有机农业定义为：一种完全不用或基本不用人工合成的肥料、农药、生产调节剂和畜禽饲料添加剂的生产体系。在这一体系中，尽可能地采用作物轮作、作物秸秆、畜禽粪肥、豆科作物、绿肥、农场以外的有机废弃物和生物防治病虫害的方法来保持土壤的生产力和耕性，供给作物营养并防治病虫害和杂草。

我国有机农业工作者将有机农业定义为："遵照一定的有机农业生产标准，在生产中不采用基因工程获得的生物及其产物，不使用化学合成的农药、化肥、生长调节剂、饲料添加剂等物质，遵循自然规律和生态学原理，协调种植业和养殖业的平衡，采用一系列可持续发展的农业技术以维持持续稳定的农业生产体系的一种农业生产方式。"其中相关的技术措施包括选用抗性作物品种，建立包括豆科植物在内的作物轮作体系，利用秸秆还田、施用绿肥和动物粪便等措施培肥土壤，保持养分循环，采取物理的和生物的措施防治病虫草害，采用合理的耕种措施，保护环境、防止水土流失，保持生产体系及周围环境的基因多样性等。

有机农业生产应遵循以下原则：

1. 遵循自然规律和生态学原理　有机农业的一个重要原则就是充分发挥农业生态系统内部的自然调节机制。在有机农业生态系统中，采取的生产措施均以实现系统内养分循环，最大限度地利用系统内物质为目的，包括：利用系统内有机废弃物质、种植绿肥、选用抗性品种、合理耕作、轮作、多样化种植、采用生物和物理方法防治病虫草害技术等。有机农业通过建立合理的作物布局，满足作物自然生长的条件，创建作物健康生长的环境条件，提高系统内部的自我调控能力，以抑制害虫的暴发。

2. 采取与自然相融合的耕作方式　有机耕作不用矿物氮源来施肥，而是利用豆科作物固氮的能力来满足植物生长的需要。种植的豆科作物用作饲料，由牲畜养殖积累的圈肥再被施到地里，培肥土壤和植物。尽最大可能获取饲料及充分利用农家肥料来保持土壤氮肥的平衡。利用土壤生物（微生物、昆虫、蚯蚓等）使土地固有的肥力得以充分释放。植物残渣，有机肥料还田以及种植间作作物有助于土壤活性的增强和进一步的发展。土地通过多年轮作的饲料种植得到休养，农家牲畜的粪便被充分分解并释放出来。这样，自我生成的土壤肥力并不依赖于代价昂贵且耗费能源生产出来的化肥，有机耕作的目的在于促进，激发并利用这种自我调节，以期能持续生产出健康的高营养价值的食品。在种植中通过用符合当地情况的方式进行轮作，适时进行土壤耕作，机械除草及使用生物防治等方法（例如种植灌木丛或保护群落生态环境）来预先避免因病害或过度的虫害对作物造成的为害。

3. 协调种植业和养殖业的平衡　根据土地能承载能力确定养殖的牲畜量。通常来说牲畜承载量是每公顷一个成熟牲畜单位，因为有机生产标准只允许从外界购买少量饲料。这种松散的牲畜养殖保护环境不受太多牲畜或人类粪便的硝酸盐污染，它帮助一个农场的形成并使人们可以采取符合牲畜需要的养殖方式。以上述标准进行的牲畜养殖通常情况下只产生土地能接受的粪便量。饲料和作物的种植处于一种相互平衡且经济的关系。

4. 禁止基因工程获得的生物及其产物　基因工程是指人工将一种物种的基因插入到另一物种基因中。因基因工程不是自然发生的过程，故违背了有机农业与自然秩序相和谐的原则。而且许多科学事实已证明基因工程品种对其他生物、对环境和对人身体健康造成的影响，另外，基因工程品种还存在着潜在的、不可预见的破坏自然生态平衡的影响。因此，有机农业坚决反对应用基因工程技术。

5. 禁止使用人工合成的化学农药、化肥、生长调节剂和饲料添加剂等物质

第二节　生产技术

一、产地环境与选择

（一）环境条件

有机农业生产需要在适宜的环境条件下进行。农业环境影响有机农产品的数

量和质量。有机生产基地是有机食品初级产品、加工产品、畜禽饲料的生长地，产地的生态环境条件是影响有机农产品的主要因素之一。因此，开发有机食品，必须合理选择有机食品产地。通过产地的选择，可以全面地、深入地了解产地及产地周围的环境质量状况，为建立有机食品产地提供科学的决策依据，为有机食品产品质量提供最基础的保障条件。

环境条件主要包括大气、水、土壤等环境因子，虽然有机农业不像绿色食品有一整套对环境条件的要求和环境因子的质量评价指标，但作为有机食品生产基地应选择空气清新，水质纯净，土壤未受污染或污染程度较轻，具有良好农业生态环境的地区；生产基地应避开繁华的都市、工业区和交通要道的中心，在周围不得有污染源，特别是上游或上风口不得有有害物质或有害气体排放；农田灌溉水、渔业水、畜禽饮用水和加工用水必须达到国家规定的有关标准，在水源或水源周围不得有污染源或潜在的污染源；土壤重金属的背景值位于正常值区域，周围没有金属或非金属矿山，没有严重的农药残留、化肥、重金属的污染，同时要求土壤具有较高的土壤肥力和保持土壤肥力的有机肥源；有充足的劳动力从事有机农业的生产。

（二）生态条件

有机农业生产基地除了具有良好的环境条件外，基地的生态条件也是保证基地可持续发展的基础条件。

基地的土壤肥力及土壤检测结果分析：分析土壤的营养水平和有机农业的土壤培肥的措施。

基地周围的生态环境：植被的种类、分布、面积、生物群落的组成；建立与基地一体化的生态调控系统，增加天敌等自然因子对病虫害的控制和预防作用，减轻病虫害的危害和生产投入。

基地内的生态环境：地势、镶嵌植被、水土流失情况和保持措施。若存在水土流失，在实施水土保持措施时，选择对天敌有利，对害虫有害的植物，这样既起到水土保持的作用，又提高了基地的生物多样性。

隔离带和农田林网的建立：应充分明确隔离带的作用，建立隔离带并不是为了应付检查的需要，隔离带一方面起到与常规农业隔离的作用，避免在常规农田种植管理中施用的化肥和喷洒的农药渗入或漂移至有机田块，所以，隔离带的宽度建立在周围作物的种类和作物生长季节的风向；另一方面隔离带是有机田块的标志，起到示范、宣传和教育的作用。所以，隔离带树种和类型（多年生还是一年生，乔木还是灌木，诱虫植物还是驱虫植物等）。

当地主要的作物轮作模式及作物的采收期：传统的种植模式已形成了当地的

固有的生物组成，了解当地传统的种植模式，可以减少打破这一种植模式后害虫暴发的风险和预防措施；了解作物的种植期、收获期为建立天敌的中介植物和越冬植物提供依据。

二、种子、种苗的选择和处理

有机生产禁止使用化学合成的农药。虽然在栽培过程中不可避免地遭受到一些病虫害的侵袭，然而由于作物品种繁多，不同品种的作物对病虫害的抗性有很大差异，所以制定生产计划时应根据当地病虫害发生的有关资料，尽可能选择种植一些抗性较强的品种。另外，所选品种还需适应当地的土壤和气候特点，并且在品种选择中应充分考虑保护作物的遗传多样性，避免大规模种植单一品种。

有机生产应选择有机种子或种苗。当从市场上无法获得有机种子或种苗时，可以选用未经禁用物质处理过（如化学包衣种子）的常规种子或种苗，但应制订获得有机种子和种苗的计划。种子质量应符合 GB 16715 的相关要求。

应采用有机方式育苗，根据季节、气候条件的不同选用日光温室、塑料大棚、连栋温室、阳畦、温床等育苗设施，夏秋季育苗还需配有防虫、遮阳设施，有条件的可采用穴盘育苗和工厂化育苗，并对育苗设施进行消毒处理，创造适合幼苗生长发育的环境条件。育苗基质应符合土壤培肥的肥料要求，因地制宜地选用无病虫源的田土、腐熟农家肥、草炭、砻糠灰等，按一定比例配制而成。良好的育苗基质要求孔隙度约 60%，pH 值 6～7，速效磷 100 mg/kg 以上，速效钾 100 mg/kg 以上，速效氮 150 mg/kg，疏松、保肥、保水、营养完全。

有机生产提倡培育健苗、壮苗和无病虫苗。

下面以蔬菜栽培为例，介绍一些种子、种苗的处理方法。

（一）种子处理

健康、饱满的种子是培育壮苗、提高抗性的基础。根据蔬菜种子的生物学特性及物理性状，通过各种处理方式，促进后熟、打破休眠、杀灭所带病菌，能够使种子快速、整齐萌发，以减少苗期病害的发生。种子处理通常有如下方式：

1. 选种、晒种　通过风选、水选、粒选等方法，精选饱满、整齐度一致的种子，增加种子千粒重，提高发芽率。就蔬菜种子而言，其成熟可分为种熟和后熟两个阶段，形态上的成熟为种熟，生理上的成熟为后熟。播前日光晒种能够进种子后熟，增强种子的发芽势。

2. 打破休眠　种子休眠有各种原因，对于因种皮障碍引起休眠的蔬菜种子（如瓜菜类种子），可以设法破坏种皮，促使种子膨胀、萌发。常用方法是将沙子掺入种子中进行搓种,磨破种皮。番茄、茄子等茄果类蔬菜的种子其表面的黏液层有抑制种子萌发的作用。用1%的小苏打水溶液浸种12~24 h,反复搓洗几遍,漂洗干净种子表面的黏液,能使发芽快速而整齐。夏秋播种芹菜、生菜、莴苣、菠菜等喜凉蔬菜的种子,可利用适当的低温处理打破休眠状态:将洗净、浸种后的种子沥干水分,置于5℃低温下处理2~4 d,取出置常温下催芽播种。

3.浸种、催芽　浸种能够使种子在短期内吸足水分,迅速萌动,浸种结束后要用清水冲洗,将种子外表黏附的杂质洗净,防止霉烂。催芽可缩短种子在田间出苗的时间,减少虫、鸟、鼠等对种子的危害。方法是将浸好的种子用布包好,放在温箱内或室内高温处进行催芽,保持25~30℃,每天用温水淋洗一次,隔4~5 h松包换气一次,直到种子大部分露白,催芽后要马上播种。

4.种子消毒

(1)干热消毒。此法适用番茄、茄子等蔬菜,使种子含水量降至7%以下,置于67~73℃的烘箱中,烘烤3 h后取出浸种催芽,可杀死种子内外的病原菌。

(2)温汤浸种。种子的胚芽在休眠时期可以耐受一定的高温。温汤浸种是先将种子在室温下浸泡3~6 h,然后加入种子体积3~5倍的热水,保持50~55℃水温15~30 min,取出冷却后再催芽播种。温汤浸种既能保证种子正常发芽,又能杀死种子表面携带的病原菌,其效果好坏决定于浸种处理时的温度及处理时间。温汤浸种是一种简便、有效的传统消毒方法,适用于多种蔬菜。

(3)热水烫种。烫种可以快速杀灭种子表面携带的病原菌及虫卵。烫种要求水温在70~75℃,水量为种子量的3~5倍,种子需充分干燥,边浸边搅,待种子充分吸水膨胀为止。此法适合于种皮硬而厚、透水困难的种子,如韭菜、丝瓜、冬瓜等。

(4)药剂浸种。药剂浸种是将种子浸泡在一定浓度的药液中,经过5~30 min后取出,洗净、晾干或催芽的一种消毒方法。浸种后要用清水冲洗干净,否则会引起药害。药液用量通常为种子量的1倍。常用药剂有1.0%的硫酸铜液,0.2%的高锰酸钾溶液以及2%的氢氧化钠溶液等。如防治辣椒炭疽病和细菌性斑点病,先用清水浸4~5 h,然后用1.0%硫酸铜液浸5~10 min,取出用清水洗净催芽。0.2%高锰酸钾水溶液浸种15 min可以有效防治蔬菜苗期的立枯病、猝倒病等。氢氧化钠浸种能杀灭菜种内外大部分病毒和真菌,可以有效预防蔬菜病毒病、炭疽病、角斑病和早疫病等。方法是先用清水种浸4 h,然后置于2%的氢氧化钠溶液里浸15 min,最后用清水冲洗,晾18 h,播种。

（二）培育壮苗

有机蔬菜提倡使用育苗钵育苗，育苗基质应使用无病大田的新土。育苗时可以结合使用遮阳网、防虫网进行遮阳、防虫。培育壮苗的主要技术包括苗床消毒、嫁接和基质添加物等。

1. *苗床消毒*　为使用无毒的苗床基质育苗，可以在播种前进行苗床消毒：播种前3～5 d，苗床喷施50倍竹醋液，覆盖地膜密闭；硫磺粉（0.5 kg/m^2）与育苗土（基质）混合后覆盖地膜密闭。

2. *嫁接*　嫁接技术广泛应用于设施黄瓜、茄子等蔬菜的生产，对于防治根结线虫、枯、黄萎等毁灭性土传病害具有明显的防治效果。优质砧木应与接穗有较高的嫁接亲和力和良好的共生亲和力，并具有更强的耐病虫、耐寒、耐热、耐湿和较强的吸水吸肥能力。就茄子生产而言，目前常用的砧木有原产于美洲波多黎各地区的托鲁巴姆，该砧木的主要特点是同时对黄萎病、枯萎病、青枯病、线虫病4种土传病害达到高抗或免疫程度，且值株生长势极强。另外，赤茄、刚果茄、水茄、超托鲁巴姆、托托斯加等也是抗病效果较好的砧木。嫁接适宜期主要取决于砧木的生长状况：过早嫁接，砧木细弱、节间短，操作困难；过晚嫁接砧木木质化程度高，不易成活，茄子砧木茎粗在0.4～0.5 cm时为嫁接适宜期。嫁接方法以劈接、靠接较为常用。

3. *基质添加物*　在育苗基质中添加某些物质，可以起到抑制病害发生的作用。将牛粪、食用菌下脚料、草炭、蛭石按体积比分别为2∶2∶3∶3配制成育苗基质，对番茄、黄瓜苗期猝倒病具明显的抑制作用。在盆栽条件下，通过人工接种发病，相对于菜园土基质而言，其番茄发病率仅为25.7%，黄瓜发病率仅为34.3%。

蚯蚓粪也具有类似功效。蚯蚓粪是蚯蚓对有机废弃物进行生物降解的产物，不但本身具有放线菌等大量有益微生物，而且能够大大提高土壤中的微生物量和微生物活性，有效改善土壤微生物区系，从而间接的控制了病菌的生长、繁殖。盆栽试验表明，在土壤中加入20%的蚯蚓粪对黄瓜苗期立枯病和枯萎病的防治效果高达96.1%。

有机蔬菜育苗需注意，苗床浇水应以根部为主，避免子叶与嫩叶长时间带有水珠。

三、土壤管理和施肥

（一）土壤培肥理论

有机农业理论认为，土壤是个有生命的系统，施肥首先是培育土壤，土壤肥沃了，会增殖大量的微生物，再通过土壤微生物的作用供给作物养分；常规农业则是以大量的化肥来维持高产量。

一般人认为，土壤化学性质的改善靠施肥，物理性质的改善靠深耕和施用有机肥，生物性质的改善靠有机物及微生物，而有机农业土壤培肥是以根—微生物—土壤的关系为基础，进行综合考虑后，再采取措施，使三者的关系协调，通过综合性地改善土壤的物理、化学、生物学特性，使根系—微生物—土壤的关系协调化。

1. 土壤肥料培植了大量微生物　微生物是生态系统的分解者，微生物以土壤的肥料作为食物，使其数量得到大量增殖，所以，土壤的肥力不同，土壤微生物的丰富度、呼吸商、土壤酶活性、原生动物和线虫的数量和多样性均不相同。

2. 根系自身可培养微生物，并具有改良土壤的作用　目前，根际微生物备受关注。所谓根际微生物，就是生活在根际表面及其周围的微生物，作物根不是单方面从土壤吸收养分，也将叶片制造的养分及一部分根的分泌物排放到土壤中。虽然其分泌物的量还不十分清楚，一般认为占光合产物的10%～20%。这些根的分泌物包括糖类和富含营养的物质。土壤微生物以这些分泌物为营养大量聚集到根的周围，并在那里生存、繁殖。此外，根系的分泌物中还包含果胶类黏性比较强的物质，这种物质可将土壤粒子粘在一起，以促进土壤的团粒化。

3. 微生物可以制造和提供根系生长的养分　微生物不仅仅是接受根系的分泌物，还以分泌物为食物进行繁殖，同时制造氨基酸、核酸、维生素、生物激素等物质，供根系吸收。根际微生物把根的分泌物转变成别的形态，将肥料的养分变成根系可吸收的形态供给作物根系吸收，这样，根系与根际微生物共生在一起了。

4. 微生物将土壤养分送至根系　根际微生物具有使作物稳定吸收土壤养分的作用，假如在根的周围可被根吸收的养分(可利用态)很少，微生物靠根的分泌物繁殖，并将土壤中难于被作物吸收的养分(不可利用态)变成容易被作物吸收的养分，或把根系不能到达位置的养分送到根部。所以，微生物具有帮助作物吸收养分的作用。其主要代表是AV菌根菌。

AV菌根菌除了可帮助植物吸收磷元素外，还可帮助作物吸收镁、钙及微量元素，甚至可以防治作物缺铜和缺锌症。

5. 微生物可以调节肥效　当肥料不足时，微生物能促进肥效。在肥料养分过多时，具有缓和肥效的作用，在根的周围具有丰富的有效养分(无机养分)的情况下，根不用借助微生物的作用，就可以吸收足够的养分(常规农业的施肥)。微生物吸收丰富的无机养分贮藏到菌丝体内，使根周围的养分浓度逐渐降低，具有缓和肥效的作用。当肥料不足时，随着微生物的死亡，被菌丝吸收的养分，又逐渐释放出来，被作物吸收，具有促进肥效的作用。这是微生物为了自身的生存而适应环境的结果。当微生物急剧增加时，存在与根系争肥的问题，所以有机农业要求肥料必须经过充分腐熟发酵后再施入土壤，微生物就没有剧增的现象了。

6.微生物制造的养分可以提高作物的抗逆性，改善产品的品质　微生物在活动中或死亡后所排出的东西，不仅仅是 N，P_2O_5，K_2O 等无机养分，还能产生多种氨基酸，多种维生素，还有细胞分裂素、植物生长素、赤霉素等植物激素类生理活性物质，这些生物活性物质刺激根系生长（根系酶活提高），叶芽和花芽形成，果实肥大，固形物增加，作物的生命力增强，抵抗病虫害和不良环境的能力增强，从而减少农药的使用，提高农产品的品质和质量。

（二）有机农业培肥技术

1.肥料种类　肥料种类的选择要求：有机化、多元化、无害化和低成本化。肥料的种类有：农家肥、矿物肥料、绿肥和生物菌肥。

农家肥是有机农业生产的基础，适合小规模生产和分散经营模式，是综合利用能源的有效手段，是有机农业低成本投入的有效形式，可促进有机农业生产种植与养殖的有效结合，可实现低成本的良性物质循环。例如：以种植业为主的有机基地，将种植与养殖结合，既可以为作物和牧草提供优质的有机肥，又可将秸秆等废弃物得到综合利用。有机肥的种类很多，施用方法多样。

（1）粪尿类。该类肥料养分高，含量高，腐熟快，肥效好（速效性肥料），主要包括：

①猪粪尿。质地细，成分复杂在，木质素少，总腐殖质含量高（占碳的25.98%），比牛粪高 2.18%，比马粪高 2.38%。猪尿中以水溶性尿素、尿酸、马尿酸、无机盐为主，pH 中性偏碱。

②鸡粪。养分含量高，全氮为 1.03%，是牛粪的 4.1 倍，全钾 0.72%，是牛粪的 3.1 倍；在堆肥过程中，易发热，氮素易挥发；风干鸡粪氮素损失为 8.7%，半风干发酵鸡粪，损失为 37.2%，鸡粪肥液氮素损失 24.8%。鸡粪应干燥存放，施用前再沤制，并加入适量的钙镁磷肥起到保氮作用；适用于各种土壤，因其分解快，宜做追肥，也可与其他肥料混用做基肥。鸡粪可提高作物的品质，施用鸡粪的小白菜的葡萄糖和蔗糖的含量超过施用豆饼的小白菜；在葡萄上施用鸡粪，可溶性糖和维生素 C 的含量最高，是优质的有机肥。因鸡粪养分含量高，尿酸多，施用量不宜超过 3 万 kg/hm^2，否则，会引起烧苗。

③马粪。马粪纤维较粗，粪质疏松多孔，通气良好，水分易于挥发；马粪中含有较多的纤维素分解菌，能促进纤维分解；因此，马粪较牛粪和羊粪分解腐熟速度快，发热量大，属热性肥料，是高温堆肥和温床发热的好材料。

(2)堆沤类肥料。

①厩肥。厩肥是牲畜粪尿与各种垫圈物料混合堆沤后的肥料,包括猪圈肥、牛栏肥、羊圈肥、马厩肥、鸡窝肥等。

②堆肥。堆肥是利用秸秆、落叶、杂草、绿肥、人畜粪尿和适量的石灰、草木灰等物进行堆制,经腐熟而成的肥料。

在有机农业生产中对堆肥的要求,不仅仅是堆制材料的腐解和养分要求,而且要求通过堆沤的过程,实现无害化目的。无害化以环境卫生、作物健康和保障人民健康为目的,堆肥必须通过发酵,杀灭其中的寄生虫卵和各种病原菌。同时从土壤、植物生长正常要求而言,要通过发酵,杀死各种危害作物的病虫害及杂草种子。在秸秆施用上,通过发酵,要消除秸秆产生的对作物有毒害的有机酸类物质。一些饼粕类物质,也需通过发酵以达到保障作物不产生中毒现象。

③活性堆肥。活性堆肥是在油渣、米糠等有机质肥料中加入山土、黏土、谷壳等,经混合、发酵制成的肥料,是日本从事有机农业生产最常用、最普遍的堆肥方式。利用此法堆制的肥料较一般堆肥具有活性高、营养丰富的特点;在堆肥效果上表现为植株叶变厚,节间变短,果菜类蔬菜坐果稳定,果实光泽好,糖分增加,耐贮藏,不易受病虫害的危害等。

④沤肥。沤肥是另外一种发酵形式,是利用秸秆、山草、水草、牲畜粪便、肥泥等就地混合,在田边地角或专门的池内沤制而成的肥料,其沤制的材料与堆肥相似,所不同的是沤肥是嫌气常温发酵,原料在淹水条件下进行沤制。

⑤沼气肥。沼气肥是有机物在密闭、嫌气条件下发酵制取沼气后的残留物,是一种优质的、综合利用价值大的有机肥料,6～8 m^3 的沼气池可年产沼气肥 9 t,沼液的比例占 85%,沼渣占 15%。沼渣宜做底肥,一般土壤和作物均可施用。长期连续施用沼渣替代有机肥,对各季作物均有增产作用。还能改善土壤的理化特性,土壤有机质积累,达到改土培肥的目的。沼液肥是有机物经沼气池制取沼气后的液体残留物。与沼渣相比,沼液养分较低,但是沼液中速效养分高。属于速效性肥料,而且沼液量多,提供的养分也多。沼液一般作追肥和浸种。作追肥施用可开沟、顺垄条施或普通泼施,增产效果明显。浸种:能提高种子发芽率、成活率和抗病性。此外,沼液可杀虫和防病;对蚜虫和红蜘蛛有很好的防效;对蔬菜病害、小麦病害和水稻纹枯病均有良好的防治和预防作用。

(3)矿物源肥料。矿物源肥料包括磷肥、钾肥、镁肥、钙肥、铁肥、锌肥、硫肥、硼肥、锰肥和钼肥等。

①磷肥。其按磷酸盐的溶解度可分为 3 种类型:难溶性磷肥、水溶性磷肥和弱酸溶性磷肥。其中水溶性磷肥是属于化肥范围,在有机农业中是禁止使用的,如过

磷酸钙，重过磷酸钙；弱酸性磷肥如钙镁磷肥、钢渣磷肥和难溶性的磷矿粉等磷肥可以作为有机农业生产中的磷肥补充。

②钾肥。钾是植物生长必需的营养元素。有机肥、草木灰、天然钾盐和窑灰钾肥等都是有机农业钾肥的来源。植物缺钾时，首先表现在老叶上，随后症状出现在新叶及生长点等处。其症状为老叶和叶缘先发黄，进而变褐，焦枯似灼烧状；叶片出现褐色的斑点或斑块，但叶中、叶脉仍保持绿色。

③钙肥。含钙的肥料包括石灰、钙镁磷肥、磷矿粉和窑灰磷肥等，石灰是最主要的钙肥。

④石灰。石灰包括生石灰（氧化钙）、熟石灰（氢氧化钙）、碳酸石灰（碳酸钙）3 种。

⑤镁肥。镁肥的主要来源于土壤和有机肥，土壤中含镁（MgO）的量为 0.1%～4%，多数在 0.3%～2.5%，主要受成土母质、气候、风化和淋溶程度的影响。北方的土壤中镁的含量均在 1%以上。有机肥中含有大量的镁肥，如厩肥中含镁量为干物质的 0.1%～0.6%。所以，在以有机肥为主要肥源的有机农业中，镁的缺乏不如常规农业普遍。

⑥硫肥。硫肥主要存在在有机质中，土壤有机质含量高，含硫量也高。含硫的肥料有石膏和硫磺。石膏是最重要的硫肥，也可作为碱土的改良剂，农用石膏有生石膏、熟石膏和含磷石膏 3 种。使用时先将石膏磨碎，通过 60 目的筛孔，以提高其溶解度。

⑦铁肥。铁肥主要存在于土壤中，铁在土壤中以二价和三价铁的形式存在，其数量的分配与土壤的酸碱度和氧化还原电位密切相关，当土壤为碱性和氧化还原电位高时，三价铁比例高，而植物吸收的铁是二价铁离子。所以在石灰性土壤和砂质土壤易发生缺铁现象。缺铁的症状主要表现在新叶。其典型的症状是芽及新叶黄白色，叶脉绿色，形成网状。

⑧锌肥。锌是植物生长的必需微量元素，由于土壤的酸碱度、有机质含量、温度和大量施用磷肥常引起植物缺锌而表现出叶变小、叶脉间黄化，节间缩短，形成簇生小叶的现象。缺锌症状在植物间表现普遍，最敏感的作物有玉米、甜玉米、高粱、大豆、荞麦、棉花、蓖麻、番茄、烟叶、向日葵、啤酒花、甘蓝、莴苣、芹菜、菠菜、桃、樱桃、苹果、梨、李、杏柑橘、葡萄木瓜和咖啡等。

⑨硼肥。硼对作物的最重要的影响是促进早熟和改善果实的品质，提高维生素 C 的含量，提高含糖量，降低含酸量。增强作物的抗逆性和抗病性，施硼降低马铃薯疮痂病、甜菜心腐病、萝卜褐腐病、甘薯褐斑病、芹菜折茎病和向日葵的白腐病的发病率。

植物缺硼时，植物新陈代谢紊乱，茎、根生长点枯萎；叶片黄化、落花落果严重，形成缩果病。对硼比较敏感的植物有苜蓿、油菜、花椰菜、芹菜、三叶草、甜菜、苹果、葡萄、甘蓝、向日葵、莴苣等。

⑩锰肥。锰是叶绿素的组成物质，促进种子和果实的成熟。在作物体中不易移动，因此缺锰症从新叶开始。叶脉绿色，成绿色网状，叶脉间失绿，叶片突起，使叶缘起皱。失绿小片扩大连片，出现褐色斑点，呈烧灼状。缺锰症与缺铁症相似，缺铁症叶脉间易变黄白色，缺锰症叶脉间淡绿色，沿叶脉残留绿色。缺锰的土壤主要是北方石灰性土壤。

⑪钼肥。钼可将硝态氮变成铵态氮，促进维生C的合成，钼的供给量与土壤和农业技术措施密切相关。首先，与土壤的酸碱度密切相关，土壤的pH值与有效态钼含量构成如下关系：

$$钼值=pH值+有效态钼(mg/kg)\times 10$$

当钼值≤6.2，土壤中钼供应不足；当钼值为6.2～8.2，视土壤的状况和作物的种类；当钼值≥8.2，土壤中不缺钼。

(4)绿肥。绿肥的主要种类有毛苕子、草木樨、紫穗槐、沙打旺、白花、三叶草、紫花苜蓿、紫云英等。其作用包括：增加土壤氮素与有机质含量。富集和转化上壤养分。绿肥作物根系发达，吸收利用土壤中难溶性矿质养分的能力很强。改善土壤理化性状，加速土壤熟化，改良低产土壤。绿肥能提供较大量的新鲜有机物质与钙素等养分。减少水、土、肥的流失和固沙护坡。改善生态环境。绿肥覆盖能调节土壤温度，有利于作物根系的生长。

2.土壤培肥技术　合理轮作，用地与养地结合是不断培育土壤，实现有机农业持续发展的重要途径，关于有机农业土壤的综合培肥的实践应从以下几个方面入手：

(1)水。水是最宝贵的资源之一，也是土壤最活跃的因素，只有合理地排灌才能有效地控制土壤水分，调节土壤的肥力状况。以水控肥是提高土壤水和灌溉水利用率的很有效的方法。根据具体情况，确定合理的灌溉方式如喷灌、滴灌和渗灌(地下灌溉)等。

(2)肥料。肥料是作物的粮食，仅靠土壤自身的养分是不可能满足作物的需要的，因此广辟肥源、增施肥料，是解决作物需肥与土壤供肥矛盾以及培肥土壤的重要措施。首先要增施有机肥，加速土壤熟化。一般来说，土壤的高度熟化是作物高产、稳产的根本保证，而土壤的熟化主要是由于活土层的加厚以及有机肥的作用。有机肥是培肥熟化土壤的物质基础，有机、无机矿物源肥料相结合，既能满足作物对养分的需求，又能增加土壤的有机质含量，改善土壤的结构，是用养结合的有效途。

(3)合理轮作。合理轮作，用养结合，并适当提高复种指数。复种指数的提高并不是越高越好，关键是要合理。合理地安排作物布局，能充分有效地维持和提高土壤肥力，用养结合是实现高产稳产的手段，也是提高土壤肥力的有效措施。如与豆科作物轮作，利用豆科的生物固氮作用增加土壤中氮素积累，为下茬或当茬作物提供更多的氮素营养。

(4)土地耕作。平整土地，精耕细作，蓄水保墒，通气调温是获取持续产量的必要条件。土地平整是高产土壤的重要条件，可以防止水土流失，提高土壤蓄水保墒能力，充分发挥水肥作用。地面平整还能保证排灌质量，协调土壤水气矛盾，保证作物正常生长；土壤耕作则是指对土壤进行耕地、耙地等农事操作，通过耕作可以改善土壤耕层和地面状况，为作物播种，出苗和健壮生长创造良好的土壤外境，同时耕层的疏松还有利于根系发育以及保墒、保温、通气以及有机质和养料的转化。

总之，有机农业的土壤的培肥不是一朝一夕的事情，不仅要做到土壤水、肥、气、热等因子之间的相互协调，还要使这种协调关系持续不断地保持下去，才能达到持续稳产的目的。

3.健康土壤的评价指标

(1)土层要深厚。土层深厚才能为植物生长提供良好的生长和发育提供充分的水分和营养。

(2)土壤固、液、气三相比例适当。一般土壤中固相为40%，液相为20%～40%，气相为15%～37%。

(3)土壤质地要求疏松。土壤的质地关系到土壤的温度、通气性、透水性以及保水、保肥性能等。质地太沙的土壤通透性好，而保水保肥性差，土壤升温快、土温高。相反，质地太黏的土壤，通气透水性差，而保水保肥性好，土壤升温慢、土温低。因此质地疏松的壤质土，由于上述性能适中，最适合作物根系生长和正常发育。

(4)土壤温度要适宜。土壤温度直接影响到植物根系的生长和活动和土壤生物的生存。

(5)土壤酸碱度要适中。不同作物对土壤酸碱度要求不同。多数作物适应的土壤pH值为6.5～7.5。

(6)土壤有机质。代表土壤供肥的潜力及稳产性，是评价土壤肥力的一个十分重要的综合指标，有机质含量用“%”表示，一般土壤有机质含量高的土壤供肥潜力大，抗逆性强。土壤有机质大于2%为肥沃土壤，1%左右为中等肥力土壤，小于0.5%为瘠薄地。

(7)土壤生物指标。土壤质量和健康生物指标应当包括土壤微生物生物量碳和氮,潜在矿化氮,土壤呼吸和生物氮与有机全氮的比。微生物的生物量、微生物的活性、微生物的群落结构、土壤生物多样性、土壤动物区系、土壤酶均可看作土壤的生物指标。利用生物指标可以监测土壤被污染的程度,反映土地的种植制度和土壤管理耕作水平。

四、病虫草害控制

(一)病虫害草防治的基本原理

有机农业是一种完全或基本不用人工合成的化肥,农药、除草剂、生长调节剂的农业生产体系。要求在最大的范围内尽可能依靠作物轮作,抗虫品种,综合应用各种非化学手段控制作物病虫草害的发生。它要求每个有机农业生产者从作物病虫草等生态系统出发,综合应用各种农业的、生物的、物理的防治措施,创造不利于病、虫、草孳生和有利于各类自然天敌繁衍的生态环境,保证农业生态系统的平衡和生物多样化,减少各类病虫草害所造成的损失,逐步提高土地再利用能力。达到持续、稳定增产的目的。所以,有机农业与常规农业的根本点在于土壤培肥和病虫草害防治技术的不同。这样,从事有机农业生产,既可保护环境,减少各种人为的环境及食品污染,又可降低生产成本,提高经济效益。

常规农业病虫害防治的策略是治理重于预防(对症下药、合理用药),着眼点是作物—害虫,以害虫为核心,以药剂为主要手段;有机农业病虫害防治的策略是以预防为主,使作物在自然生长的条件下,依靠作物自身对外界不良环境的自然抵御能力提高抗病、虫的能力,人类的工作是如何培育健康的植物和创造良好的环境(根部、树冠和周围的环境条件),对害虫采取调控而不是消灭的"容忍哲学",有机农业允许使用的药物也只有在应急条件下才可以使用,而不是作为常规的预防措施。所以,建立不利于病虫害发生而有利于天敌繁衍增殖的环境条件是有机生产中病虫害防治的核心。常规农业病虫害防治策略与有机农业病虫害防治策略的比较见图 9.1。

(二)植物病害防治技术

1.植物病害的诊断技术　植物病害的诊断包括田间(宏观)诊断和室内(微观)诊断,田间诊断要特别注意观察病株的分布特点,然后仔细观察病株地上部和地下部各个器官,找出发病部位,必要时借助放大镜全面观察记载病状和病症,找准典型症状。在观察症状的同时,观察和了解立地土壤的质地和性质、地形地势、周边环境、气候条件、栽培管理措施等。综合观察和了解的情况,根据发生特点,判断是

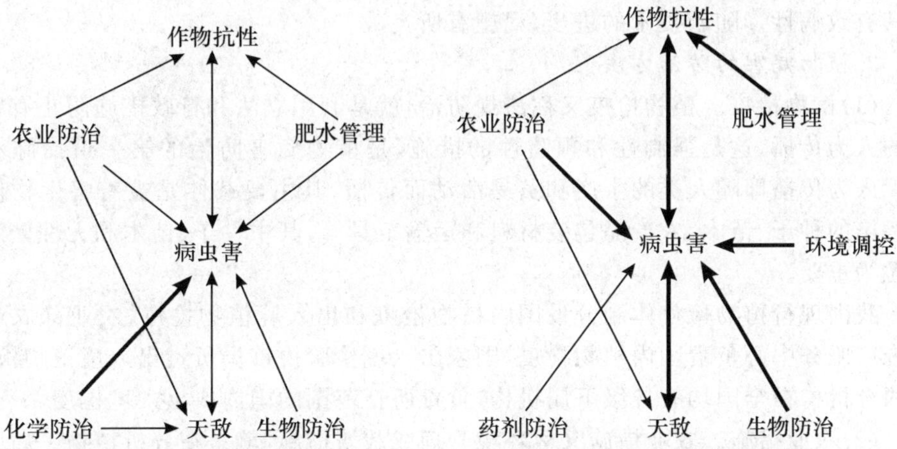

常规农业病虫害防治策略　　有机农业病虫害防治策略

图 9.1　常规农业病虫害防治策略与有机农业病虫害防治策略的比较

传染性病害还是非传染性病害，当田间诊断不足以判断时，要结合室内的检查和分析来鉴定。

对于常发病害的病原物鉴定，首先要根据症状特点初步确定是哪一类病原物引发的病害，如真菌、细菌、病毒、线虫等，然后再有针对性地进行检查。对于真菌性病害，如果并组织上有明显的病症，就可以直接挑取病症进行显微镜观察；如果没有明显的病症，就要通过保湿培养来诱导病症的产生，或从发病部位用分离培养的方法分离纯化病原菌，观察菌落特征，并通过显微镜检查菌丝形态、孢子形态等，参考有关的资料作出鉴定。对于细菌性病害，要取一小块发病部位与健康部位交界处的组织，放在载玻片上的无菌水滴中，加盖玻片后在显微镜的低倍镜下用暗视野观察，如果组织中有雾状物流出（菌溢），就是细菌性病害，如果要确定是哪一种细菌，就要通过复杂的分离培养和生理生化鉴定。对于病毒病害，除了观察其症状外，还要通过观察病组织细胞内的内含体形态、接种鉴别寄主植物和血清学反应等方法来确定具体的病毒种类。对于线虫性病害，要剖开病组织，放在带有凹穴的载玻片上的水滴中，在解剖镜下观察线虫的形态特征，要注意植物病原线虫是寄生性的，口腔内有口针。

对于新病害的病原物鉴定，要遵守柯赫氏法则，要对病原物进行分离纯化，然后回接到原寄主植物上获得与田间原有症状相同的症状来证明其有致病性。但是对于专性寄生（不能人工培养）的病原物还不能进行分离培养，不能获得纯培养物进行回接，也有些病原物还没有找到成功的接种方法使寄主植物发病，因此无法证明其有致病性。随着技术的进步,渴望有所突破。

2.植物病害的防治方法

(1)植物检疫。植物检疫又称法规防治,就是利用立法和行政措施防止有害生物的人为传播,这是强制性和预防性的措施,是植物病害防治的第一道措施和防线。人为传播即随人类的生产和贸易活动而传播,其主要载体是被有害生物侵染或污染的种子、苗木、农产品包装材料和运输工具等,其中种子、苗木和无性繁殖材料尤为重要。

我国现行植物检疫体制分设国内植物检疫和出入境植物检疫,农业部农业技术推广服务中心负责国内植物检疫,国家出入境检验检疫局负责出入境植物检疫,这两个机构在全国均有各级下属机构,负责所辖范围的国内或出入境检疫。

(2)农业措施。农业措施又称环境管理或栽培措施,就是在分析植物—病原—环境三者相互关系的基础上,运用各种农业调控措施,创造有利于植物生长发育而不利于病原繁殖的环境条件,压低病原数量、提高植物抗病性。

通过建立无病种子繁育基地或脱毒快繁基地生产和使用无病种子、无性繁殖材料或苗木,对于种子传播的病害具有较好的防效。

合理的种植制度可以调节农田生态环境,改善土壤肥力和物理性质,从而有利于作物生长发育和有益微生物的繁衍,还可以减少病原物的存活。轮作是有机栽培最基本的要求和特性之一,轮作的原则要先根据病原物的寄主范围(即病原物危害植物的种类)考虑轮作作物的种类,然后再根据病原物在土壤中存活的时间确定轮作的年限。合理的轮作可以是病原物因缺乏寄主(营养)而消亡,例如用葫芦科以外的作物轮作3年能有效地防治瓜类镰刀菌枯萎病和炭疽病。实行水旱轮作,旱田改水田后病原菌在淹水条件下很快死亡,可以缩短轮作周期,例如防治茄子黄萎病和十字花科蔬菜菌核病需轮作5～6年,而改种水稻后只需1年。合理的间作对有些病害也有防治效果。

嫁接和胚轴切断法可以诱导植物提高抗病性。

改善立地条件、优化温湿光水肥管理等均是有效的防病栽培措施。立地条件不仅是直接种植目标植物的土壤条件和地理环境,还包括周边环境,如不能有工厂等化学污染源,不能种植不适宜的植物,梨树周围有刺槐会加重炭疽病的发生,梨树和苹果树周围有柏树会加重锈病的发生。合理调节温度、湿度、光照和气体组成等要素,创造不利于病原菌侵染和发病的生态条件,对于温室、塑料棚、日光温室、苗床等保护地病害防治和贮藏期病害防治有重要意义,但需要根据不同病害的发病规律进行调节。水肥管理与病害消长关系密切,氮肥过多降低植物抗病性,因此要注意氮磷钾的配合使用,平衡施肥。灌水过多加重根病的发生。

生长季节拔除病株、作物收获后彻底清楚田间病残体，集中深埋或烧毁，保持田间卫生可以有效地减少越冬或越夏有害生物数量。

(3)生物防治。广义的生物防治是指利用除了人以外的各种生物因素控制植物病害；狭义的生物防治仅指利用拮抗微生物防治植物病害。利用有益微生物进行的生物防治措施是通过调节植物的微生物环境来减少病原物接种体数量，降低病原物致病性和提高植物的抗病性。生物防治对于土传病害防治效果较好，当然也可用于防治叶部病害和采后病害。

生防菌可以产生抗菌物质，抑制或杀死病原菌；菌体也可能直接与病菌有竞争作用(也称占位作用)，即对植物体表面侵染位点的竞争和对营养物质、氧气和水分的竞争，通过竞争作用抑制病原菌的繁殖和侵染；生防菌及其代谢产物还可能诱导植物的抗病性。

植物病害的生物防治主要通过两条途径来进行：一是直接施用外源生防菌；二是调节环境条件使已有的有益微生物群体增长并表现拮抗活性。抗根癌菌剂(放射土壤杆菌)防治园艺植物根癌病是生物防治最经典的例子，它效果好，稳定性好；拮抗性木霉制剂处理作物种子或苗床，能有效控制由腐霉菌、疫霉菌、核盘菌、立枯丝核菌和小菌核菌侵染引起的根腐病和茎腐病；含酵母菌的2%氯化钙水溶液浸渍果实可以抑制苹果果实灰霉病、青霉病、柑橘果实绿霉病、青霉病和桃果实褐腐病；菌根可以提高土壤中的有效磷，提高植物抗病性，还可以产生抑制病原物的物质，限制病原物的繁殖和侵染；增产菌等微生态调节制剂可以促进植物生长，抑制有害病菌。要通过调节土壤环境来增强有益微生物的竞争力可以向土壤中添加有机质，如作物秸秆、腐熟的厩肥、绿肥、纤维素、木质素、几丁质等，提高土壤碳氮比，这种方法可以显著减轻多种根病。另外，也可以利用耕作和栽培措施调节土壤酸碱度和土壤物理性状来提高有益微生物抑制病害的能力，例如，酸性土壤有利于木霉菌的孢子萌发，增强对立枯丝核菌的抑制作用，而碱性土壤有利于生防菌荧光假单胞菌抑制病害的作用。

(4)物理防治。物理防治主要利用热力、冷冻、干燥、电磁波、超声波、核辐射、激光等手段抑制、钝化或杀死病原物，达到防治病害的目的。物理防治方法多用于处理种子、苗木、其他无性繁殖材料和土壤，核辐射也可用于处理食品和贮藏期农产品，处理食品时需符合法定的安全卫生标准。

干热处理法主要用于蔬菜种子，对多种种传病毒、细菌和真菌都有防治效果。例如，70℃干热处理2～3 d黄瓜种子可防治绿斑花叶病毒。不同植物的种子其耐热性有差异，处理不当会降低发芽率。豆科作物种子耐热性弱，不宜干热处理。处理含水量高的种子应预先干燥，否则会受害。

用热水处理种子和无性繁殖材料称为“温汤浸种”，利用植物材料与病原物耐热性的差异，选择适宜的水温和处理时间来杀死种子表面和内部传带的病原物而不损害植物。大粒豆类种子水浸后容易吸胀脱皮，不宜于热水处理，可以用植物油、矿物油等代替水进行处理。

冷冻处理可以控制采后病害，虽然冷冻本身不能杀死病原物，但可以抑制病原物的生长和繁殖。另外，一些特殊颜色和物理性质的塑料薄膜也可用于防治蔬菜病害，例如，蚜虫忌避银灰色和白色膜，因此，用银灰反光膜或白色尼龙纱覆盖苗床可以减少传毒介体蚜虫的数量，减轻病毒病害；夏季高温期铺设黑色地膜，吸收日光能，使土壤升温，可杀死土壤中多种病原菌。

（三）植物虫害防治技术

1. *种群数量监测技术* 害虫对作物的危害与害虫的数量和危害强度呈正相关，只有当害虫的数量达到一定数量（即经济阈值），超过植物的补偿临界点时，其危害才真正影响作物的生理活动和生产量。所以，在有机农业病虫害防治中，并不是见到害虫就喷药，而是当害虫的种群数量达到防治指标时，才采取直接的控制措施，实施这一措施的理论依据就是在正确理论指导下，应用正确的监测方法，对害虫的种群动态做出准确的预测。

害虫的监测方法包括利用害虫的趋性和直接取样调查法。利用趋性监测包括利用害虫的趋化性（信息素和食物）和趋光性。

用昆虫信息素监测和防治害虫：昆虫的信息素是由昆虫本身或其他有机体释放出一种或多种化学物质刺激、诱导和调节接受者的行为，最终的行为反应可有益于释放者或接受者。在有机农业中，防治害虫的方法很多，已采用的有生物防治、农业防治、物理防治和药剂防治等措施。比较完善的防治害虫措施，必须采用综合防治的办法，在有利于增产的前提下，采取各种有效的措施抑制害虫的发生和发展。

有机体与外界环境条件的统一是我们认识害虫大发生的一个重要理论依据。当外界环境条件适合害虫本身的需要时，害虫就可能猖獗。如果人为地打破了害虫发生与环境条件的统一，使它们产生了矛盾，从而害虫的生长、发育、繁殖甚或成活等会受到威胁。根据研究了害虫的食性、季节消长切断食物链和发生规律等的特点和它们与植物种类、栽培制度、管理措施、小气候等环境条件的密切关系，就有可能从理论上探讨抑制害虫发生的途径。例如消灭虫源、切断食物链索、改变害虫与寄主植物的物候关系、恶化害虫繁殖条件和控制害虫蔓延等。

2.植物害虫的控制技术

(1)农业防治。农业防治的方法包括以下几点:

①消灭虫源。虫源系指害虫在侵入农田以前或虽已侵入农田但未扩散严重为害时的集中栖息场所。根据不同害虫的生活习性,可把害虫迁入农田为害的过程,分为4种情况:第一,害虫由越冬场所直接侵入农田(或在原农田内越冬)为害。采用越冬防治是消灭虫源的好办法。第二,当害虫已进入越冬期,可开展越冬期防治。第三,越冬害虫开始活动后先集中在某些寄主上取食或繁殖,出后再侵入农田为害。把它们消灭在春季繁殖"基地"。第四,害虫虽在农田内发生,但初期非常集中,且为害轻微,应把它们消灭在初发期。

②恶化害虫营养和繁殖条件。害虫取食不同品种的植物,对于同种植物的不同生育期或同一植株的不同部位,常有较严格的选择。作物品种的形态结构不同可直接影响害虫取食、产卵和成活。研究害虫的口器和取食习性、产卵管和产卵习性及幼虫活动等,参照作物的形态结构,选育抗虫品种,从而为恶化害虫取食条件提供依据。

③改变害虫与寄主植物的物候关系。许多农作物害虫严重为害农作物时,对作物的生育期都有一定的选择。改变物候关系的目的是使农作物易遭受虫害的危险生育期与害虫发生盛期错开,从而使农作物受害减轻。

④环境因素的调控。害虫发生除与大气条件有关外,农田小气候的作用也十分明显。在稀植或作物生长较差的情况下,农田内温度增高而湿度相应下降,对适合在高温低湿条件下繁殖的蚜虫和红蜘蛛是十分有利的。而在作物生长旺盛和农田郁蔽度大的情况下,对一些适于在高湿条件下繁殖的棉铃虫、夜蛾是有利的。

⑤切断食物链索。害虫在不同季节、不同种类或不同生育期的植物上辗转为害,成了一个食物链索。如果食物链索的每一个环节配合得很好,食料供应充沛,就可能猖獗发生。如采取人为措施,使其食物链某一个环节脱节,害虫发生就受到抑制。

⑥控制害虫蔓延。害虫的蔓延为害与其迁移扩散能力有关。对于迁飞能力很弱的害虫,则可通过农田的合理布局、间作和套作等以控制害虫相互蔓延为害。

(2)生物防治。

①天敌昆虫的保护技术。

栖境的提供和保护　天敌昆虫的栖境包括越冬、产卵和躲避不良环境条件等生活场所。如草蛉几乎可以取食所有作物上的蚜虫及多种鳞翅目昆虫的卵和初孵幼虫,且某些草蛉(大草蛉)成虫喜栖于高大植物。因此,多样性的作物布局或在成片种植乔木或灌木提供有利于天敌的栖息的场所,能有效地招引草蛉。越冬瓢虫的保护是扩大瓢源的重要措施，它是在自然利用瓢虫的基础上发展起来的。

提供食物　捕食性昆虫可以随着环境变化选择它们的捕食对象。它们在产卵前只需很少食物，因为幼虫（若虫）期已为生长发育积累了足够的营养。捕食性昆虫的捕食量与其体型大小有关，另一方面，也与被捕食者的种群数量和营养质量有关。对猎物捕食的难易程度与捕食者的搜索力，猎物种群大小、空间分布型和生境内空间障碍有关。有些捕食性昆虫在产卵前除了捕食一些猎物外，还要取食花粉、蜜露等物质后方能产卵。

庇护场所　提供良好的生态条件，不仅有利于天敌的栖息、取食和繁殖，同时也有利于躲避不良的环境条件，如人类的田间活动，喷洒农药等。

②天敌昆虫的自然增殖技术。通过生态系统的植物多样化种植为天敌昆虫提供适宜的环境条件，丰富的食物和种内、种间的化学信息联系，昆虫天敌在一个舒适的生活条件下，使自身的种群得到最大限度地增长和繁衍。

③生态系统内的植被多样性化技术。在农业生态系中，单一的耕作方式，已愈来愈不适应目前病虫害综合治理的要求。自 20 世纪 80 年代后，世界各国均力求从改善生态环境，增加植被多样性来控制农田生态系中病虫害的发生。植被多样化是指在农田生态系统内或其周围种植与主栽作物有密切直接或间接依存关系的植物，通过利用这些植物对环境中的生物因素进行综合调节，达到保护目标植物的目的，同时又不对另外的生物及周围环境造成伤害的技术。它强调植物有害生物的治理措施由直接面对害虫转向通过伴生植物，达到对目标植物与其有害生物和有益生物的动态平衡；强调有害生物的治理策略要充分利用自然生态平衡中生物间的依存关系，达到自然控制的目的。

④天敌昆虫的释放技术。天敌昆虫的增强释放，是在害虫生活史中的关键时期，有计划地释放适当数量的饲养的昆虫天敌，发挥其自然控制的作用，从而限制害虫种群的发展。

赤眼蜂的释放技术：赤眼蜂的田间增强释放是一项科学性很强的应用技术，必须根据柞蚕和赤眼蜂的发育生物学和田间生态学原理，赤眼蜂在田间的扩散。分布规律、田间种群动态及害虫的发生规律等，来确定赤眼蜂的释放时间、释放次数、释放点和释放量。以做到适期放蜂，按时羽化出蜂，使释放后的赤眼蜂和害虫卵期相遇几率达 90%以上，获得理想的效果。

⑤天敌的招引术。招引和助迁瓢虫：在自然情况下越冬的瓢虫，由于天敌和气候的影响会造成大量死亡。因此，在瓢虫越冬前进行人工招引是保护瓢虫安全越冬，积累大量虫源的积极措施。招引箱能招引大量瓢虫入箱越冬。

⑥天敌诱集技术。

蜜源诱集　许多天敌昆虫需补充营养，特别是一些大型寄生性天敌，如姬蜂，若缺少补充营养，就会影响卵巢发育，甚至失去寄生功能。如有补充营养，小型寄生蜂也能延长寿命，增加产卵量，一些捕食性天敌如瓢虫和螨类，在缺少捕食对象时，花粉和花蜜是一种过渡性食物。因此在田边适当种一些蜜源植物，能够诱引天敌，提高其寄生能力。土蜂是金龟子的有效天敌，为了寻找补充营养，往往飞得很远，在有伞形花科植物荷兰芹等蜜源植物的地方，能招引大量土蜂前来取食，同时寄生于当地的蛴螬，其寄生率显著高于缺乏这种植为的地方。柑橘园有一种胜红蓟杂草；蓟上的花粉和其上的啮虫是柑橘红蜘蛛的天敌——钝绥螨的食料，因此橘园下面适当种植蓟类杂草，能起到稳定柑橘园中捕食螨种群的作用，有利于控制柑橘害螨发生为害。

食物诱集　很多寄生蜂早期因找不到寄主而死亡。当害虫发生时，由于天敌的基数低而不能充分发挥作用。一些捕食性天敌在早期也有滞后现象，即发生时间比害虫迟。为克服天敌和害虫发生时间的脱节现象，利用伴生植物"以害繁益"，可使经营作物上大敌得到大量补充，起到与害虫同步发展，以益灭害的作用。中国农业大学植保学院在苹果园中种植紫花苜蓿和油菜，同时保留果园的有益杂草，为捕食性天敌——东亚小花蝽提供植食性的花粉、花蜜和动物性猎物蚜虫，使小花蝽的数量增加 5～10 倍，蚜虫、红蜘蛛的密度降低了 60％以上；由于地面游猎性蜘蛛的捕食，使得桃小食心虫的数量一直在经济危害水平以下。在苹果园内伴生苕子，利用苕蚜大量繁殖天敌，控制苹果树上的蚜虫和螨类，取得理想的防治效果。

大田作物也是如此，利用冬油菜春种，伴生在棉田内，其上繁殖了大量的蚜虫、菜青虫等；诱集和繁殖了大批捕食性和寄生性天敌，如蜘蛛、草蛉。蚜茧蜂、小花蝽等，使早期棉田益害比在 1∶15 以内，有时甚至天敌超过棉蚜，不仅对整个苗期蚜虫起到防治作用，而且对"伏蚜"也有推迟和减轻作用。

栖境诱集　利用伴生植物改变田间小气候，创造有利于天敌活动，不利于害虫发生的环境条件，也能起到防治害虫的作用。防护林能降低风速，增加湿度，有利于小型寄生蜂活动，甘蔗地套种绿肥。能减少田间温度和湿度的变化幅度，为赤眼蜂活动提供有利条件，从而增加对蔗螟卵的寄生。白菜地间作玉米，能减低地表温度，提高相对湿度，可明显减少蚜虫发生。

伴生植物是天敌不可缺少的生存空间，伴生植物不仅是天敌的繁衍场所，而且也是天敌躲避不良环境（气候条件和喷洒农药）和人为干扰的庇护场所。试验证明，在种植伴生植物的果园，当喷洒农药后，天敌种群恢复到喷药前水平所需要的时间是无伴生植物果园的 1/2。

利它素诱集　天敌的保护、增殖技术对增加天敌的数量,调节益害比具有重要作用,但是,这些措施大部分局限在被动的利用天敌,以发挥天敌的自然调节作用为主。在自然界中,害虫的发生是从局部开始的,有时需要在害虫发生的初期,将分散的天敌集中,集中力量消灭害虫。这就需要更具吸引力的物质或手段,主动或被动地迁移天敌。主动的措施可以通过喷洒人工合成的蜜露来实现。经过多年的研究,已经证明了很多植食性昆虫的寄生性和捕食性天敌,是通过植食性昆虫的寄主植物某些理化特性,如植物外观,挥发性物质对它们的感觉刺激来寻找它们的寄主和捕食对象的,例如:草蛉可被棉株所散发的丁子香烯所吸引(Flint 等,1979);花蝽可被玉米穗丝所散发的气味所引诱而找到其捕食对象——玉米螟和蚜虫,另外,植物的化学物质可帮助捕食性天敌寻找猎物,如色氨酸对普通草蛉的引诱作用(Hagen, K. S. ,1976),龟纹瓢虫对豆蚜的水和乙醇提取物也有明显的趋向(宗良炳,1991)。这些植物、动物间的化学信息流,对自然界天敌的导向是十分明显的。捕食性天敌利它素对天敌行为的影响,使人们由对天敌的被动(自然)利用变成主动利用,根据害虫发生程度,可改变天敌在农业生态系中数量分布如在苜蓿地喷洒草蛉的化学行为物质,使在高空中迁飞的草蛉在挥发性气味的诱导下下降,并停留在草蛉化学行为物质处理区域,大大提高了草蛉对害虫的控制能力。小花蝽在趋向滴有夏至草和蚜虫的化学粗提物区域,表现出不同的行走轨迹和行为反应。小花蝽对夏至草和蚜虫提取液的活性区均表现出相同的兴奋反应,即不断用喙在滤纸上探寻,并上举前翅,腹部震颤,滞留作用。小花蝽到达活性区后,在直径约为 2 cm 活性区内停留达 15 s 以并伴随有觅食行为。

(3)害虫行为控制技术。昆虫在进化过程中,对自然界形成了很好的适应。由于趋向、交尾等生命活动过程中的需求,能够对环境条件的刺激产生本能性的反应。昆虫对某些刺激源(如光波、气味灯)的定向(趋向或躲避)运动,称之为趋性。按照刺激源的性质又可分为趋光性、趋化性等。

①趋光性。昆虫易于感受可见光的短波部分。对紫外光中的一部分特别敏感。趋光性的原理就是利用昆虫的这种感光性能,设计制造出各种能发出昆虫喜好光波的灯具。配加一定的捕杀装置而达到诱杀或利用的目的。

黑光灯　能够发出多数害虫较敏感的 3 600 Å,诱虫效果良好。据大面积试验,黑光灯对玉米螟、蝼蛄、棉铃虫、金刚钻、金龟子等 10 余种害虫,均有良好诱杀效果:对玉米螟,平均相对效果为 75.1%,对棉铃虫,可压低虫卵密度,相对效果为 60%～80%,基本稳定在 70%左右,同时减少了防治次数,有效蕾铃被害减轻;对蛴螬,可降低虫口密度,相对效果达 70%～80.8%。诱杀害虫的数量也很惊人,一夜一灯诱杀蝼蛄最多达 2 453 头,诱杀棉铃虫 255 头;福建朝阳测报点水稻害虫盛发期,三晚平均一灯一夜诱杀二化螟、三化螟、稻纵卷叶螟、黑尾叶蝉、白背飞虱等主要害虫,分别达14 240,2 720,750,41 870,90 930头。

高压汞灯　200 W或450 W的高压汞灯,置于开阔地,灯距为150 m,捕虫器为直径1.2 m,高0.06 m的圆形水池,池中放水并加少许的洗衣粉。灯具安置在一个固定的三角架上,灯泡底部距水面0.15 m。此灯光波为3 200～5 800 Å,对玉米螟、斜纹夜蛾、金龟子、蝼蛄、小地老虎等害虫有强烈的诱集作用。既可诱杀雄蛾,也可诱杀雌蛾(占45.6%)。

黄板(黄盘)诱杀　许多害虫具有趋黄性,试验证明,人工将涂有黄颜色的黄板或黄盘,放置一定的高度,可以诱杀蚜虫、温室白粉虱、潜叶蝇等害虫。

②趋化性。

糖醋诱蛾　很多夜蛾类(特别是地老虎与黏虫)、叩头虫等对一些含有酸酒气味的物质有着特别的喜好。根据这种情况,很早就设计出许多诱虫液来预测和防治这些害虫。随着有机农业研究和实践的深入,诱虫液的成分和使用技术进一步得到了发展和提高,成为防治一些害虫的有力工具。

③嗜食性。

植物诱杀　杨树枝把诱蛾。由于杨树枝把等含有某种特殊的化学物质,对棉铃虫有很好诱集能力,是进行棉铃虫测报及开展群众灭蛾运动的有效措施。此外,还可诱到小地老虎、红铃虫、造桥虫、斜纹夜蛾、卷叶虫、大卷叶虫、金刚钻、黏虫、豆天蛾等。一些地区所作的试验表明除杨树外,柳树、榆树等也有较好的诱蛾效果。

诱杀金龟子的植物　用有毒而又是某些害虫嗜食的植物作为伴生植物,诱杀害虫。在自然界具有这种特性的植物不多,因而应用也有限。蓖麻诱杀金龟子,紫穗槐诱杀金龟子:大黑金龟子、黑皱金龟子等嗜食蓖麻叶,食后不久即麻痹。大都不能复活。在山东的试验表明,用蓖麻作为花生地伴生植物,于起垄前播种,每亩种植300株蓖麻;在金龟子成虫发生时每株蓖麻可毒死3～4头金龟子,后期花生虫果率可降至5%以下,虫口减退率达87.5%。另外,已知七叶树和天竺葵的花对日本丽金龟有毒害作用。

利用害虫对某些植物的喜好性和嗜食性的特点,适量种植该植物,作为害虫的诱集植物,达到集中消灭的目的。菜粉蝶:目前已证实一些植物中含有的一类植物次生化学物质——硫代葡萄糖苷及其酶解产物异硫氰酸酯(芥子油)是菜粉蝶雌蝶产卵的信号化合物和幼虫取食的指示剂。菜粉蝶成虫位于前足跗节的化感器能灵敏地感觉到芥子油的气味。这是菜粉蝶与植物在漫长的进化过程中相互适应的结果。小菜蛾危害严重的主要原因在于全年大面积种植十字花科蔬菜,为小菜蛾提供了不间断的食物,十字花科蔬菜品种和菜龄与小菜蛾的发生有关。在小菜蛾成虫诱集产卵试验中，寄主植物分别为芥菜、甘蓝、青菜、萝卜，其结果有十字花科寄主植物的处理，小菜蛾的产卵量是无寄主植物的 2～3 倍；不同寄主植物表现出不同的诱集效果；芥菜的诱集性最强；产卵量最高，平均每雌产卵 487 粒；其次是萝卜，产卵量是 332 粒。温室白粉虱嗜食茄子、番茄、黄瓜、豆类、草莓、一串红。向日葵等叶背多毛植物，所以上茬黄瓜、番茄、菜豆，下茬应安排甜椒、油菜、菠菜、芹菜、韭菜等茬口，可减轻温室白粉虱的危害。

④陷阱诱捕法。调查夜间在地面活动的害虫（如蝼蛄）或益虫（如步行虫）时，可以利用陷阱法。陷阱可以用罐头盒或瓦罐在单位面积中按一定数量及分布埋入土中，罐口与地面平。罐内可以放入昆虫喜吃的食物作为诱饵。被食物引诱来的昆虫即落入陷阱中而不能逃出。用这种方法进行调查或诱捕的昆虫，只限于不太飞行的种类。为了防止罐壁积水，罐底应开几个小孔。罐内装的诱饵因调查和诱集的对象昆虫不同而异。改换诱饵也就能诱来不同的昆虫。

⑤激素诱杀。用性诱剂防治，作用方式有两种。一是利用性诱剂对雄娥强烈的引诱作用捕杀雄蛾，这种方法称诱捕法。另一途径是利用性信息素挥发的气体弥漫于棉田来迷惑雄蛾，使它不能正确找到田间雌蛾的位置。这种方法称为干扰交配法或称迷向防治。雄蛾的死亡和迷向都会减少雌蛾交配率，抑制下代种群数量。

⑥害虫驱避技术。植物受害不完全是被动的，它可利用其本身有些成分的变异性，对害虫产生自然抵御性，表现为杀死、忌避、拒食或抑制害虫正常生长发育。种类繁多的植物次生性代谢产物，如挥发油、生物碱和其他一些化学物质、害虫不但不取食，反而避而远之，这就是忌避作用。例如，除虫菊、烟草、薄荷、大蒜等对蚜虫都有较强的忌避作用。在菜粉蝶羽化盛期，采用“B 油散发器”挥发薄荷气味驱避菜粉蝶在甘蓝上产卵。

在甘蓝行间间种菜薹、箭舌豌豆、豆科作物可使由于跳甲造成的损失从 51% 降至 5%～8%。

棉田套种绿肥胡卢巴，由于它的香豆素气味，能减少棉蚜的数量，同时也不利于蚜虫的繁殖和为害。辽宁省义县农科所曾作过试验；当棉花和胡卢巴以 2∶1 间作时，平均可使棉蚜减少 72.4%，棉卷叶下降 74.4，可以少用药 3～4 次。

利用菜青虫寡食性的弱点，在生产上避免大面积连片连茬种植甘蓝类作物，特别是避免夏季栽种甘蓝，切断菜青虫食物链，使其不能在全年世代接替。

西红柿与甘蓝间作，西红柿散发拒避菜粉蝶产卵的番茄素，使菜粉蝶的产卵量降低。

(4)物理防护技术。通过物理方法隔离害虫，切断害虫迁入途径，从而达到保护植物,防治害虫的目的。

①防虫网。夏秋季节是蔬菜害虫危害最为严重的时期,传统蔬菜生产中,常以化学防治为主,菜农的多次使用,会使害虫抗药性增强,蔬菜农药残留量增。在有机农业中,夏秋高温多雨季节,用防虫网覆盖栽培蔬菜,不但能保证蔬菜产品的安全卫生,而且还有促进蔬菜生长的作用。研究表明,防虫网覆盖能有效地抑制害虫的侵入和危害,如防虫网覆盖,对斜纹夜蛾、甜菜夜蛾的相对防效达80.9%～100%。防虫网覆盖还有明显防暴雨冲打作用,叶片完好率达100%,有效减少了病害的发生。

②水果套袋。果实套袋可以用最少的农药达到防治病虫害的目的,且因果实外有拒水袋的保护,农药无法与果实接触,可大大减少果实中的农药残。有机农业禁止使用化学合成的农药,在有机水果生产中大力推广和使用水果套袋无疑是生产中的最实用、最简单、最易操作的措施。

③银灰色薄膜避蚜。国外在用黄皿诱蚜过程中发现未涂黄色的铝皿不去蚜虫,从而发现铝光有避蚜作用。美国史密斯曾用铝箔覆盖50%地面,避蚜效果可达96%,覆盖30%,避蚜效果达70%。近年来我国各地一些试验证明,用银灰色反光塑料薄膜在蔬菜育苗时覆盖,避蚜效果十分显著,从而减少了蚜虫在蔬菜苗期的传毒作用,增产效果十分显著。

(5)药剂防治。

①植物源杀虫剂。我国植物源农药资源十分丰富,有着开发植物源农药制剂的极为优越条件。在我国近3万种高等植物中,已查明约有近千种植物含有杀虫活性物质。

20世纪80年代以来,我国植物源杀虫剂的研制得以广泛开展,研究得比较深入的有楝科、卫矛科、杜鹃花科、瑞香科、茄科、菊科等植物。

例如,对蚜虫防治效果较好的植物有:蓖麻壳、蓖麻叶、厚果鸡血藤、苦桃、独角莲、木通、蛇床子、细辛、野棉花、巴豆、斑蝥、半边莲、大蒜、洋葱、柏树叶、百部、野菖蒲根、藜芦、核桃皮、苦葛、皂荚、闹羊花、茶饼、生姜、红藤、烟叶、苦参、臭姑娘、鱼藤、鸡血藤、除虫菊、无患子。

具有增效作用的植物有:芝麻素和细辛素对除虫菊有增效作用;斑蝥加藜芦;藜芦加百部;芝麻加苦葛对蚜虫有增效作用;斑蝥加肥皂;蓖麻加肥皂对二十八星瓢虫有增效作用。最显著的是厚果鸡血藤的种子加野花椒叶,100倍水浸液仍有100%的效果。

对昆虫有强烈的驱避作用的植物有:主要有樟、桉、楝、肉桂、檀香、野薄荷、土荆芥、夜来香、玫瑰、丁香、番荔枝、芫绥、香附、使君子、花椒、鸦胆子、茴香、黄皮和芸香等。

对昆虫有强烈的拒食作用的天然物质有：柑橘、辣蓼、酒饼叶、楝和日本常山等植物。

具有商业开发价值的植物有：川楝、花椒和雷公藤等。

影响昆虫激素平衡的植物有：藿香蓟、万寿菊和香茅等。

使昆虫绝育的植物和物质有：喜树硷、姜油和维生素 H 等。

属于其他类的还有鱼藤、巴豆、除虫菊、博落回和罂粟等。

商品植物源杀虫剂　近年研制成功的一些植物农药有：4%鱼藤粉剂，5%和7.5%鱼藤乳油（鱼藤精）；100%苦楝油原油（淡棕褐色），37%苦楝乳油；5%除虫菊（松节油）乳剂或3%除虫菊微囊悬浮剂；40%硫酸烟碱；茶籽饼；0.65%茴蒿素杀虫水剂；0.36%苦参碱水剂；棉铃清水剂；生物碱杀虫剂。

②微生物源杀虫剂。在自然界中，微生物广布于土壤水和空气中，尤其以土壤中为最多，各类微生物资源非常丰富。微生物农药是对自然界中微生物资源进行研究和开发利用的一个方面，此类农药可对特定的靶标生物起作用，且安全性很高，它是由微生物本身或其产生的毒素所构成。在实际应用中，主要包括微生物杀虫剂、微生物杀菌剂和微生物除草剂等，目前已经了解自然界中有 1 500 种微生物或微生物的代谢物具有杀虫的活性。目前，真正用于农林害虫防治的微生物很多，他们是细菌、真菌、病毒、原生动物等。

昆虫病原经过传播扩散和再侵染，可使病原扩大到昆虫的整个种群，在自然界中形成疾病的流行，而起到抑制种群的作用。

昆虫病原微生物依病原的不同可分为细菌、真菌、病毒和原生动物。其致病机理、杀虫范围各有不同：

细菌　细菌具有一定程度的广谱性，对鳞、鞘、直、双、膜翅目均有作用，特别是鳞翅目幼虫，具有短期、速效、高效的特点。从口腔侵入，与胃毒剂用法相似，可喷雾、喷粉、灌心、颗粒剂、毒饵等。

真菌　真菌寄主广泛，杀虫谱广，白僵菌、绿僵菌对果树上的桃小食心虫、草原蝗虫、地下害虫及多种鳞翅目害虫均有良好的防治效果。虫霉菌对蚜虫和螨类可不同程度地染病致死。真菌制剂使用方法十分简便，可喷雾、喷粉、拌种、土壤处理、涂刷茎秆或制成颗粒剂使用。

病毒　病毒制剂杀虫范围广，对棉铃虫、松毛虫、美国白蛾、舞毒娥等均有很好的防治效果且持久。病毒制剂大多采用喷雾的方法，仓库害虫可用饲料饲喂，使其感病、传播、蔓延。

原生动物　防治对象及使用方法：线虫可防治鞘、鳞、膜、双、同翅目和缨翅目害虫，主要用于土壤处理，如用斯氏线虫防治桃小食心虫和树洞注射如防治行道树上的天牛。

微孢子虫可防治多种农业害虫　用麦麸做成毒饵或直接超低量喷雾于植物上，对草原蝗虫及东亚飞蝗的防治已取得显著效果，其累积面积达500万亩以上。

③矿物源杀虫剂

矿物油乳剂　机油乳剂是用于防治果树害虫的矿物油之一。商品药剂有蚧螨灵乳剂和机油乳剂，是由95％机油和5％乳化剂加工而成的，机油乳剂对害虫的作用方式主要是触杀和物理窒息。

无机硫制剂　包括硫磺粉、硫悬浮剂和石硫合剂。主要防治白粉病和螨类。

3.杂草的防治技术

(1)杂草生态经济防治原则。生物种类趋于增多、食物链趋于复杂、资源趋于充分利用，以增加系统的负熵和稳定性，是不可抗拒的生态规律。此外，在长期的自然选择和人类除草活动的压力下，常见的农田杂草，一般都赋予了某些特殊的生物学特性和生存策略，且杂草对作物的危害分阶段性，有一个干扰危害关键期。干扰危害关键期之前，一方面由于作物群体小、田间各生长因素供过于求，杂草与作物之间不存在竞争；另一方面由于作物对杂草的干扰作用有一定的抵抗和忍耐能力，因而作物不会因杂草的生长而减产。此外，杂草还是农业生态系统稳定性的自我调节器，对减少空地漏光，提高光能利用率，覆盖土壤，防止水土流失，富集活化土壤养分，增加土壤有机质等有重要作用，故应允许这部分杂草与作物共存。然而，作物对杂草干扰的抵抗震忍耐能力是有限的，高密度下持久生长的杂草，终将导致作物减产。因此，杂草防治的原则既不是见草就除，斩尽杀绝，一味追求除草效果，也不是任草滋长，而是顺应生态规律，以最小的代价将杂草群体控制在其生态经济危害水平之下即可。

杂草是组成农田生态系统中的食物网链的重要环节，是食草动物、鸟类及昆虫的重要食物来源。作为农业生态系统中的初级生产者，杂草有益害之分，有些杂草是栽培植物病虫害的寄主和发源地，它们的存在会间接加重病虫对栽培植物的危害，还有些杂草则是害虫天敌的寄主，它们的存在可促进天敌生育，间接地减轻病虫对栽培植物的危害。因此，杂草防治实践上应尽可能保护和利用益草，杀除害草。

(2)杂草防除的方法。在有机农业生产中，禁止使用任何人工合成的除草剂，所以，杂草的防除应根据杂草与栽培作物间的相互依存、相互制约的关系，采取人工锄草、栽培措施和生物防治方法。

①人工锄草。人工锄草是最传统、最实用的方法。

②栽培措施。根据杂草与作物间的竞争和化感关系，通过调控植株行距、播种量、具体空间排列和不同措施的组合，建立作物与杂草的竞争平衡。通过缩小作物种植行距，可促使作物田提早遮阳；高播量；推迟播种期、作物轮作、混作和覆盖等措施，抑制杂草的生长。

③生物防治。作为农业生态系统中的初级生产者及食物网络中的重要链节之一，杂草与本系统中的昆虫、微生物等其他生物有着密切的相生相克关系，杂草生物防治就是利用农业生态系统中的这些昆虫、病原微生物及动植物等生物，通过这种相生相克关系，将杂草控制在其经济危害水平以下的一种杂草治理措施。杂草生物防治是杂草综合治理体系中的重要组成部分。杂草生物防治的主要作用在于：阻止杂草结实，减少土壤中的杂草种子库的容量；减少杂草的萌发出苗数量，将其群体控制在其经济危害水平以下；抑制杂草生长，将其群体生长量控制在其经济危害阈限水平以下。目前世界上已开发出 300 多种生防作用物，使多种杂草得到了有效控制。概括起来，这些杂草生物防治的种类主要包括以虫治草、以菌治草、以草食动物等治草及以草治草。

④以虫治草。在杂草生物防治中，以昆虫防治杂草，是研究应用最早、最多、也是最受重视的一种。采用以虫治草时，所用的昆虫必须满足以下几个条件：一是寄主专一性强，只伤害靶标杂草，对非靶标作物安全；二是生态适应性强，能够适应引入地区的多种不良环境条件；三是繁殖力高，释放后种群自然增长速度快；四是对杂草防治效果高，可很快将杂草的群体水平控制在其生态经济危害水平上。

⑤以菌治草。农业生态系统中，作为植物，杂草和作物一样，也经常会因受到病原微生物的侵害而染病死亡。以菌治草就是利用真菌、放线菌、细菌和病毒等病原微生物或其代谢物来防除和控制杂草的杂草治理措施。目前世界范围内以菌治草取得的成功的事例用的大多是在当地发现的真菌类，但随着生物防治水平的提高，细菌和病毒在杂草生物防治中也将发挥一定的作用。如鲁保 1 号防治菟丝子。

⑥以草食动物治草。人类以草食动物防治杂草的历史虽已悠久，但对其进行系统研究和大面积推广应用还是 20 世纪的事。在以草食动物治草的事例中，最成功的要属以鱼治草。因为以鱼治草，可治草与产鱼兼得，且操作方便，成本低。许多牛、羊、鹅等具有偏食性，它们往往只爱取食某种或某类植物，利用动物的这一特点，来防农田杂草，也有不少成功的实例，如利用草鹅防治草莓和棉花田中的禾本科杂草，因为草鹅只爱取食马唐、狗尾草和稗草等禾本科杂草，不伤害草莓和棉花。在定植后的针叶林地中通过放羊来防治草本杂草，也是可行的，许多地区早已开始推广应用。

⑦以植物防治杂草。自然界中，植物间也存在着相生相克的关系，许多植物可通过其强大的竞争作用或通过向环境中释放某些具有杀草作用的化感作用物，来遏制杂草的生长。这方面我国已有悠久的应用历史。目前，我国湖南湘西地区的农民仍用点种芝麻的方法清除蔓延到农田中的野毛竹。云南省的部分地区则利用种芝麻阻止茶园杂草白茅的生长。小麦体内含有对羟基苯甲酸及油等克草化合物，可有效防治白茅及反枝苋等杂草的生长。在白茅发生地，耕翻结合种一茬小麦，白茅基本消失。

第十章　有机农产品养殖技术

有机农场是农牧结合的农场，家畜是必不可少的组成部分，没有家畜的农场是一个不完整的有机农场。通过种植/畜牧系统和放牧系统，使用可再生的自然资源（家畜粪便、豆科作物和饲料作物），可以保持并改善土壤肥力，提高土壤有机质含量，为作物提供养分，有益于保持农业生产系统的平衡，帮助建立并维持土壤—植物、植物—动物及动物—土壤的相互依存关系，发展可持续农业。

第一节　原　　则

有机畜禽养殖的基本要求是尊重动物（畜禽），把它们看作是人类的朋友。这里涉及到“生态道德”问题。在中国从计划经济向市场经济过渡的过程中，出现了不少急功近利的短期行为。而发达国家市场经济的历程证明，市场经济也不是万能的。在这种情况下，产生了一种新的观念，即生态伦理观。这种观念的核心一是考虑到后代人与当代人的平等权益，二是认识到人类同自然界和谐关系的重要性。如果不从这种理性的高度来总结、分析和反思历史，尤其是“工业革命”以来的人类行为，就很难跳出传统概念的窠臼，也就很难理解有机农业的一些做法。在有机畜禽的管理方面，必须要给畜禽创造舒适的环境，让它们能够按照自我的习性与行为自由地生活。

有机畜禽养殖除遵循有农业的理念外，还应遵守有机畜禽养殖的基本原则：动物福利应贯穿于整个有机养殖系统；养殖方式应符合畜禽的生理学和行为学特征，所有的养殖措施都旨在提高畜禽的抵抗力；饲料应大部分来自本自有的饲料生产基地或合约的饲料生产基地；畜禽健康将通过综合的预防措施、动物福利、适宜的圈舍和良好的饲养管理来实现；疾病防治将永远避免使用常规的预防性药物；禁止转基因生物和技术。

有机畜禽养殖应尽可能达到较高的动物福利标准。按照有机农业的要求，畜禽必须有圈舍、必须饲养在能满足他们“自然”行为表达的场所。这不仅是为了满足畜禽生理习性和自然行为的需要，也是因为它们是有思想、有感情的动物，理应被我们很好地呵护。

将畜禽饲养在一个生态的、有益于健康的场所，是保障畜禽健康和生命力的积极方法；限制畜禽运动会导致生理和心理的健康问题，例如：完全的拴养、笼养和舍饲，畜床缺少垫草和不合适的地板表面等，都是不符合有机农业理念的。

有机畜禽养殖要保证饲养畜禽的营养需要，要充分了解畜禽的消化能力及其潜力；还要保证有机农场的生态平衡和环境良好。饲喂应符合畜禽的生理特性，反刍动物日粮中要有适量的粗饲料，精料比例太高不符合反刍动物的消化习性，会给他们造成许多不良的影响，由此导致许多因精料过多而引起的疾病。

有机畜禽养殖特别强调要避免日常和预防性常规药物的使用。在常规畜禽养殖系统里几乎总是依赖日常用药来维持动物健康，如驱虫剂、抗生素、疫苗、微量元素、促生长素等，这在有机农业将是被禁止的。

第二节　动物福利

在有机农业系统中，动物福利和它们的个体生态（心理和行为）的需要理应受到人们的尊重，康乐应该是任何畜禽养殖系统的自然组成部分，欧洲动物保护协会对此做出了如下规定：

动物需要提供饲料、饮水、照顾、温暖和其他环境条件，根据它们的种类、品种、年龄、适应性变化和驯化程度，满足它们的生理学和行为学的需要。

此外，英国家畜福利委员会(Farm Animal Welfare Council，FAWC)宪章中也有关于动物的权力条款，其包括以下内容：避免营养不良，日粮应该充分，在质量和数量两方面都能保证促进正常的健康和活力；避免炎热或生理、心理的不适，环境应该不太热，也不太冷，也不影响正常的休息和生命活动；避免损伤和疾病；自由的生活以及社会可接受的行为方式；没有恐惧。

在给予了充足的食物之后，对家畜福利影响最大的是畜舍建筑物的设计。集约化的畜禽养殖体系已经发展成为了减少单位畜禽成本；投入和产出达到最大限度。但是这些系统很少关注畜禽的生活质量，忽视了许多动物个体生态特性。尽管奶牛、猪、蛋等在这些系统持续地使奶、肉和蛋的经济回报最大，但不能证明它们没有问题。对这个“畜禽养殖系统”的“动物福利”的讨论，人们普遍认为，单从畜禽养殖来说，常规畜牧场没有一幢畜舍建筑或管理系统合乎动物福利的要求。

当讨论动物福利时，应避免仅仅考虑行为问题。一个明显地例子是，放牧的家禽即要能满足它们自然行为的表达，也要防止它们受冻、受寄生虫侵袭和肉食动物

(如狐狸)的捕杀。在行为方面,“玩”扮演了非常重要的角色。对动物健康和动物福利的评价,应包括个体生态学指标。原发行为的丧失和行为障碍都是动物福利没有保障的结果。

正常的行为方式需要足够的空间去进行,自然的运动和自然姿势的呈现,需要垫草、同伴、舒适和娱乐等丰富的环境。但过分地保护,例如在许多空调畜舍里发现,刺激兴奋作用被剥夺,这对动物的健康是不利的。再如畜群等级制度建立也是重要的,虽然它们会为此发生争斗和冲突。

第三节　饲养环境和条件

一、饲养条件

有机畜牧业与常规畜牧业有本质上的不同。在动物生产和健康保障方面,最主要的区别在于畜舍建筑,包括动物自由活动的空间、垫草的使用和良好的自然通风。禁止混凝土地板、石板(条板)。家畜在放牧季节将自由接受牧草,虽然这样可能限制牛群和羊群的规模,但极大地满足了动物的行为需求。

尽管允许动物放牧,但粗放的放牧对动物和牧场都会造成损害。如果放牧的地方太小或环境不适合会引起许多动物健康问题。如果动物没有其他地方可去,猪在冬天能毁坏面积非常大的地面,家禽用它们的利爪在它们房舍周围寻找到大量的食物,因此需要足够的自由活动土地。

二、饲养场地

有机生产者必须为畜禽创建一个能保持其健康、满足其自然行为的生活条件。在适当的季节,应使所有畜禽都到户外自由运动,并提供足够面积的运动场。选择饲养场或运动场地时应保证动物在遮荫处、畜禽棚及其他活动场所能呼吸到新鲜空气,能得到充足的阳光,能达到动物生产所要求的适宜地点、气候及环境条件。散养的家禽,应能够满足其自然的行为类型,需要充足的空间去展示自然的运动和呈现自然姿势,同时还应有丰富的环境和秸秆垫草、同伴、舒适和娱乐。

三、饲养圈舍

设计畜(禽)舍应考虑动物福利和健康的基本原理。这并不意味着仅仅简单考虑畜舍本身,还应考虑促进个体生态的畜舍调控系统和动物的活动场所。

有机农场的畜舍系统是建立和谐的人和动物关系。农场建筑的设计和建设通常在专家指导下完成,专家具有足够的知识和信息。建筑物的设计应适合有机农场家畜的需要,必须取得足够的自然通风向和户外自洁的潜力。厩舍的设计必须能够使每个动物在所有时间能随意采食和饮水。有足够的地方去运动和躺在铺有稻草的温暖又舒适的床上,也适合畜群组织和等级制度的建立。

当家畜休息的地方被弄脏时,要容易更新、清除和恢复。要保证畜舍里地板或泥浆通道容易被拖拉机清洁装置或机械的铲运清除。

畜舍消毒是必需的,要适合家畜舒服和生产的需要。

预留隔离间的用途是当动物患病、生小牛或受伤害时使用。当小牛出生时,畜舍应能同时接受小牛和母牛。总之,饲养环境(圈舍、围栏等)必须满足下列条件:足够的活动空间和时间;畜禽运动场地可以有部分遮蔽;空气流通,自然光照充足,但应避免过度的太阳照射;保持适当的温度和湿度,避免受风、雨、雪等侵袭;足够的垫料;足够的饮水和饲料;不使用对人或畜禽健康明显有害的建筑材料和设备。

四、饲养密度

动物的饲养密度根据动物的种类和饲养的方式的不同而不同。理想的情况是在占有的土地上生产的所有食物和纤维性饲料都被农场内的畜禽所消耗,提倡发展自我维持系统。GB/T 19630《有机产品》中尚未对饲养动物的密度提出具体的要求。

(一)散养动物

放牧密度的标准因家畜类型、农场地形、生产制度、本地气候和其他环境因素而异。在农场中,放牧密度随牧场的载畜量而定,同时还要考虑到粪便的排放和饲草的需要量。气候因素很难预测,再加上恶劣气候发生频繁,因此,在制定放养密度时要留有余地。过度放牧会导致寄生虫增加,影响家畜健康,引发家畜疾病。考虑放牧密度不仅是动物福利的问题,而且是农场主必须考虑的环境福利问题。凡是能对家畜造成污染和引起土壤退化、侵蚀的生产活动都是不合理的。有研究发现,在最适放牧量(而不是最大放牧量)的情况下,家畜在集约化条件下的生产力小于自然条件下的生产力。这一事实经常被集约化养殖中单位空间的高生产力和因药物治疗而降低的疾病发生率所掩盖。

目前,欧盟等国家对动物的饲养密度有明确的规定,我国暂时还没有这方面的要求。但饲养企业应该根据动物的行为习性,为它们提供尽可能充足的饲养和活动面积。

（二）圈养和笼养动物

对于牛、羊和猪等牲畜，根据其体型的大小，每头所占用的空间面积 $1\sim10\ m^2$ 不等，在这里提到的空间面积是指室内喂养时的净使用面积，而蛋鸡等家禽的密度则应相对增加，每平方米为 6～20 只，室外的运动面积一般不能低于室内的使用面积，企业可以根据实际情况自行决定。

第四节 饲料和营养

一、基本要求

有机养殖首先应以改善饲养环境、善待动物、加强饲养管理为主，应按照饲养标准配制日粮。饲料选择以新鲜、优质、无污染为原则。饲料配制应做到营养全面，各营养元素间相互平衡。所使用的饲料和饲料添加剂必须符合有机标准要求。所用饲料添加剂和添加剂预混料必须具有生产批准文号，其生产企业必须有生产许可证。进口饲料和饲料添加剂必须具有进口许可证。

一般情况下，有机生产中动物饲料应尽量满足以下条件：

(1)饲料应满足牲畜各生长阶段的营养需求，饲料应保证质量，而不是追求最大产量；动物应自由取食，禁止强行喂食。

(2)提倡使用本单位生产的饲料，条件不允许时，可使用其他遵守有机养殖规定的单位或企业生产的饲料。

(3)提倡用天然奶喂养哺乳期幼畜，最好是母畜的奶。

(4)对反刍动物来说，每天饲料中应至少有 60％的干物质为粗饲料、新鲜或干的草料或者青贮饲料，在牲畜哺乳早期，该比例可相应减少到 50％。

(5)绝大多数农场没有 100％的饲料自给自足能力，因而有机标准通常允许使用有限数量的常规饲料，即在饲料的组成中，饲料配比可使用一定量的转换期饲料。在有机养殖中，允许使用有机生产饲料与常规饲料需要严格区别。

(6)在畜禽养殖中禁止以刺激生长为目的使用抗生素、杀菌剂、化学药物和生长调节剂等物质。

(7)禁止使用任何利用转基因生物及其衍生物生产的饲料、合成饲料、饲料加工剂和动物营养物质。

二、营养原理和配比

有机养殖生产最重要的营养原理是按生理特点饲喂畜禽。常规农业中可以见到由于违背家畜生理特点而引起的大规模灾难,例如英国的疯牛病。如果不按家畜的生理特点进行饲喂,至少会增加家畜对疾病的易感性,或引起更多与健康有关的问题。

反刍动物可以直接利用人类不能利用的农副产品,其基础日粮是粗饲料而不是精饲料。反刍动物可以消化植物中的纤维素和其他成分,并转化成蛋白质,这种功能是靠瘤胃中的有益微生物菌群来实现的。饲喂精料会降低瘤胃中的 pH 值,从而使瘤胃微生物菌群发生改变。菌群失调会引起体内消化道炎症,使一些致病细菌进入血液,从而引起如脂肪肝、乳房炎、腐蹄病等疾病,还可导致繁殖率下降。

奶牛天生是吃草的,精料太多容易引起牛的瘤胃病。将养牛方式改为放牧,结果发现牛的这些胃病消失了,此后再喂其他饲料,这种由于饲料引起的应激也就不存在了。北美标准规定日粮应按家畜的营养需要来配合;英国土壤协会制定的标准更加明确:反刍动物的日粮中粗饲料最少占干物质的 60%。以放牧为主的牛场和羊场,如果要补充饲料,应注意避免在早上进行,因为这会影响放牧,降低采食量。

在配合日粮时,能量和蛋白质平衡非常重要,可以通过增加或减少蛋白质的百分比来达到要求。如果日粮以高蛋白饲料(如红三叶草和苜蓿)为基础,那么,需增加秸秆或干草的饲喂量来提供充足的能量,以平衡过量蛋白质。高能量低蛋白型日粮会导致奶牛蛋白不足,乳蛋白率下降。在维持需要的情况下,蛋白与能量的比为 1∶10,产奶时为 1∶4.6。反刍动物的日粮中还可添加一些替代型饲草,如芜菁、甘蓝和洋白菜,但是,这些饲料要按精料对待,并且需限量饲喂。160 头奶牛和 1 500 头绵羊每天要饲喂一亩地的芜菁。按照生物动力学的观点,芜菁只能喂给成年家畜,尤其是用来提高产奶量;胡萝卜、甜菜等块根类则适于饲喂幼年家畜。

猪是单胃动物,需要更多的精料,只饲喂牧草型日粮不能很好存活。然而猪可以利用多种饲料。禽类日粮也是精料型。也有不少饲养者用放牧的方式饲养这类家畜。

当家畜需要大量蛋白质,并且饲喂豆科牧草和谷物不能满足需要时,可以补充如下饲料:脱皮燕麦(15%以上的蛋白)、豌豆、大豆、亚麻和葵花子。一些作物如亚麻和豆类含有抗营养物质如单宁、植物碱,因此需限制使用这些作物。例如,产蛋鸡日粮中亚麻含量不能超过 10%,禽类日粮中的亚麻含量不能超过 7%,一般情况下,可以饲喂豌豆和大豆。通过增加饲料作物和牧草的多样性,可以提高饲料中必需微量元素的含量和营养消化利用率，促进畜禽健康。一般情况下，维生素和微量元素通过补饲供给。

三、日粮来源

常规养殖方式需要购进大量饲料，养殖户经常面临饲料供应不足或价格昂贵等一系列问题。为使有机畜牧业向经济、环境的优化、合理方向发展，一些养殖户开始自己种植牧草。国外的一些牧场主认为有机畜牧业的唯一出路就是实现饲料的自给自足。如果不能实现饲料自给自足，就应该走区域畜牧业的道路，即附近的有机农场为牧场生产饲料。总之，饲料最好来自本农场或当地其他农场。

由于有机饲料很难获得，有机标准中通常允许使用一定比例的常规日粮来饲喂畜禽。目前，许多标准要求肉用型家畜应该从出生就饲喂有机饲料，只有在特殊情况如水灾、长期旱灾和暴风雪下才允许使用常规日粮。奶用和蛋用型畜禽必须在引入有机生产系统后饲喂有机饲料。

虽然有机标准有条件的允许家畜采食一定量的常规日粮，但对其最大供应量有所限制。通常反刍动物允许的饲喂量占干物质总量的5%～15%，非反刍动物占15%～20%。另外，一些特殊的添加剂可以来自非有机农场，其中包括食盐、维生素、天然微量元素、硒、海藻、糖糟和青贮饲料保存剂如细菌和酶等。有机畜牧生产虽然允许使用一部分非有机饲料，但经化学方法加工后的油料作物饼粕不允许饲喂家畜。另外，基因工程生产的作物也不符合有机生产的原理，有机农业禁止使用基因工程产品。

四、饲料的种类及组成

（一）饲料的种类

在有机畜牧业中，饲料是养殖的物质基础，为动物提供的饲料应符合动物营养需求和取食习性。饲料应满足种类多元化和营养全面化的要求。

1. 植物性饲料

（1）禾谷类植物和它们的产品及副产品。包括以下物质：燕麦的碎片及次等品、皮壳、糠麸；大麦的蛋白质及次等品；稻谷的碎米粒、糠麸及胚芽；黑麦的次等品及皮壳；高粱、小麦的次等品，糠麸、皮壳、麸质及其胚芽；杂交黑小麦；玉米的次等品、皮壳、胚芽及麸质；青麦芽和啤酒花等。

（2）油料类植物和它们的产品及副产品。包括以下物质：油菜的子实、油渣及皮壳；黄豆的油渣及皮壳；向日葵的子实、油渣；棉花的子实、油渣；亚麻子及其油渣；芝麻及其油渣；椰子仁的油渣；甘蓝的子实、油渣及皮壳；南瓜种子的油渣；橄榄果汁(用物理方法提取)等。

(3)豆科植物的子实和它们的产品及副产品。包括以下物质:豌豆的子实、次等品及糠麸;蚕豆的子实、次等品及糠麸;经适当热处理的草香豌豆;野豌豆、鹰嘴豆和白羽扇豆等。

(4)块根、块茎植物和它们的产品及副产品。包括以下物质:甜菜渣、干甜菜、马铃薯、甘薯、马铃薯渣(提取马铃薯淀粉时的副产品)、马铃薯淀粉和马铃薯蛋白质等。

(5)其他种子和果实及其产品及副产品。包括以下物质:角豆荚、柑橘渣、苹果渣、番茄浆和葡萄浆等。

(6)牧草和粗饲料。包括以下物质:苜蓿和苜蓿粉;三叶草和三叶草粉;草料(来自于牧草植物)和草粉;干草、谷类植物的秸秆和用于饲料的菜根等。

(7)其他植物和它们的产品及副产品。包括以下物质:糖蜜(作为复合饲料的黏合剂)、海藻粉(将海藻晒干、粉碎并洗涤去除其碘分)、植物碎粉和提取物、植物蛋白(单独提供给幼龄动物)、香料和香草等。

2.动物性饲料

(1)牛奶及奶制品。包括以下物质:牛奶及奶粉;脱脂奶及脱脂奶粉;酪乳及酪乳粉;乳清、乳清粉、低糖乳清粉及乳清蛋白质粉(物理方法提取);酪蛋白粉和乳糖粉。

(2)鱼类、其他水产动物和它们的产品及副产品。包括以下物质:鱼类、鱼油及未精炼的鱼肝油;软体鱼类或甲壳类动物自溶物;酶作用产生的水解产物及蛋白水解产物。

另外,在饲料的选择上还应关注以下问题:限制利用进口的蛋白质和能量供应物,尤其是大豆或动物性原料,主要原因是它们存在农药残留和有害物质的危险。尽管允许供应常规的蛋白质,但是蛋白质的过度饲喂应加倍小心,过量的蛋白质能导致健康问题。

(二)饲料的组成

1.粗饲料、青饲料或青贮饲料　日常饲喂的饲料成分中,青贮饲料或青干草尤为重要,在冬季和早春时节更是如此。饲料缺乏时,萝卜、甘蓝、甜菜和饲用甜菜等根类作物均是理想的替代品。

猪和家禽的日粮中必须配以粗饲料、青饲料或青贮饲料。饲料转换率和生长率的基础是营养搭配,猪和家禽比反刍动物需要更全价氨基酸和各种维生素,因此其饲料配方应更加全面。猪的饲料范围很广,它可以利用被其他领域当作废弃物的东西。

有机饲料，尤其是有机蛋白质饲料是猪和家禽配合日粮中最关键的问题。丰富的蛋白质是畜禽生长和产蛋的物质保证。子实型豆科植物（蚕豆、饲用豌豆、白羽扇豆、野豌豆和大豆）占总量的30%，是日粮粗蛋白质部分的基础，可以提供完整的氨基酸系列。其他可以提供蛋白质的物质还包括玉米粉、酿造酵母、脱脂乳粉、亚麻籽饼、芝麻粉、向日葵饼和油菜饼等。矿物质占饲料组成的7%～10%；维生素能从草混合物、干草粉等处获得，但总量应控制在5%～6%；纤维素的含量不得超过日粮的5%。另外，育肥阶段的家禽，其饲料中必须至少包括65%的禾谷类。

2.*矿物质和维生素* 日粮中的矿物质和维生素应保持适当的平衡，饲料的存贮时间和方式会影响矿物质的含量。注意了解本农场饲料的营养成分，补充所缺矿物质，如果是由于饲料种植土壤中缺乏某种矿物质（如铜和硒），还需进行土壤改良。同时，还需注意其他一些矿物质缺乏的原因（例如，超标的污水或其他因素阻断了土壤营养），及时采取必要措施。仅有脂溶性维生素A、维生素D和维生素E不能被反刍动物自身合成，通常需要通过日粮来补充。

与常规饲料不同，添加到有机饲料中的矿物质和维生素应来自天然物质。海藻粗粉、骨粉、鱼肝油和酵母均含有丰富的矿物质、微量元素和维生素。如果这些物质仍不能满足需要，就可以添加简单矿物盐，或利用家畜喜欢舔食的矿物质。必须保证矿物质间的适度平衡，因为如钠、钾、钙、磷等个别矿物质过剩，会影响其他矿物质的吸收。

配合饲料中的主要农业源配料都必须获得有机认证。在生产饲料、饲料配料、饲料添加剂时均不得使用转基因生物或其产品。

禁止使用以下方法和产品：以动物及其制品饲喂反刍动物，或给畜禽饲喂同科动物及其制品；未经加工或经过加工的任何形式的动物粪便；经化学溶剂提取的或添加了化学合成物质的饲料、饲料添加剂。

五、饲料补充料与添加剂

饲料质量对畜禽健康的重要性不容忽视。虽然放牧家畜通过采食草本植物可满足其矿物质需要，但有时日粮中添加微量元素和维生素也是十分必要的。一个很好的例子是关于微量元素硒：土壤中缺乏硒的地区，饲料中必须添加硒。即便动物没有明显或典型的矿物质缺乏症，如生长受阻及吃土或添食畜舍地面等其他异常行为，家畜也可能存在问题。生产者就应利用一切可能的渠道如从发芽的谷物或发酵工业的酵母中获得维生素。在冬季时间较长的地区，恶劣的气候导致饲料质量差或其他明显的不足，一般来说，用合成方法制造的微量元素和维生素可以作为添加剂使用。在运输过程和其他活动中产生应激时，处于应激状态的畜禽需要额外添加微量元素和维生素。海藻、天然石灰和糖蜜是矿物质饲料添加剂很好的来源，但是也不能忽略直接补饲土壤和混合肥料。食盐在反刍动物营养中也十分重要，建议使用天然岩石盐，但其他来源的食盐也可使用。

要保证畜牧业顺利进行，必须对饲料来源、日粮组成和饲喂量进行记录，这是一项强制性的工作。要经常检查所购饲料的质量，保证其不霉变和不含其他异源物。要预先留一些饲料样品，以便畜群发病时进行检查。

第五节 动物健康与疾病防治

一、疾病预防

(一)畜禽的健康维护措施

疾病预防是家畜有机养殖管理的主要方面。从整体思想出发认为畜禽的健康是一种平衡状态，并且在日粮、饲养、管理和观察等方面都达到平衡，那么畜禽的医疗费用就会减少。有机畜禽生产的目的是通过营养和育种手段来降低家畜应激，保持家畜强壮、健康。如果牧场中的畜禽经常发病或长期发病，就须对整个牧场进行检查，必要时，也可找兽医进行咨询。除了通过提供平衡日粮和优良环境来抵抗致病因子的影响外，还可通过以下方法提高免疫力，保持畜禽健康：

(1)为使家畜获得抗体，应保证幼畜吃到初乳。新生仔畜肠道从初乳中吸收抗体的时间很短(出生 12 h 后这种能力急剧下降)。为了急救的需要，应准备一些初乳，这些初乳可以来自于牧场内年龄较大的母畜。

(2)通过使用有益微生物建立非特异性免疫。犊牛饲喂乳酸杆菌可以增加肠道有益菌群的数量。乳酸杆菌可以抑制大肠杆菌在肠道内的附着，使其易于排出体外。

(3)新引进的畜禽应尽可能隔离起来，使之远离生产圈舍。畜群中的致病微生物虽然没有引起外在症状，但也有可能存在。新引进的畜禽可能是病原菌的携带者，从而把病原菌带入畜群，导致整个群体发病。

案例：加拿大的 Taylor Hyde 设计了牛场整体管理

建立良好的人畜关系。改变自己的传统观点，要认为家畜的所有疾病都是由养殖人员自己造成的，而不是有生物、气候、政治、法律或技术上的失误造成的。

保持适宜的饲养环境。家畜饲养在适宜的条件下(避免过度灰尘、泥、冷风等),可降低应激和避免免疫机能下降。

家畜饮用水满足人类饮用水标准。给家畜饲喂满足人类饮用水标准的饮水,可防止脱水和肺炎菌的繁殖扩散。

定时定量饲喂,防止家畜饥饿或饮食过多。要保证饲料中有一定量的干物质,通常成年家畜日粮中的干物质占8%~24%。而且一天中要有8 h的采食或放牧时间。

日粮中的矿物质要平衡。饲料要多样化。划区轮牧时,家畜吃完放牧区牧草高度的一半时,应轮换放牧地块,可以防止腐蹄病、红眼病和肺炎。

减少草场粪便污染。放牧时,尽量减少放牧地中的粪便残留(避免采食腐败牧草),这样可以减少寄生虫的寄生、降低球虫病、痢疾、红眼病的发病率。

保持日粮稳定。严禁突然改变日粮种类(如从干饲料变为多汁饲料,由高蛋白饲料改为高能量饲料),这样可以避免肠毒、酸中毒、肺炎和痢疾。

及时淘汰病残家畜。记录并淘汰所有病残家畜,淘汰空怀母牛。从经过严格淘汰的畜群中购买种畜。这样可以避免疾病发生和体弱畜禽的培育,这种体弱畜禽要么用药要么死掉。

使用对动物友好的驱赶方式。用一些与动物和谐的动作驱赶家畜,不使用暴力方式,这样可以避免应激。在家畜管理中是一种值得推广的方法。

保持适量运动。保持家畜每天都运动,这样可以避免肥胖,提高免疫力。

在养殖生产中,人们经常忽略对畜禽的观察或对观察的重视程度不够。每天要有一定的时间观察畜禽(就像放牧、饲喂、圈舍清扫等常规工作一样),观察一定要仔细,这样可以及时发现问题,及时改变管理方法。

(二)选择适宜品种

在选择畜禽品种时要考虑畜禽对当地条件的适应性和对流行病、寄生虫病的抵抗能力。有机农业强调保护生物多样性、保护畜禽地方品种。因此,有机养殖应该首先考虑选择合本地区的畜禽种类和品种,一般说来,地方品种都是长期人工选择和自然选择的结果,适应性好、抵抗力强、耐粗饲、繁殖率高。优良品种多是单纯人工选择的结果,生长快、饲料报酬率高,饲料和饲养条件要求高。选择有机养殖的畜禽品种时,要综合考虑当地的土壤和气候、饲养条件和管理水平、饲料生产基地面积和饲料供应能力等,选择适合的种类和品种。

（三）加强饲养管理

1.轮牧　轮牧是将牧场划分成几个小区，轮流放牧，周而复始。轮牧保证了牧草不断生长，不仅能使畜禽持续获得品质优良的青绿饲料，而且还能减少寄生虫的为害。

2.提供优质饲料和清洁饮水　优质的饲料、清洁的饮水、合理的日粮搭配是有机畜禽健康的物质基础，只有满足了畜禽的基本营养需要，才可能保障畜禽健康并提供更多更好的肉、蛋、奶等畜禽初级产品。

3.合理饲养　合理饲养包括适时饲喂、减少应激、防寒防暑、防风防雨，并结合有规律的舍外运动。

4.合理的饲养密度　合理的饲养密度是动物福利的具体表现，同时也是防止畜禽疾病的有效手段。许多畜禽疾病都与常规的养殖方式有关，而畜禽生理习性和自然行为的表达也必须依赖于其所占有的充分面积。

5.清洁消毒　定期清理畜禽粪便，定期消毒是畜禽健康的有力保障，也是日常管理工作不可或缺的部分。良好而清洁的环境对预防畜禽疾病，尤其是寄生虫有较好的效果。

6.提供适宜的圈舍和舍外运动场地　适宜的圈舍是畜禽减少应激、防止疾病和动物福利的需要。合适的舍外运动场是保持畜禽健康和自然行为表达的重要条件。

（四）提高动物自身的抵抗力

有机畜禽健康的出发点是提高动物通过自身防御反应来抵御疾病的能力。这包括主动免疫和被动免疫，以及白细胞的吞噬作用等。其基本措施包括：首先是为动物创造良好的环境，以减少应激和其他因素对其抵抗力的损害。其次是采取合适的饲喂方式、畜舍建筑和适度的生产水平，来维持畜禽肌体健康。

年幼的动物有能力自然获得免疫性以及对许多寄生虫和疾病的抵抗力。初乳是提供早期免疫的起点，因为年幼的动物能通过初乳从母体接受抗体。越来越多的结果显示，乳兽的行为对能否获得初乳尤为重要：小牛刺激母牛的免疫反应，随后通过初乳返回给小牛。但随着时间的推移，抗体水平不断下降，以至不能抵抗疾病和寄生虫病的侵袭。

免疫力或抵抗力受许多因素影响，尤其在怀孕期和哺乳期，由于免疫松弛、应激和激素的相互影响，病原体容易在母兽体内存活和大量繁殖。另外，其他因素如药物、预防接种、农药（杀虫剂）残留、人类接触、营养、畜舍和天气条件等也可能对家畜免疫力产生不利的影响。

(五)预防接种

免疫接种是激发动物机体产生特异性抵抗力,使易感动物转化为不易感动物的一种手段。有计划地进行免疫接种是预防和控制畜禽传染病的重要措施之一。有机养殖允许利用接种疫苗预防畜禽疾病,疫苗的接种按家畜家禽防疫条例实施细则执行。预防接种的目的是刺激动物免疫应答和由此产生保护。在有机管理条件下,当有疾病问题存在时,农场可以使用疫苗,但是正常情况下应避免疫苗的使用。

免疫接种可分为预防接种和紧急接种两类。预防接种是在经常发生某些传染病的地区,或有某些传染病潜在危险的地区,或经常受到邻近地区某些传染病威胁的地区,为了防患于未然,在平时有计划地给健康畜禽进行免疫接种。紧急接种是在发生传染病时,为了迅速控制和扑灭疫病的流行,而对疫区和受威胁区尚未发病的畜禽进行应急性免疫接种。从理论上说,紧急接种以使用免疫血清较为安全有效,但实践中多使用疫苗进行紧急接种。

用于预防接种的生物制品统称为疫苗,包括用细菌、支原体、螺旋体制成的菌苗,用病毒制成的病苗和用细菌外毒素制成的类毒素。

如果某一地区过去从未发生过某种传染病,也没有从外界传入的可能时,则没有必要进行该传染病的预防接种。

一个畜禽养殖场往往需要利用各种疫苗来预防不同的疾病,也需要根据各种疫苗的免疫特性来合理地制订预防接种的次数和时间间隔,这就是免疫程序。有机畜禽养殖应制定合理的免疫程序,并严格执行。

需要指出的是,常规畜牧业中提倡的化学药物预防法是被有机生产禁止的。

对疫苗的应用,有机农业有自己的看法。疫苗是许多常规农场的常用制剂,但在有机管理条件下,仅允许在已知疾病存在的农场使用,正常情况下应避免使用疫苗。因为有机生产者认为疫苗能妨碍和抑制畜禽自身免疫系统发展和表达方式。

这似乎让人吃惊:作为预防接种的目的是刺激动物免疫应答和由此产生的保护作用,以此增加顺势疗法相同的效果。但不管怎样,为正常生长的畜禽接种疫苗,会对作为一个整体的免疫系统产生有害的影响,即使接种能预防某些特殊的疾病。

从人类医药已知,疫苗有一定的副作用,有时还非常严重。某些疫苗互相影响,有相反的作用,尤其是活苗。

疫苗决不会100%的有效,尽管使用可以促进经济效益,预防和治疗潜在危险和疾病问题。更重要的是,疫苗的使用不能解决不断增长的特殊疾病问题,也会在一些案例中简单地掩盖起饲养管理较差的情况。因此,似乎很明显,疫苗将仅仅在疾病问题存在时使用，而不能妨碍（取代）预防治疗。

二、疾病治疗

避免使用预防性药物是有机家畜管理的重要方面，因为预防性药物的使用，将导致免疫系统的不平衡。固定和循环的使用药物不仅恶化了疾病，而且使病菌对抗生素具有了更强的抵抗力，并存在与人类发生交叉抗药性的危险。有机农场应避免例行的预防性用药、例行地使用抗寄生虫药和在饲料里使用抗球虫药等。

有机畜禽疾病的防治主要采用中兽医、顺势疗法、微生态制剂和家畜管理实践经验等方法。及时的诊断和治疗是保障动物健康的基础。当动物承受患病或寄生虫侵袭的痛苦时，如果当地缺乏有效的治疗手段，或有机生产方式不能恢复其健康时，都要对患病动物进行药物控制和治疗。

（一）中兽医

中兽医学是我国劳动人民长期与家畜疾病作斗争的经验总结，是祖国医药文化遗产的重要组成部分，有 3 000 多年的历史，对我国畜牧业的发展曾起过积极的作用。中兽医学是以古代的朴素唯物论和辩证法为基础，以脏腑经络学说为核心，以阴阳五行为说理工具，从整体观念出发，按辨证论治原则进行诊断和治疗，从而形成自己特有的理、法、方、药体系。

中兽医治疗以中草药和针灸为主要手段。

1. 中草药　中草药是中药和草药的总称，例如：大黄、斑蝥、朱砂是中药，而虎杖、白屈菜、金莲花则属于草药的范畴。当然，随着草药的不断被发掘、研究和推广应用，一些疗效较好的草药也已逐渐被中医所常用。这样，中药和草药的区分就愈来愈模糊，所以把中药和草药统称为中草药。

中草药根据其性质的不同，可分为植物药、动物药和矿物药三大类，而以植物药占大多数，故中草药又称本草。这些药物之中，有些是动植物的全体，如斑蝥、马齿苋、细辛；有些只是动植物体的一部分如鹿茸、鸡内金、枇杷叶、金银花；也有些是动植物的分泌物或渗出物如麝香、牛黄、乳香、没药；也有些是动植物体经过加工制得的物质如阿胶、儿茶、青黛。矿物药有的是天然矿石如石膏、朱砂；有的是动物化石如龙骨。

中草药是天然药物，具有毒性低，无残留，副作用小，不产生抗药性，并兼有营养性，而且不影响人类医学用药等优点。另一方面，中药加工方便，价格低廉。

中草药可用于解表、清热、泻下、化痰、平喘、补气血、收敛、安神、驱虫等方面，对动物健壮成长有良好效果。中草药作为饲料添加剂可促进肉猪生长，提高鸡的产蛋率和饲料报酬率。如大蒜可以促进生长,治疗痢疾、伤寒、霍乱,对多种细菌如葡萄球菌、肺炎球菌、链球菌有很好的抑制和灭杀作用,且不会产生抗药性,无残留,也不会"三致"。

2.针灸术　针灸术是根据中医"八纲"辨证和补虚泻实等基本原则,利用针刺和艾炙的刺激作用,通过俞穴而促使经络通畅,气血调和,从而达到祛除疾病,恢复健康的目的。

针灸疗法能够治疗很多疾病,这已成为人所共知的事实。那么它的内在根据是什么呢?中医的观点认为,主要是通过针刺、针灸来激发动物调整机体经络、脏腑、营卫、气血等异常现象的机能,从而达到"扶正祛邪"治愈疾病的目的。针灸治疗目前有两个学说:经络学说和神经学说。

经络学说:从我国医学经验来说,均认为畜体有12条经络,构成经络的主干。这12条主干又派生出无数的分枝和毛细枝,网罗全身。这些经络各有其径路,内连脏腑、"百骸",外走头部、躯干、四肢,通贯全身上下、内外,借以维持正常的生理活动。而经络系统的联系作用,不外有下列4种类型,即躯体外部反应到躯体外部;内脏反应到内脏;内脏反应到躯体外部;躯体外部反应到内脏。同时,在经络的径路上,散布有许多聚结点就叫"俞穴",正因为俞穴是和全身经络相联系,因而刺激这些俞穴,就会很快效应到体内脏腑、百骸。针灸治疗疾病就是用外因通过内因起作用的调整经络疗法。

神经学说:是近代生理学中的重要理论,认为有机体的一切生命活动都受神经系统,特别是高级中枢神经的支配。有机体是一个统一的整体,它和外界环境进行着密切的联系,以维持机体与外界环境的平衡,进行正常的生理活动。神经系统动员保卫装置,提高机体的抵抗力,以战胜病因。针灸疗法不同于药物疗法,它不是直接以外因为对象,不一定对患部组织进行直接的治疗,而是激发与调整神经机能,来达到治病的目的。如马患口炎,食欲减退,针玉堂穴就能增进食欲,促进神经的反射机能,使局部血液循环旺盛,增加了营养的供给,因而也相应的增进了消化机能。神经受到针灸的良性刺激,那种特殊反应常常散布到很大的范围,并能在很大的范围内发生调节作用。所以针灸的治疗效果,常不限于穴位附近和神经径路的沿线,可以影响很远很广。

(二)顺势疗法

顺势疗法是一种疾病治疗体系,以小剂量持续使用一种药物为基础,这种药物的大量服用可在健康动物体内产生一种类似于疾病本身的症状。

顺势疗法通过提高动物的抵抗力水平和刺激动物本身的机能来摆脱疾病,所以是对整个有机体的治疗。

顺势疗法的优点是使用完全安全的制剂。与疫苗不同，它是从细菌或疾病分泌物中得到的，而且经过严格调制和高度稀释到无药物成分（即自身没有活性成分），但是留下“痕迹”并携带到制剂内。

根据动物的“特征性类型”，恰当的选择药物是兽医顺势疗法成功的关键，它取决于兽医对合适“类型”的动物的判断、兽医的技能以及对家畜个体知识的了解。

（三）微生态制剂

1. 微生态制剂概述

(1)概念。微生态制剂是指摄入动物体内，参与消化道内微生物平衡，能够通过增强动物对消化道内有害微生物群落的抑制作用或通过增强非特异性免疫功能来预防疾病，从而间接促进动物生长和提高饲料转化率的活性微生物培养物。

微生态制剂，国外称为益生素（probiotics）、益生菌或有效微生物（effective microorganism，EM），1989 年美国食品及药物管理局（FDA）建议该用“直接饲喂微生物”（DFM）替代益生素的名称，国内称之为微生态制剂（microecological）。它是在动物微生态平衡和调整等理论指导下研制而成的。日常饲养管理中添加微生态制剂是指让有益的活的微生物菌体进入动物消化道内，通过调整和维持消化道内微生物菌群之间的平衡状态，在生长、繁殖过程中产生消化酶、维生素、氨基酸、细菌素、脂肪酸等，从而达到促进动物生长，减少饲料消耗，提高免疫功能和预防疾病的目的。应用微生态制剂防治疾病是保护家畜健康生长的一项新方法。

目前大家公认微生态制剂具有下列几种功效：

①在消化道内维持有益微生物的区系。健康的动物一般以肠道功能良好为特征，最主要的是肠道内有效细菌的平衡，尤其是乳酸杆菌在整个消化道内都是优势菌。这是饲料有效转化、维持生命生长或产蛋的基础。但家畜处于高温、高湿、饲料变化、运输等应激状态时，肠道内的乳酸杆菌等有益菌群的平衡受到破坏，在此种情况下饲喂微生态制剂，通过竞争排斥和拮抗病原细菌而维持肠道内的有益微生物群。

②增强饲料的吸收和消化。动物的肠道细菌区系具有消化吸收饲料的重要作用，能够代谢日粮中的碳水化合物、蛋白质、脂肪和矿物质以及合成维生素等，在日粮中添加乳酸杆菌能够刺激食欲和提高蛋品中脂肪、蛋白质、钙、磷、铜和镁的含量。

③调节细菌代谢。第一，可提高肠道内酶的活性：有细菌的肠道内酶的活性比无菌肠道内酶的活性高，这些细菌还能够提高肠道内酶的浓度，如乳酸杆菌能够产

生淀粉分解酶、脂肪分解酶和蛋白质分解酶。第二,可降低病原细菌酶的活性:添加乳酸杆菌的饲料饲喂的动物,其小肠和粪便中细菌的糖苷酶活性降低。第三,可抑制氨的产生:肠道黏膜上尿素分解产生的氨对心包表面有明显的损害,所以抑制脲酶的活性和氨的产生可有效地促进动物健康和生长。如乳酸杆菌能够明显地降低小肠中脲酶的活性,从而降低血液中的非蛋白氮、尿酸浓度以及氨和尿素的量。

④解毒作用:微生态制剂可产生中和病原细菌产生的肠毒素的物质。

⑤刺激免疫作用:肠道对各种病原细菌和食物蛋白质等抗原成分具免疫作用,可以保护家畜不发生肠道感染。乳酸杆菌可以帮助小家畜产生免疫活性,特别是对引起肠道炎症的物质。

(四)药物治疗

及时的诊断和治疗是保障动物健康的基础。当畜禽患寄生虫或其他疾病时,如果缺乏有效措施来防止畜禽不必要的痛苦或有机生产方式不能恢复动物的健康时,都要对患病动物进行药物控制和治疗。

1. 兽药使用原则

(1)如果治疗效果较好且条件允许,应优先使用有机农业标准和条例中列出的草药,如植物提取物(除抗生素)、香精等;顺势疗法的药物,如植物、动物或者矿物质,微量元素及其产品;最后选用非化学合成的对抗疗法的兽药或抗生素。

(2)允许在兽医的监督下使用化学合成的对抗疗法的兽药或抗生素。

(3)禁止使用化学合成的兽药或抗生素预防疾病。

2. 其他规则

(1)禁止使用促进生长或生产的物质(包括抗生素和其他促进生长的人工助剂)以及控制繁殖(诱导或发情调节剂)或其他目的激素类物质,激素只可用于治疗畜禽个体。

(2)允许实施国家或共同体法律规定的改善建筑物、装备和设施的措施以及畜禽的医疗措施。当生产单位所在地区发生传染性疾病时,可针对性地使用疫苗和免疫药品。一旦畜禽生病或受伤,应立即治疗;如果必须隔离,应有合适的圈舍。

(3)无论何时使用兽药,必须清楚地记录药品种类(包括主要的药理成分)、诊断细节、用药剂量、管理方法、患病家畜的畜号或其他标志、疗程和停止用药期。这些记录必须在畜禽及其产品作为有机生产的产品销售前上报给认证机构。治疗过的大牲畜必须逐个标志,小家畜如禽类可逐个或成批标志。必须在经过所用药物停药期的2倍时间(如停药期不足48 h,则必须达到48 h)后,该畜禽及其产品才可作为有机产品出售。

(4)除了接种疫苗,清除寄生虫治疗和其他国家规定的动物检疫项目,饲养周期超过 1 年的牲畜或畜禽群,每年不得接受超过 3 个疗程的化学合成对抗性兽药或抗生素(若畜禽生长期小于 1 年则只允许 1 次)治疗,否则上述畜禽及其产品不能作为有机产品销售。

有机农业强调保护畜禽生命、减轻畜禽病痛,因此,当上述多种措施无法控制畜禽疾病时,允许采用对抗性疗法和使用常规兽药进行治疗。采用对抗性疗法和使用常规兽药的目的是治疗畜禽疾病,是在不得已的情况下采取的权宜之计。这不能成为日常的疾病预防措施,也不能作为畜禽的生长促进剂使用。

采用对抗疗法和使用常规兽药治疗有机畜禽时,必须对患病家畜个体或家禽群体进行可识别的标记,并详细记录病历。病历记录包括诊断结果、药品名称、使用剂量、给药方式、给药时间、疗程、护理方法、停药期、治疗效果等。治疗期间,该畜禽或其产品将不能作为有机产品出售;畜禽痊愈停药后,必须经过 2 个停药期,该畜禽或其产品才能作为有机产品出售。

为了保全患病畜禽的生命,有机农业虽然允许有条件地使用常规兽药,但并不是无条件、无限制的。对饲养不足 1 年的畜禽,规定其只允许接受 1 个疗程的常规兽药治疗;饲养超过 1 年的,每年最多允许接受 3 个疗程的常规兽药治疗;母畜在妊娠期的后 1/3 时段内如果接受了常规兽药的治疗,其后代不能被认证为有机;产奶动物用药后,至少需 90 d。否则该畜禽或其产品就再也不能作为有机产品出售了。

禁止使用荷尔蒙和合成的驱虫剂;禁止在屠宰动物上使用杀寄生虫药物并保持良好和有效的记录。

第六节　畜禽运输与屠宰期

畜禽在装卸、运输、待宰和屠宰期间都必须有清楚的标记,易于识别;而且在装卸、运输和待宰期间必须有专人负责管理。

必须给畜禽提供适当的条件,包括:避免畜禽通过视觉、听觉和嗅觉接触到正在屠宰或已死亡的动物;保持现存的群体联系,避免混合不同群体或性别的畜禽;提供缓解应激的休息时间;确保运输方式和操作设备的质量和适合性;运输工具必须应适合所运输的畜禽;运输途中应避免饥渴,如有需要,必须应给畜禽喂食、喂水;考虑并尽量满足畜禽的个别需要;提供合适的温度和相对湿度;装载和卸载时对畜禽的应激应最小。

运输和宰杀动物的操作应力求平和。禁止使用电棍及类似设备驱赶动物。禁止在运输前和运输过程中对动物使用镇静剂或兴奋剂。禁止在畜禽失去知觉之前就进行捆绑、悬吊和屠宰。用于使畜禽在屠宰前失去知觉的工具应随时处于良好的工作状态。如因宗教或文化原因不允许在屠宰前先使畜禽失去知觉,而必须直接屠宰,则应尽可能在平和的环境下以尽可能短的时间进行。除非从养殖场到屠宰场的距离太远,一般情况下用车辆运输畜禽的时间不应超过 8 h。应尽量就近屠宰。有机畜禽和常规畜禽应分开屠宰,屠宰后的产品应分开贮藏并清楚标记。用于畜体标记的色料标记必须符合国家的食品卫生规定。

第七节　水产品养殖

一、有机水产品的转换

有机转化是建立和发展有活力的、可持续的水产生态系统的过程。有机转换期是从有机管理开始到产品获得有机认证之间的时间。水产品生产可以根据其生物学特性、采用的技术、地理条件、所有制形式以及时间跨度等因素,确定转换期长度。《有机产品》国家标准规定,“封闭水体养殖场从常规养殖过渡到有机养殖,至少需要经过 12 个月的转换期。”“所有引入的水生生物都必须至少在其后的 2/3 的养殖周期内采用有机方式养殖。”生产者须按照标准对全部有机生产进行转化。在转化期间,生产负责人应该有详细的有机转化计划,并根据实际情况,在合适的时候及时更新。该计划的内容包括:历史和现在状况、转化的时间表和转化时可能发生变化的因素。如果一个生产单元不能够一次转化,那么应该保证满足:常规和有机生产区域之间有物理分界且保持一定的距离;在有机生产地能够清楚地检查水质、饲料、药物、投入因素以及标准所要求的内容;清楚、明确、详实的有机和常规生产系统的生产记录;转换期生产单元不能在有机和常规管理之间来回变化。

采集的野生或固定的水产生物可不需要转化期,但采集区域必须经过检查,其水质、饲料等都符合标准。采集区域为水体可自由流动而且不受任何禁止物质影响的开阔水域。

二、原则

管理技术应该根据生物的生理学和行为学特性来制定。生物应该被允许按照自身的行为方式进行生存,所有的管理技术特别是生产水平和生长速度,应该根据生物健康和福利而定。主要措施包括：鼓励和加强包括微生物、植物和动物在内的生物循环；利用不适于人类消费的饲料配料；采用各种非化学防治方法控制病虫害；禁止使用人工合成的肥料，避免化学治疗药物；提倡多种水产品生产。

三、生产区域的位置及选择

虽然我国有辽阔的水产养殖区域，但由于近几年工、农业的迅速发展，很多区域受到不同程度的污染，所以，在确立养殖和采集有机水产品水域时，应该特别注意其周围的环境与水体情况。

（一）养殖区

养殖区应具备以下条件：水源充足，常年有足够的流量；水质符合国家《渔业水域水质标准》；附近无污染源（工业污染、生活污染），生态环境良好；池塘进排水方便；海水养殖区应选择潮流畅通、潮差大、盐度相对稳定的区域。养殖区注意不得靠近河口，以防污染物直接进入养殖区造成污染，或因洪水期受淡水冲击使盐度大幅度下降，导致鱼虾的死亡；水温适宜，5～10 月份一般为 15～30℃，其中 7～9 月份间应在 25～30℃，可根据不同养殖对象灵活掌握；交通方便，有利于水产品苗种、饲料、成品的运输。

（二）采集区

根据保护周围的水环境和陆地环境的原则确定生产区域的位置。未受污染的、稳定的、可持续发展的区域可以确定为有机水产品采集区。采集区内可以采集野生、固定的生物。

四、品种和育种

有机水产品除选择高产、高效益的品种外，还应考虑对疾病的抗御能力，尽量选择适应当地生态条件的优良品种。为了避免近亲繁殖和品种退化，有条件的有机水产养殖场应尽可能选用大江、大湖、大海的天然苗种作为养殖对象。

有机水产养殖人工育苗，应以“在尽可能的低投入条件下，获得具有较高生长速度的优质种苗”为宗旨。育种时应注意以下几点：

(1)亲本培育。亲本池应建在水源良好、排灌方便、无旱涝之忧、阳光充足、环境安静、不受人为干扰的地方。亲本放养密度、雌雄比例要合理恰当；要根据养殖对象的生物学特性，投喂适口饵料和营养全面的配合饲料。创造适合养殖对象繁殖所需的生态环境，尽可能使其自行产卵、孵化。

(2)杂交制种。利用不同品种或地方种群之间的差异进行杂交,其子一代生长性能通常好于亲本,但必须养殖在人工能完全控制的水体中。子一代成体仅供食用,不可留种,因为二代性状分离十分严重,丧失了杂交优势;也不可放养或流失于江河湖泊中,以免"污染"自然种群的基因库。

(3)在条件许可的情况下应该从有机系统引入生物。

(4)不允许使用三倍体生物和转基因品种。

五、养殖清塘

苗种放养前须先进行池塘修整和用药物清塘,主要目的是:杀死有害动物和野杂鱼,减少敌害和争食对象;疏松底土,改善土层通气条件,加速有机物转化为营养盐类,增加水体的肥度;杀死细菌、病原体、寄生虫及有害生物,减少病害的发生;清出淤泥,既可作肥料,又可加深池塘的深度,晒干后还可用于补堤。

清塘一般在收获后进行,先排干塘水,曝晒数日后挖出多余的淤泥,耕翻塘底,再曝晒数日,平整塘底,同时修补堤沟。放苗前 7~15 d 用药物清塘。

六、营养

(一)蛋白质和氨基酸

蛋白质是鱼体的主要成分,鱼的生长主要是蛋白质在体内积累的结果,饲料中的蛋白质含量是决定鱼体生长速度的主要因子。饲料中的蛋白质除供给生长、修补组织和构成生物活性物质外,还是主要的能源物质,这是由于鱼类对碳水化合物利用能力较差的缘故。所以,鱼类饲料中的蛋白质含量,应明显高于家禽和家畜。

蛋白质由多种氨基酸组成。按营养上的重要性,氨基酸分为必需氨基酸和非必需氨基酸两类。饲料中蛋白质的质量决定于必需氨基酸的含量和组成,但是,非必需氨基酸也有节约或替代部分必需氨基酸功能,这种节约作用在配制饲料时应充分利用。

(二)脂肪

脂肪能够提供能源、必需脂肪酸并作为脂溶性维生素的媒介物。脂肪在鱼饲料中的含量约为 10%。脂肪的数量和质量对鱼类的健康和生长均起很大的作用。海水鱼类和冷水性鱼类对脂肪酸的要求较一般淡水鱼类为高。

(三)碳水化合物

碳水化合物是廉价能源。鱼类具有消化碳水化合物的酶类,因此,碳水化合物能够作为鱼类的能源物质，具有节约蛋白质的功能。但是，鱼类利用碳水化合物的能力有限，不仅因种类而异，而且与饲料营养因素的平衡状况有关。一般冷水性和温水性鱼类饲料的适宜碳水化合物含量分别为20%和30%左右。

（四）矿物质

矿物质也称无机盐类，是鱼体的重要组成成分，对维持鱼体正常的内部环境，保持物质代谢的正常进行，以及保证各种组织和器官的正常活动是不可缺少的。鱼类所需的矿物元素主要有：钙、磷、镁、钠、钾、氯、铁、铜、碘、锰、锌、硒等。

（五）维生素

维生素是动物生长发育必不可少的一类营养物质，缺少了它就会影响动物的生长发育。

七、营养供应

有机水产养殖对象的营养，主要来源于有机产地和无污染的草场、矿区、水域。饲料和饵料既要保持水产养殖对象所需的营养成分，又要避免农残、兽残、病原体及其他有害物质的污染。

应该根据生物的营养需求平衡水产生物的饲料，水生生物的饲料应该含有100%的有机认证的材料或者野生饲料。如果没有足够的有机认证材料或野生饲料，可以允许最高5%的饲料来自常规系统。不适合人类消费的有机认证的加工副产品和野生海洋产品可以用作饲料配料。在需要饲料投入的系统内，至少50%的水产动物蛋白应来自不适合人类消费的加工副产品、下脚料或其他材料。只要矿物添加物质是天然形态，就允许使用。

饲养生物时允许天然的摄取行为，尽量减少食物流失到环境中。

（一）饲料添加剂

饲料添加剂一般是指为了某种特殊需要而添加于饲料中的某种或某些微量物质。根据1989年我国制定的《饲料管理条例》规定，饲料添加剂可以分为以下三大类：

1. 补充营养成分的添加剂　主要有氨基酸添加剂、维生素添加剂和矿物质添加剂等。这类添加剂的用途是补充饲料营养成分的不足，促其达到营养成分的平衡，满足养殖动物的需要。因此这类添加剂也称之为饲料补充物。

2. 药物性添加剂　主要有抗生素添加剂、激素类添加剂、抗菌剂和中草药添加剂等。

3.改善饲料质量添加剂　主要有抗氧化剂、促生长剂、防霉剂、黏结剂、调味剂、促消化剂、着色剂等。

在有机水产品生产中，下列产品不能作为添加剂或以其他任何形式提供给生物，它们包括：人工合成的生长促进剂和兴奋剂；人工合成的开胃剂；人工合成的抗氧化剂和防腐剂；人工合成的着色剂；尿素；从同种生物来的材料；用溶剂（如乙烷）提取的饲料；纯氨基酸；基因工程生物或产品；禁止任何形式处理的人粪尿。

在允许的条件下，应该使用天然的维生素、微量元素；细菌、真菌和酶；产品工业的废料（如糖蜜）；植物产品作为水生生物的饲料添加剂剂。

（二）施肥

1.目的和意义

（1）培养天然饵料。施肥能培养浮游植物、腐生性细菌，然后通过食物链满足各种食性养殖种类的饵料需要。

（2）改善养殖生物的环境条件。施用钙肥能改善水的硬度和 pH 值。施肥刺激了浮游植物的发育，加强了光合作用，与此同时，吸收了水中的氨，释放出氧气，可改善养殖动物的环境条件。

（3）促进水域中的物质循环。施肥满足了细菌的营养需要，增大了细菌的数量，加强了细菌的生命活动，因此促进了水域中的矿化作用、硝化作用和固氮作用，也就加速了水域中的物质循环。

（4）为养殖动物直接利用。施有机肥时，肥料的一部分能以腐屑或菌团的形式直接为养殖动物作为饵料而加以利用。

2.保证肥效的条件

（1）水质。接受施肥的水域，水质应呈中性或弱碱性且硬度较高，否则施肥效果差，应先进行石灰处理。

（2）底质。底质宜为壤土或沙壤土、沉积物不宜堆积过深（以 10 cm 左右为宜）。

（3）透明度。因黏土或腐殖质悬浮过多而浑浊（致使透明度低于 30～40 cm）的水域，施肥效果不好，应先解决浑浊问题。

（4）水草。对水草过多的水域施肥（培育浮游植物）效果差，应先清除水草。施肥水域的水，变换不能太快，交换一次的时间要在 3～4 周以上。

（5）肥料。有机水产品养殖使用的肥料种类应符合有机农业的肥料要求和标准。有机肥使用时，要腐熟、消毒、杀菌。禁止使用未经处理的生活污水。

八、养殖对象的健康与预防疾病

因为水生生物大部分生活在水中，疾病既不易发现，又难以治疗，因此应以预防和防止传染为主。同时，由于疾病的发生与其本身的抗病力、病原的存在和不良的环境条件有着密切的关系，预防工作必须贯穿于养殖全过程。

应从各项技术管理措施和不同的环境条件出发，全面考虑病害的预防问题，其措施主要包括：

抓好池塘的清淤、清池和药物消毒工作，这是防病的重要环节。

实行苗种消毒，减少病原体的传播，控制放苗密度，掌握准确的投苗数量，为养成期的科学投饲管理打好基础。

加强水质的监测和管理，坚持对养殖用水进行定期监测，包括水温、盐度、酸碱度、溶解氧、透明度、化学耗氧量、病原体等，发现问题及时采取防范措施。

定期投喂植物源或矿物源的药饵，提高养殖对象的抗病能力。

改革养殖方式和方法，开展生态防病，如稻田养鱼、养蟹、养蛙。虾鱼、虾贝、虾藻混养和放养光合细菌等，净化和改善水质。

加强疾病的检测工作，早发现早治疗，切断病菌的传播途径，以防蔓延。

有机水产品养殖的疾病防治用药应严格按照有机标准，禁止使用对人体和环境有害的化学物质、激素、抗生素；禁止使用预防性的药物和基因产品（包括疫苗），提倡使用中草药及其制剂、矿物源渔药、动物源药物及其提取物、疫苗及微生物制剂，严禁任何形式的去势。

九、收获、运输、保鲜和屠宰

有机水产品的捕捞应尽可能采用网捕、钩钓、人工采集方法。禁止使用电捕、药捕等破坏资源、污染水体、影响水产品品质的捕捞方式和方法。

产品的捕捞或采收不应该超过生态系统的可持续产量，或者对其他生物的生存造成危险。

根据水质、温度、氧气选择适合的运输工具，尽量减少运输距离和次数。在运输期间应该定期照看活体动物，并制定出具体的运输规定，包括水体的质量、温度和氧气含量、水体数量、密度、运输距离和时间及防治逃脱的措施等。

运输不应该对动物产生可以避免的影响或物理损害；运输设备或材料不应该有潜在的毒性；运输前或运输期间不能够使用化学合成的镇静剂和兴奋剂；运输期间应该有专人对动物的健康负责。

有机水产品要尽量保鲜、保活。在运输过程中，禁止使用对人体有害的化学防腐剂和保鲜保活剂，确保有机水产品不受污染。

屠宰期间的危害和影响应该尽量减少，屠宰措施和技术应该根据生物的生理学和行为学特性仔细考虑，而且应该考虑民族习惯。

第八节 蜂产品生产

一、转换期

蜂产品的生产同农产品、畜禽产品和水产品生产一样，要经过转化过程。虽然蜜蜂的采集活动介于人工和自然之间，但只有在完全遵守《有机产品》国家标准所要求的有机产品生产方法至少 1 年以后，其产品才能作为有机产品出售。在整个转换期内，人工蜂蜡必须被天然的蜂蜡所替代。

二、品种

选择品种时，必须考虑其生存能力和对疾病抵抗能力是否能适应当地的环境条件，应当优先选择意大利蜂、中华蜜蜂及适合当地生态环境的变种。

三、饲养场所

养蜂场所的环境条件与养蜂的成败、产品产量与质量和蜜蜂的健康与福利需要密切相关。应经过周密的调查，选择蜜源丰富、环境适宜的地方建立蜂场。养蜂场地周围 3 km 半径范围内，全年至少要有一两种大面积的主要蜜源植物，同时，还需有多种花期交错的辅助蜜源、粉源植物。依赖辅助蜜源植物可以培养壮大蜂群，造脾和生产蜂王浆；利用流蜜量大的主要蜜源可大量生产蜂蜜。

养蜂场地要求背风向阳，地势高燥，不积水，小气候适宜。蜂场周围的小气候，直接影响蜜蜂的飞行、出勤、收工时间以及植物产生花蜜。西北面最好有院墙或密林；在山区，应选在山脚或山腰南向的坡地，背有挡风屏障，前面地势开阔，阳光充足，场地中间有稀疏的小树。这样的场所，冬春季可防寒风吹袭，夏季有小树遮阳，免遭烈日曝晒，是理想的建场地方。蜂场附近应有清洁的水源，若有长年流水不断的小溪，以供蜜蜂采水，则更为理想。蜂场前面不可紧靠水库、湖泊、大河，以免蜜蜂被大风刮入水中，蜂王交尾时容易溺水，这对蜜蜂的福利十分重要，是常规养殖经常忽略的问题。有些工厂排出的污水有毒，在污水源附近不可设置蜂场。蜂场的环境要求安静，没有牲畜打扰，没有振动。在工厂、铁路、牧场附近和可能受到山洪冲击或有塌方的地方不宜建立蜂场。农药厂或农药仓库附近放蜂，容易引起蜜蜂中毒，也不宜建场。在糖厂或果脯厂附近放蜂，不仅影响工厂工作，还会引起蜜蜂伤亡损失。

一个蜂场放置的蜂群以不多于 50 群为宜，以保证蜂群有充足的蜜源，并减少蜜蜂疾病的传播。注意查清附近有无虫、兽敌害，以便采取相应的防护措施。

四、饲养

蜂群每年要经过恢复时期、发展时期、强盛时期、秋季蜜蜂的更新时期和越冬时期。每个时期都有其相应的管理技术。

恢复时期：这一时期是从早春蜂王开始产卵、蜂群开始哺育蜂子起，到蜂群恢复到越冬前的群势为止。这一时期，当年培育的新蜂代替老蜂，育子能力提高 2～3 倍，为蜂群的迅速发展创造了条件。

发展时期：在这个时期，蜜蜂哺育蜂子能力迅速提高，蜂王产卵量增加，每天羽化的新蜂超过了老蜂的死亡数，蜂群发展壮大，蜜蜂和子脾数量都持续增长。有的蜂群出现雄蜂子和雄蜂。蜂群发展到 8～10 框蜂（蜜蜂在 2 万只以上），便进入强盛时期。

强盛时期：北方一般出现在夏季，长江中下游地区出现在春末夏初。强盛时期，常有主要蜜源植物大量开花、流蜜，是蜂群突击采集饲料的时期，也是生产蜂产品的时期。

秋季蜜蜂更新时期：秋季，主要蜜源植物流蜜期结束后，蜂群培育的冬季蜂更替了夏季蜂。冬季蜂主要是没有哺育过幼虫的工蜂，它们的上颚腺、舌腺、脂肪体等都保持发育状态，能够度过寒冬，到来年春季仍然能够哺育幼虫。为使蜜蜂在冬季存活，蜂箱里必须有充足的蜂蜜和花粉。

越冬时期：晚秋，随着气温下降，蜂王产卵减少，最后完全停止。气温下降到 5℃以下，蜜蜂周围温度接近 6～8℃时，蜜蜂结成越冬蜂团。越冬期间没有新蜂羽化，只有老蜂死亡，蜜蜂数量逐渐减少，到早春数量减少到最低点。这个时期，可能需要为蜜蜂补充食物，保证其生存和来年蜂群的发展。

当极端的气候条件使蜜蜂难以存活时，可进行人工饲喂。应饲喂有机生产的，而且最好是来自同一有机生产的单位的蜂蜜；但当由于气候原因而引起蜂蜜结晶的时候，可以使用有机生产的糖浆或糖蜜来替代蜂蜜进行人工饲喂。并应如实记录人工饲喂的信息，包括产品类别、日期、数量和使用的地点。人工饲喂只能在最后一次收获蜂蜜后、下一次收获蜂蜜的 15 d 前进行。

五、疾病的预防和治疗

蜜蜂的病害可分为传染性和非传染性两大类。传染性病害又可根据它们侵染方式的不同，分为侵染性病害和侵袭性病害。侵染性病害是由病原微生物引起的，而侵袭性病害是由寄生虫所致。非传染性病害是指由于遗传因子、有毒、有害等不良因子引起的病害。

病毒、细菌、寄生虫引起的传染性蜜蜂病虫害对养蜂生产有很大的危害，应采取“预防为主，治疗为辅”的方针，选育和饲养抗病力强的蜂种、饲养强群。发生传染病要抓紧治疗，将蜂箱、巢脾、蜂具彻底消毒，消灭病原。

蜜蜂的致病病毒有10余种，主要包括囊状幼虫病和麻痹病。细菌病有美洲幼虫腐臭病和欧洲幼虫腐臭病；真菌病有白垩病和黄曲霉病；寄生螨有大蜂螨和小蜂螨2种。

(一)疾病的预防

蜜蜂的疾病预防措施包括如下方面：选择相对健壮的品种；采取一定的措施来增强蜂群对疾病的抵抗力，如定期更换蜂王、对蜂箱进行系统的检查、定期更换蜂蜡、在蜂箱内保留足够的花粉和蜂蜜；材料和设施的定期消毒，销毁被污染的材料和设施。

1.蜂具消毒　蜂具消毒的办法包括：

(1)福尔马林消毒。福尔马林1份，水9份，配成4%的水溶液，将空脾、小件蜂具浸泡24 h，甩净药液，清水冲洗，晾干。或将装有福尔马林2份、水1份的磁质或玻璃容器从窗口放入巢箱，再向药液中加高锰酸钾2份，迅速糊严窗口，用所产生的福尔马林蒸气熏蒸24 h。

(2)食盐水消毒。水1 L加食盐360 g，配成食盐饱和溶液，可将空脾和小件蜂具放在其中泡24 h。

(3)冰醋酸消毒。80%冰醋酸用来熏蒸空脾。每箱巢脾用80%冰醋酸100～150 mL，以玻璃容器盛装，放于继箱上面，密闭熏蒸3～5 d。适于消毒患孢子虫病的巢脾。

(4)氢氧化钠(火碱)消毒。火碱1 kg，加热煮洗蜂具、覆布、工作服等。

(5)漂白粉消毒。50 L水加漂白粉2.5 kg，洗刷蜂箱及木制蜂具。

(6)硫磺消毒。每继箱巢脾用硫磺3～5 g，点燃，密闭熏蒸巢脾。

(7)石灰消毒。10%～20%石灰乳生石灰5～10 kg，加水50 L，喷刷地面和墙壁，给越冬室、蜂场消毒。

2. 隔离　采取上述预防措施后，蜂群仍然染病或大量感染，应立即对该区域采取处理措施，如有必要，应设立隔离。

(二)疾病的治疗

药品的使用应按照标准要求，优先使用光线疗法和顺式疗法性质的药品。在感染时，可以使用蚁酸，乳酸、醋酸、草酸、薄荷醇、麝香草酚、桉油精或樟脑。禁止使用化学合成药品进行疾病预防。

如果应用化学合成的药品进行治疗，在这段时期里，该养蜂地区应被隔离，并且所有的蜂蜡都必须替换成有机蜂蜡。随后，该地区应实行1年的转换期。

无论何时使用药品，都应详细的记录如下内容：诊断的细节、药品的类型(包括主要成分)、剂量、用药的方法，治疗持续时间、停药间。必要时，将其呈报给检查机构或相关部门。

第四部分

安全农产品

质量管理体系

第十一章 追踪体系

所谓追踪体系也就是一套完整的可溯源保障机制，即当在有机生产、运输、加工、贮存、包装、销售等任何环节出现问题时，依照追踪体系的相关记录进行追溯，找到问题产生来源的过程。追踪体系能够保障消费者及合法生产者、经营者的利益。

第一节 质量追踪的意义和内容

意义：追踪体系的建立及可追溯性也是有机生产中一个非常重要的内容；完善的追踪体系可以帮助生产者在产品出现问题时将损失降低到最小程度；检查追踪体系的目的主要是判断追踪体系的可追溯性。

内容：为保证有机生产的完整性，有机产品生产、加工者应建立完善的追踪系统，保存能追溯实际生产全过程的详细记录（如地块图、农事活动记录、加工记录、仓储记录、出入库记录、销售记录等）以及可跟踪的生产批号系统。具体内容包括：生产者建立的可追溯系统；生产者保存的能追溯实际生产全过程的记录（如生产活动记录、贮藏记录、出入库记录、运输记录、销售记录等）以及生产批号系统。每一批产品都能够追踪其来源。

第二节 质量追踪体系的建立和实施

一、质量追踪体系的建立

质量追踪体系参见图 11.1。

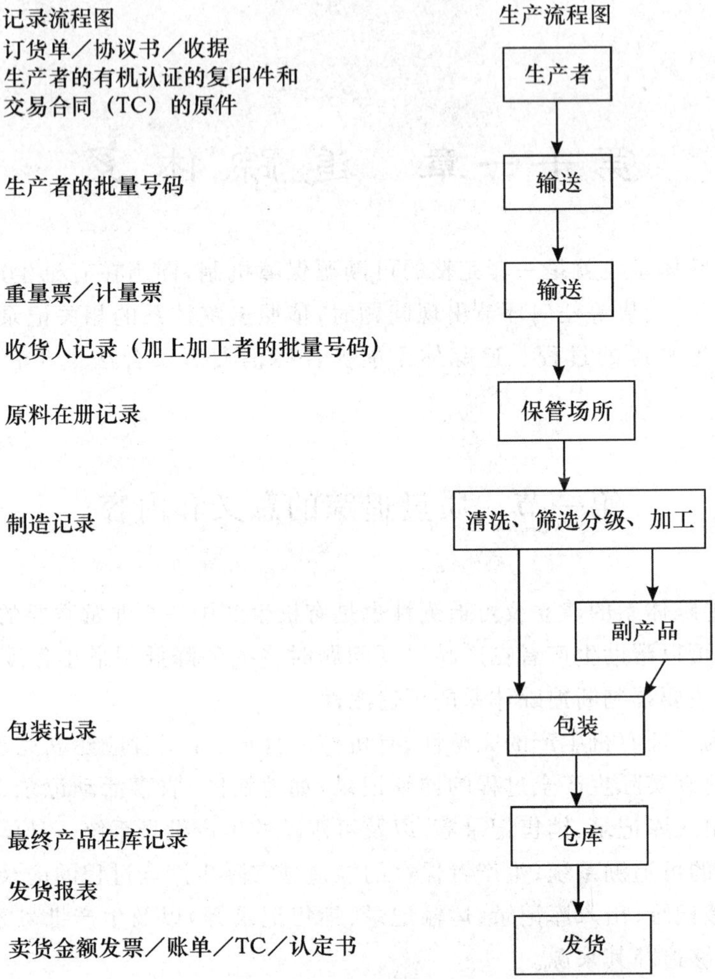

图 11.1　质量追踪体系

二、生产档案的保持

由于时间和经费的限制，检查认证机构不可能一年四季住在农场观察生产的全过程，这就需要生产者将其生产活动以文字资料的形式记录下来，作为从事有机生产的证据，同时也使生产出来的产品具有可追溯性，一旦出现问题可以查到具体的责任人。文档记录是获得认证的必要条件。一般地，生产者要向认证机构提交下列文档资料：农场地图、地块图（包括地块编号）；生产计划；生产资料投入情况记录,包括所有来自农场外部的肥料、种子、植保物资等的使用情况(时间、数量、次数),要具体到地块和茬口;其他农事活动记录,包括耕作和水土保持措施;产品收获、贮藏和销售情况记录。

文档记录的格式因农场的具体情况不同而有很大差别,没有适合所有农场条件的统一格式,农场必须根据自身特点设计。设计中要把握的原则,就是可追溯性和便于检查员的核查,能够再现整个生产过程。

三、质量追踪体系的实施

(一)有机种植追踪体系的实施

有机种植追踪体系流程见图 11.2。

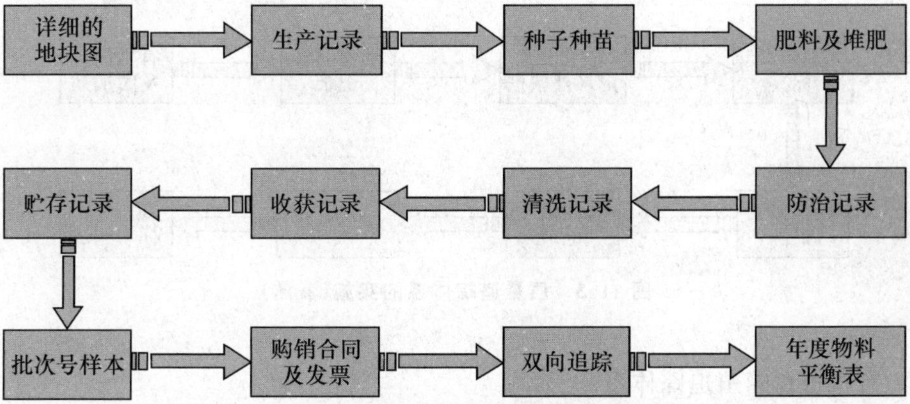

图 11.2　质量追踪体系的实施(种植)

有机种植追踪体系:

(1)详细的地块图。

(2)本年度以及前 3 年的生产记录,包括投入物质的使用日期和用量。

(3)种子种苗的购买、使用记录,非转基因证明,未使用有机种苗的理由及证据。

(4)使用肥料或堆肥的原始记录。

(5)病、虫、草害防治记录,使用物质的标签和/或购买发票。

(6)生产设备、贮存设施和运输工具的清洗记录。

(7)收获记录,包括缓冲区内的作物或平行生产的作物的收获记录。

(8)贮存记录,包括贮存仓库的编号以及出入库的数量和日期。

(9)批次号样本,并对其代码的含义逐一进行解释。

(10)购销合同及发票。

(11)按批次抽查有机生产的追踪材料,是否可实现从产品到种子、种苗和土地以及从种子、种苗到产品的双向追踪。

(12)年度物料平衡表。

(二)有机养殖追踪体系的实施

1.有机畜禽追踪体系的实施　有机畜禽追踪体系实施,流程见图 11.3。

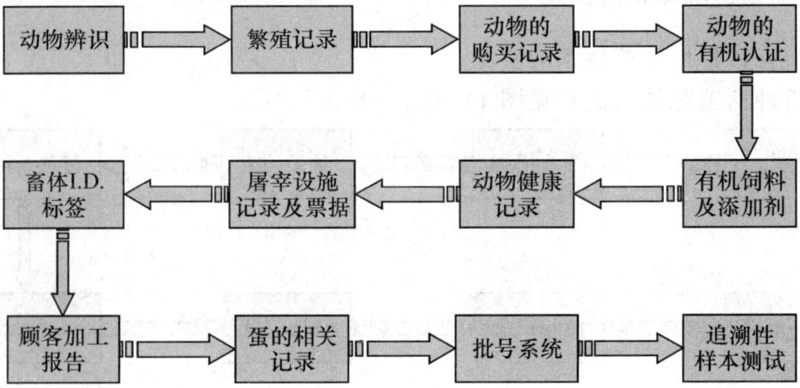

图 11.3　质量追踪体系的实施(畜禽)

有机畜禽养殖追踪体系:

(1)动物如何辨识:耳号、火印烙号、刺号、打耳缺、颈圈标志等。

(2)繁殖记录(日期、图、记录)。

(3)动物购买记录(票据、交易证书、运单、运输记录)。

(4)购买的动物的有机认证确认(交易证书、有机证书),购买日期及生产日期。

(5)有机饲料、添加剂的购买记录(票据、标签、交易证书、提单、批号、运单、有机证书)。

(6)动物健康记录(日期、记录、卡片、兽医、计算机信息)。

(7)屠宰设施记录、票据、畜体 I.D. 标签、顾客加工报告。

(8)蛋生产、挑选、分级及包装记录。

(9)批号系统。

(10)追溯性样本测试:评估组织的记录;追溯动物的动物产品的能力;生产出认证数量的能力,有机饲料的数量;企业对有机追溯性要求的理解和承诺。

2.有机水产追踪体系的实施　有机水产追踪体系流程见图 11.4。

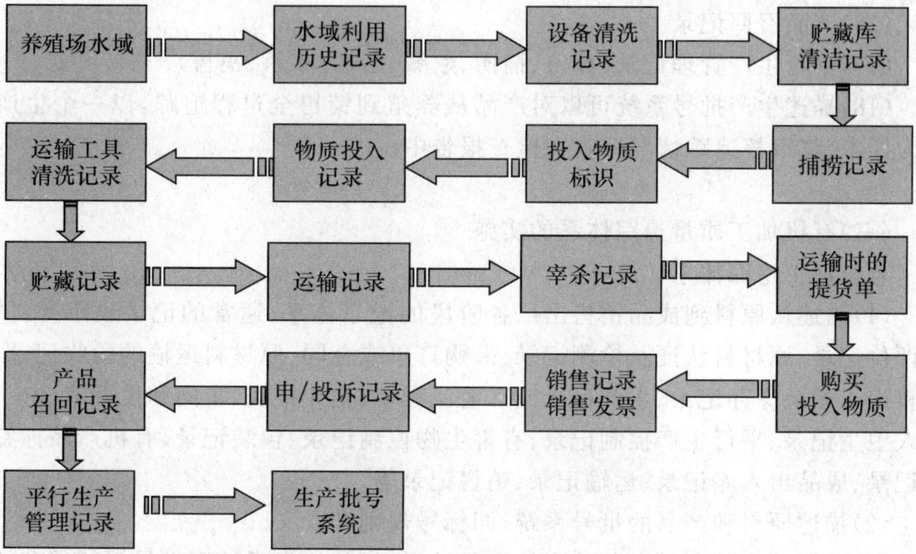

图 11.4　质量追踪体系的实施(水产)

有机水产养殖追踪体系：

(1)养殖场水域分区图。

(2)水域利用历史记录。

(3)设备清洗记录。

(4)贮藏库清洁记录。

(5)运输工具清洗记录。

(6)物质投入记录。

(7)投入物质标志。

(8)捕捞记录。

(9)贮藏记录。

(10)运输记录。

(11)宰杀记录。

(12)货物运输时的提货单。

(13)购买投入物质的支付生产费用收据。

(14)销售记录和销售发票，如属双重认证，是否可凭记录和发票分别追踪销售情况。

(15)申/投诉记录。

(16)产品召回记录。

(17)平行生产管理记录(养殖、捕捞、贮藏、运输、宰杀、销售)。

(18)描述生产批号系统可以对产品从养殖到销售全过程追踪,以一个生产批号为样本,将审核追踪情况反映在检查报告中。

(三)有机加工质量追踪体系的实施

有机加工追踪体系:

(1)描述从原料到成品销售出厂各阶段的记录体系,通常的记录表单有:供应商评价记录、原材料认证及检测记录、采购订单或合同、原材料运输的验收记录、原材料出入库及库存记录、生产记录或工艺流程单、生产报表、车间和设备清洗记录、个人卫生记录、平行生产控制记录、有害生物控制记录、包装记录、有机产品标签使用记录、成品出入库记录、运输记录、销售记录等。

(2)描述原料和产品的批号系统,即标号规则和含义。

(3)描述从终端产品向前追索核查的结果,评价记录系统和批号系统的有效性和可追索性。

第十二章　安全农产品管理

第一节　农产品质量安全管理

农产品质量安全事关民众身体健康,历来是社会广泛关注的热点和焦点问题。农业部自2001年以来,通过全面推进"无公害食品行动计划",我国的农产品质量安全水平有所提高。但近两年来,农产品质量安全缓慢上升、上下徘徊,个别地区安全指标反弹,食用农产品急性中毒事件时有发生,种种情况表明,农产品质量安全形势仍然严峻。值得庆幸的是,2006年4月29日国家主席胡锦涛签署了中华人民共和国主席令,我家将于同年11月1日正式实施《中华人民共和国农产品质量安全法》。该法的颁布执行将农产品的质量安全赋予了法律意义,必定更加有效地从源头上保障农产品质量安全,维护公众的身体健康,促进农业和农村经济的发展。

一、背景

农产品质量安全关系人们的生命与健康,历来是政府与消费者的关注焦点。就世界范围而言,自20世纪80年代中期至世纪之交的十几年间,就有"疯牛病"、"O157中毒事件"、"二噁英"以及"李斯特菌中毒"等诸多重大农产品安全事件。而国内在2004年,中国卫生部通报的381起重大食物中毒事件中,由有毒动植物引起的就有140起。这两年陆续披露的有瘦肉精、苏丹红、毒菜事件、毒茶叶事件、水产品中孔雀石绿污染等,源头基本上都集中在生产环节。尽管政府通过相关的政策和制度规定,对这些事件都进行了及时处理,但由于缺乏法律依据,权威性和强制性不足,很难从根本上杜绝类似事件发生。因此,亟须通过立法来规范农产品生产经营行为,保证公众消费安全。

另外,中国加入世贸组织后,农产品出口的压力加大。近年来,因质量安全问题导致出口农产品遭退货、扣押、销毁、索赔、终止合同等现象十分突出。发达国家以质量安全为由,不断提高农产品进口市场准入门槛,设置技术性贸易壁垒,削弱了中国优势农产品的出口竞争力。据统计，中国九成农产品出口企业曾不同程度地受到国外技术壁垒的影响，每年经济损失高达90亿美元。

在现有法律方面，国家已出台的《食品卫生法》不调整种植、养殖业等农业生产活动，而《产品质量法》单纯涉及加工产品，不适用于未经加工、制作的农业初级产品。从该意义上来说，《农产品质量安全法》也填补了国内相关法律的空白。

《农产品质量安全法》以强化产地监测、源头控制为基本出发点；以加强过程控制、推行标准化生产和规范化管理为主要手段；以质量安全责任追溯制度为突破口，推进产品认证、包装标志制度，强化农产品生产经营者的责任意识；以建立市场准入制度为目标，发布农产品质量安全监测信息，构建起农产品质量安全监管体系，保护消费者的知情权，保障消费安全，提升农产品市场竞争力。

二、框架

《农产品质量安全法》分为8章分别是总则、标准、农产品产地、农产品生产、农产品包装和标志、监督检查、法律责任和附则，共56条，涉及的主要制度有：农产品风险评估、信息发布、农产品质量安全标准、农产品产地分类管理、农产品质量安全追溯、农产品市场准入和质量安全监督检查、农产品质量安全事故报告等。此外，草案还明确了农产品质量安全监管人员、检测机构和农产品生产经营者违反法律规定应当承担的法律责任。

三、基本制度

《农产品质量安全法》从我国农业生产的实际出发，遵循农产品质量安全管理的客观规律，针对保障农产品质量安全的主要环节和关键点，确立了相关的基本制度，主要包括以下7点：

(1)政府统一领导，农业主管部门依法监管，其他有关部门分工负责的农产品质量安全管理体制。

(2)农产品质量安全标准的强制实施制度。政府有关部门应当按照保障农产品质量安全的要求，依法制定和发布农产品质量安全标准并监督实施；不符合农产品质量安全标准的农产品禁止销售。

(3)防止因农产品产地污染而危及农产品质量安全的农产品产地管理制度。

(4)农产品的包装和标志管理制度。

(5)农产品质量安全监督检查制度。

(6)农产品质量安全的风险分析、评估制度和农产品质量安全的信息发布制度。

(7)对农产品质量安全违法行为的责任追究制度。

第二节　认证机构的管理

一、认证机构的授权

认证机构的授权目前主要有两种形式:政府授权和非政府组织授权。目前欧盟、美国以及日本等国家和地区既可通过政府组织(如农业部等)进行授权,又可通过私人组织进行授权,如私人机构按照 ISO 65 的规定进行第三方授权。目前欧盟第三方授权主要是通过其成员国认证组织的管理机构完成的(有些国家目前还没有此类机构)。IFOAM 认证授权属于非政府组织,其活动主要通过总部设在美国的 IOAS 公司完成,据 IOAS 称,其活动是严格按照国际标准 ISO 65 的原理进行操作的。由于 IFOAM 在世界上影响非常大,尽管它是非政府组织,但有些国家和政府也承认 IFOAM 授权的机构。

(一)我国认证机构的授权依据

我国认证机构的授权依据为《中华人民共和国认证认可条例》。

认证认可是国际上通行的提高产品、服务质量和管理水平,促进经济发展的重要手段。近年来,我国认证认可工作不断发展,认证已由过去单纯对产品进行认证,拓展到服务、管理体系认证、认证机构和认证培训机构认可、实验室和检查机构认可、认证人员注册等诸多领域。国家认证认可的行政管理和工作框架基本确立,结构趋于合理,但是,仍然存在许多问题:

(1)认证认可法律规范相对滞后。原《中华人民共和国产品质量认证管理条例》的调整范围仅限于产品质量认证,只对认证活动作了若干规定,不涉及认可,已经不能适应社会主义市场经济发展的需要,不能适应我国加入世贸组织后对服务、管理体系认证和认可实施监督管理的需要。

(2)认证认可工作中政出多门、多重标准、监督不力、有效性不强的问题比较突出,在一定程度上制约了认证认可的进一步发展。

(3)目前认证认可市场存在一定的混乱现象,影响了认证认可市场的健康、有序发展。

(4)对外商投资认证机构、境外认证机构代表机构、认证培训机构和认证咨询机构的监督管理缺乏明确的法律依据。

(5)我国在加入世贸组织时已经承诺:对重要的进口产品质量安全许可制度和产品安全认证制度将实行“四个统一”(即统一产品目录,统一技术规范的强制性要求、标准和合格评定程序,统一标志,统一收费标准),使我国的认证认可工作符合世贸组织规则。

因此,《中华人民共和国认证认可条例》的颁布,标志着我国认证认可工作在法制化方面向前迈出了一大步,是我国认证认可事业发展史上的一个重要里程碑。它的颁布为我国履行加入世界贸易组织承诺和参与经济全球化,整顿和规范认证认可市场秩序,适应社会生产力发展需要,提高产品、服务质量和管理水平,不断满足人民群众日益增长的物质文化需要提供了有利的法律保障。

(二)我国认证机构的授权机构

我国认证机构的授权机构为国家认证认可监督管理委员会。

《中华人民共和国认证认可条例》第四条规定:国家实行统一的认证认可监督管理制度。国家对认证认可工作实行在国务院认证认可监督管理部门统一管理、监督和综合协调下,各有关方面共同实施的工作机制。

《认证认可条例》第三十七条规定:国务院认证认可监督管理部门确定的认可机构,独立开展认可活动。除国务院认证认可监督管理部门确定的认可机构外,其他任何单位不得直接或者变相从事认可活动。其他单位直接或者变相从事认可活动的,其认可结果无效。按照这一规定,国家实行统一的认可制度,只建立一套认可体系,国家认证认可监督管理委员会要按照国际通行做法,对现有的认可机构进行调整,建立集中统一的认可机构。

《认证认可条例》第九条规定:设立认证机构,应当经国务院认证认可监督管理部门批准,并依法取得法人资格后,方可从事批准范围内的认证活动。未经批准,任何单位和个人不得从事认证活动。第十条规定:设立认证机构,应当符合下列条件:有固定的场所和必要的设施;有符合认证认可要求的管理制度;注册资本不得少于人民币 300 万元;有 10 名以上相应领域的专职认证人员。

从事产品认证活动的认证机构,还应当具备与从事相关产品认证活动相适应的检测、检查等技术能力。

二、认证机构的认可

认可是国家依法设立的权威机构对认证机构实施认证的能力进行评定和承认,它可以使不同的认证机构均能依据相同的国际导则或认可规范性文件,按照相同的程序从事认证活动,从而使认证结果具有可比性并得到互认。认可制度体现了国家意志，它为保证认证工作的客观性和公正性建立了一套科学化、规范化的程序和管理制度。

2002 年 4 月我国统一的国家认可制度建立后，将分属不同部门的认可机构进行了整合，成立了统一的认可机构——中国认证机构国家认可委员会(CNAB)(现隶属于 CCAA)，分别开展不同领域的认证机构认可工作。产品认证认可的依据为 ISO/IEC 导则 65《产品认证机构通用要求》及 IAF 对 ISO/IEC 导则 65 的应用指南。目前，该导则已转化为国家标准(GB/T 27065—2004)。ISO/IEC 导则 65 由 ISO/IEC 合格评定委员会(CASCO)制定，1996 年发布，CASCO 于 2000 年对该导则的适用性进行了确认。制定该导则的目的是希望从事产品质量认证的机构遵循导则中提出的要求，以确保认证机构“以可靠一致的方式运作产品认证制度，使其便于为国家或国际所接受，从而促进国际贸易”。导则所包含的要求是运作产品质量认证制度的认证机构所应遵循的基本准则，在特定的工业领域或有诸如对健康和安全等有特殊要求时，还必须考虑在 ISO/IEC 导则 65 的基础上增加相应的特殊要求。

第三节　农产品检测

一、无公害农产品检测

(一)法律法规

2002 年 4 月 29 日，农业部、国家质量监督检验检疫总局发布第 12 号令，发布并实施《无公害农产品管理办法》。该办法规定无公害农产品的产地环境及产品均需进行检测。具体条款包括：“第十八条　现场检查符合要求的，应当通知申请人委托具有资质资格的检测机构，对产地环境进行检测。承担产地环境检测任务的机构，根据检测结果出具产地环境检测报告。”以及“第二十五条　材料审核符合要求的、或者材料审核和现场检查符合要求的(限于需要对现场进行检查时)，认证机构应当通知申请人委托具有资质资格的检测机构对产品进行检测。承担产品检测任务的机构，根据检测结果出具产品检测报告”等。

(二)检测标准

无公害农产品的产地(种植、养殖、水产)与各项产品均有各自的检测标准，详见第二章相关介绍。

（三）检测机构

1. 产地环境检测机构　无公害农产品产地环境的检测机构共190余家。

2. 产品检测机构　全国具有资质的无公害农产品的产品检测机构共100余家。

二、绿色食品检测

（一）法律法规

各类绿色食品在生产生产活动中，应该严格遵守其相关的生产准则。其中除产地环境分别遵守《绿色食品　产地环境技术条件（NY/T 391—2000）》的相关要求外，如种植业还应遵守《绿色食品　农药使用准则（NY/T 393—2000）》及《绿色食品　肥料使用准则（NY/T 394—2000）》等；而养殖业和水产应分别遵守《绿色食品　饲料和饲料添加剂使用准则（NY/T 471—2000）》、《绿色食品　兽药使用准则（NY/T 472—2006）》和《绿色食品　渔药使用准则（NY/T 755—2003）》等生产准则的规定，具体要求详见第三章相关部分。

（二）检测标准

无公害农产品的产地环境与各类产品均有各自的检测标准与相关指标，详见第三章相关介绍。

（三）检测机构

与无公害农产品类似，绿色食品的监测机构也分为环境质量监测机构和产品质量监测机构两类。绿色食品监测机构应具备法定资格，经中国绿色食品发展中心考核确认，自愿接受委托，承担绿色食品监测任务的机构。

中国绿色食品发展中心根据《绿色食品监测机构管理办法》、《关于全国绿色食品监测机构布点的意见》，遵循合理布局、规范发展的原则，受理有关监测单位的申请。申请绿色食品环境质量监测的单位，必须有当地绿色食品委托管理机构推荐意见，方予受理。然后经过资质审核、实地考察合格后，便可以委托授权进行相关范围的检测工作。中国绿色食品发展中心每年对其授权的机构进行能力验证和日常监督管理指导等工作。

1. 环境质量监测机构　具有资质的绿色食品产地环境监测机构共60余家。

2. 产品质量监测机构　具有资质的绿色食品产品监测机构共30余家。

三、有机产品检测

(一)法律法规

现代有机食品的理念来源于欧美等发达国家，与国内无公害农产品及绿色食品的不同，有机产品强调的是生产过程的控制与监督，对于生产链条的两端即产地环境与最终的产品并无明确的要求。国家标准 GB/T 19630《有机产品》的相关内容参考了国外的惯例以及我国生产的具体情况，对产地环境即重金属、农残等提出了具体的要求，但也未明确规定必须进行检测。

(二)检测标准

有机产品的产地环境及产品的标准，应参照国家标准 GB/T 19630《有机产品》的相关要求。其中基地的环境质量应符合以下要求：

1. 种植业　种植业的产地环境标准如下(GB/T 19630.1 中 4.1.2)：

(1)土壤环境质量符合 GB 15618 土壤环境质量标准中的二级标准。

(2)农田灌溉用水水质符合 GB 5084 灌溉水环境质量标准中Ⅴ类水标准。

(3)环境空气质量符合 GB 3095 环境空气质量标准二级标准和 GB 9137 保护农作物的大气污染物最高允许浓度。

另外，食用菌栽培用水水源水质应符合 GB 5749 的指标要求(GB/T 19630.1 中 5.1)。

2. 水产养殖　水产养殖场水质必须符合国家 GB 11607 的规定(GB/T 19630.1 中 9.3)。

(三)检测机构

根据国家质检总局《有机产品认证管理办法》(局令[2005]第 67 号)，国家认监委负责定期公布有机产品产地(基地)环境检测、产品样品检测机构(以下简称有机产品检测机构)名录。为此，国家认监委下发了《关于公布有机产品检测机构名录有关问题的通知》(认办注函[2005]82 号)，对从事相关检测的检测机构名录公布程序作出具体规定。

各有机产品认证机构在对外分包检测业务时，应当从上述名录中选取检测机构。在签署分包业务前，应注意核对其计量认证证书或实验室认可证书是否真实有效；分包的检测项目应当在计量认证或实验室认可的范围之内。

第四节 农产品安全质量认证

一、无公害农产品认证

(一)主管单位

无公害农产品的认证由农业部农产品质量安全中心全面负责。该中心的主要职责是贯彻执行国家关于农产品质量安全认证认可及合格评定方面的法律、法规和规章制度;发布认证标志和认证产品目录;受理分中心认证审查报告,并向认证合格者颁发认证证书;办理无公害农产品标志的使用手续,负责无公害农产品标志使用的监督管理;接受无公害农产品产地认定结果备案;对无公害农产品标志的印制单位进行委托和管理;开展无公害农产品质量安全认证的国际交流和合作;负责农业部农产品认证管理委员会的日常工作。

农业部农产品质量安全中心内设办公室、技术处、审核处、监督处 4 个职能部门,下设种植业产品、畜牧业产品和渔业产品 3 个认证分中心。

分中心的主要任务是受理相关产品生产单位和个人提出的认证申请,并组织检查员对认证产品进行形式和文件审查,并出具审查意见上报中心;组织对申报产品的现场检查,出具现场检查报告;下达产品抽检任务,审查产品检验报告;负责提出产品认证工作计划及规划等认证工作。

(二)认证流程

1. 申请认证的内容和基本程序 根据《无公害农产品管理办法》的规定,申请无公害产品认证的单位或者个人(以下简称申请人),应当向认证机构提交书面申请,书面申请应当包括以下内容:

(1)申请人的姓名(名称)、地址、电话号码。

(2)产品品种、产地的区域范围和生产规模。

(3)无公害农产品生产计划。

(4)产地环境说明。

(5)无公害农产品质量控制措施。

(6)有关专业技术和管理人员的资质证明材料。

(7)保证执行无公害农产品标准和规范的声明。

(8)无公害农产品产地认定证书。

(9)生产过程记录档案。

(10)认证机构要求提交的其他材料。

符合要求的,认证机构可以根据需要派员对产地环境、区域范围、生产规模、质量控制措施、生产计划、标准和规范的执行情况等进行现场检查。现场检查不符合要求的,应当书面通知申请人。

材料审核符合要求的,或者材料审核和现场检查符合要求的(限于需要对现场进行检查时)认证机构应当通知申请人委托具有资质资格的检测机构对产品进行检测。认证机构对材料审核、现场检查(限于需要对现场进行检查时)和产品检测结果符合要求的,应当在自收到现场检查报告和产品检测报告之日起,30 个工作日内颁发无公害农产品认证证书。

无公害农产品认证证书有效期为 3 年。期满需要继续使用的,应当在有效期满 90 日前按照本办法规定的无公害农产品认证程序,重新办理。

无公害农产品标志应当在认证的品种、数量等范围内使用。获得无公害农产品认证证书的单位或者个人,可以在证书规定的产品、包装、标签、广告、说明书上使用无公害农产品标志。

从事无公害农产品的产地认定的部门和产品认证的机构不得收取费用。检测机构的检测、无公害农产品标志按国家规定收取费用。

2. 申报材料　无公害农产品种植业初加工产品申报材料要求如下:

(1)《无公害农产品认证申请书》。用钢笔、签字笔如实填写或用 A4 纸打印均可,字迹整洁、术语规范、印章清晰。每份申请书申报一种产品。

(2)《无公害农产品产地认定证书》(复印件)。证书在有效期内,申请认证的产品在产地认定的范围内生产。

(3)农产品质量控制措施。包括企业在农产品质量控制的组织、技术管理、投入品管理、产地环境保护、产品检测等方面的相关文件和制度。

(4)农产品生产操作规程和加工技术规程。申报企业编制的、适合本企业生产该产品的生产技术操作规程和加工技术规程。

(5)农产品生产的培训情况和计划。包括培训的内容、时间、地点、参加人数和授课教师等。

(6)农产品生产过程原始记录档案(复印件)。上个生产周期投入品的使用记录和病虫草鼠害防治记录及其他生产环节的原始记录。

(7)"公司+农户"形式的,提供公司和农户签订的购销合同、农户名单以及公司对农户的管理措施。购销合同应含有对农户产品的质量安全要求的内容,以及对生产不合格产品的处理办法;农户名单,即与公司有购销合同关系的农户花名册；公司对农户产品质量安全的管理措施，含有公司对农户生产过程进行监督管理的人员分工、技术措施、奖惩措施等内容。

(8)营业执照、注册商标(复印件)。以单位(包括公司)名义申报的，提供有效的工商营业执照复印件；以个人名义申报的，提供个人身份证复印件。有商标注册证书的，提供商标证书的复印件。

(9)产品检验报告。由农业部农产品质量安全中心委托的检测机构依据标准抽样或委托检测出具的产品检验报告(原件)。

(10)初级产品加工厂卫生许可证复印件。

二、绿色食品认证

(一)主管单位

隶属于中华人民共和国农业部的中国绿色食品发展中心(China Green Food Development Center)是组织和指导全国绿色食品开发和管理工作的权威机构，1990年开始筹备并积极开展工作，1992年11月正式成立。该中心受农业部委托，组织和指导全国绿色食品开发和管理工作，专职管理绿色食品标志商标，审查、批准绿色食品标志产品，委托和协调地方绿色食品工作机构和环境及产品质量监测工作等。

(二)认证流程

1.绿色食品认证的基本程序　根据中国绿色食品发展中心的规定，凡具有绿色食品生产条件的单位和个人，均可成为绿色食品标志使用权的申请人。申请程序如下：

(1)申请人向中国绿色食品发展中心或所在省绿色食品办公室领取申请表及有关资料。

(2)申请人按要求填写《绿色食品标志使用申请书》、《企业及生产情况调查表》，并连同产品注册商标文本复印件及省级以上质量监测部门出具的当年产品质量检测报告一并报所在省绿色食品办公室。

(3)由各省绿色食品办公室派专人赴申报企业及原料产地调查核实其产品生产过程的质量控制情况，写出正式报告。

(4)由省绿色食品办公室确定省内一家较权威的环境监测单位(通过省级以上计量认证)，委托其对申请企业进行农业环境质量评价。

(5)以上材料一式两份，由各省绿色食品办公室初审后报送中国绿色食品发展中心审核。

(6)由中国绿色食品发展中心通知对申请材料合格的企业,接受指定的绿色食品监测中心,对其产品进行质量、卫生检测,同时,企业须按《绿色食品标准设计手册》要求,将带有绿色食品标志的包装方案报中国绿色食品发展中心审核。

(7)由中国绿色食品发展中心对申请企业及产品进行终审后,与符合绿色食品标准的产品生产企业签订《绿色食品标志使用协议书》,然后向企业颁发绿色食品标志使用证书,并向社会发布通知。

(8)绿色食品标志使用证书有效期为3年。在此期间,绿色食品生产企业须接受中国绿色食品发展中心委托的监测机构对其产品进行抽测,并履行《绿色食品标志使用协议》。期满后若欲继续使用绿色食品标志,须于期满前半年办理重新申请手续。

2.绿色食品产品申报的基本要求

(1)绿色食品标志的申请。

申请人条件:凡具备绿色食品生产条件的单位和个人均可作为绿色品标志申请人。

(2)申报材料及填写要求。申报材料包括:

《绿色食品标志使用申请书》、《企业生产情况调查表》;产地《农业环境质量现状调查报告》、《农业环境质量监测报告》及《农业环境质量现状评价报告》;省绿办考察报告(包括照片)及《企业情况调查表》;产品或产品原料种植规程(养殖规程、加工规程);产品执行标准(须在当地技术监督部门备案);企业质量管理手册;营业执照复印件;原料供应合同及原料购买发票复印件;商标注册复印件及申报产品现用包装式样;其他(如ISO 9000家族证书复印件等)。

较理想材料还需包括:培训证书复印件及名单;基地分布图;农户登记表;基地管理制度(生资供应、技术指导、监督等)。

(3)申报材料的审核。审核的依据为绿色食品标准及"导则"。包括:《绿色食品产地环境技术条件》、《绿色食品产地环境质量现状评价技术导则》、《绿色食品农药使用准则》、《绿色食品肥料使用准则》、《绿色食品食品添加剂使用准则》、《绿色食品饲料及饲料添加剂使用准则》、《绿色食品兽药使用准则》。

审核结果分为如下3种情况:

①需补材料。企业接到通知单后,应尽快将有关补充材料上报中心,如超过3个月,按不通过处理。

②一审不通过。当年不能重新申报。但对加工产品,如果添加剂(如稳定剂)等超标,当年给予整改机会;对蔬菜产品,按生产周期计算。

③合格。发产品抽样单。

产品抽检应有如下要求:省绿办接到抽检单后,应派标专专职管理人员赴企业抽样;原则上,要求接到抽检单后才抽样。特殊情况下,对季节性产品,绿办可书面向中心提出提前送样的申请;依据GB 10111—88《利用随机数骰子进行随机抽样的方法》进行抽样,抽样量4 kg。

三、有机产品认证

(一)主管单位

不同于无公害农产品以及绿色食品的认证,有机产品认证属于独立第三方认证。我国的有机产品认证开始于20世纪90年代初,最初由国家环境保护(总)局"国家有机食品认证认可委员会"负责有机产品认证机构的管理与认可。以2002年11月1日《中华人民共和国认证认可条例》的正式颁布实施为起点,有机产品认证工作由国家认证认可监督管理委员会统一管理,进入规范化阶段。到目前为止经国家认监委认可的专职或兼职有机认证机构总共有29家。

(二)认证流程

有机认证属于产品认证的范畴,虽然各认证机构的认证程序有一定差异,但根据《中华人民共和国认证认可条例》、国家质量监督检验检疫总局《有机产品认证管理办法》、国家认证认可监督管理委员会《有机产品认证实施规则》和中国认证机构国家认可委员会《产品认证机构通用要求:有机产品认证的应用指南》的要求以及国际通行做法,有机产品认证的模式通常为"过程检查+必要的产品和产地环境检测+证后监督",认证程序一般包括认证申请和受理、检查准备与实施、合格评定和认证决定、监督与管理这些主要流程。

1. 申请与受理

(1)申请。对于申请有机产品认证的单位或者个人,根据有机产品生产或者加工活动的需要,可以向有机产品认证机构申请有机产品生产认证或者有机产品加工认证。根据《有机产品认证管理办法》和《有机产品认证实施规则》等的规定,申请者应当向有机产品认证机构提出书面申请,并提交下列材料:

①申请人的合法经营资质文件,如土地使用证、营业执照、租赁合同等;当申请人不是有机产品的直接生产或加工者时,申请人还需要提交与有机产品供应方签订的书面合同。

②申请人及有机生产、加工的基本情况,包括申请人及其生产者名称、地址、联系方式;产地(基地)或加工场所的名称、基本情况;过去3年间的生产历史,包括对农事、病虫草害防治、投入物使用及收获情况的描述;生产、加工规模,包括品种、面

积、产量、加工量等描述；申请和获得其他有机产品认证的情况。

③产地（基地）区域范围描述，包括地理位置图、地块分布图、地块图、面积、缓冲带，周围临近地块的情况说明等；加工场所周边环境描述、厂区平面图、厂房设备平面图及工艺流程图等。

④申请认证的有机产品生产、加工、销售计划，包括品种、面积、预计产量、加工产品品种、预计加工量、销售产品品种和计划销售量、销售去向等。

⑤产地（基地）、加工场所有关环境质量的证明材料。

⑥有关专业技术和管理人员的资质证明材料。

⑦保证执行有机产品标准的声明。

⑧有机生产、加工的管理体系文件。

⑨其他相关材料。

在此期间，认证机构应当对申请者提出的认证申请进行评审，重点关注申请是否符合有机认证基本要求以及相关文件和资料是否齐全，明确该申请是否符合申请条件。另一方面，明确该申请是否处在本认证机构的认可范围、能力范围或资源范围之内，以及完成该项认证所需的资源和时间等等，并在规定的时间内做出是否受理的决定。在此基础上，认证机构和申请者之间应当签订正式的书面认证协议，明确认证依据、认证范围、认证费用、现场检查日期、双方责任、证书使用规定、违约责任等事项。

(2)受理。认证机构应当于自收到申请人书面申请之日起 10 个工作日内，完成对申请材料的评审，并做出是否受理的决定。

同意受理的，认证机构与申请人签订认证合同；不予受理的，应当书面通知申请人，并说明理由。认证机构的评审过程应确保：认证要求规定明确、形成文件并得到理解；和申请人之间在理解上的差异得到解决；对于申请的认证范围、申请人的工作场所和特殊要求有能力开展认证服务；认证机构应保存评审过程的记录。

2.检查准备与实施 认证协议签订后，认证机构即安排相关人员对该项认证进行策划，根据申请者的专业特点和性质确定认证依据，选择并委派进行现场检查的检查员组成检查组，必要时还应配备相应的技术专家。

认证机构应向检查员提供充分的信息，以便检查员为检查实施做适当准备。针对申请者递交的有机产品认证所需要的文件资料，认证机构或检查组一般要对其符合性、完整性和充分性进行审核和基本判定。文件审核时应重点关注有机生产技术规程、有机加工操作规程、与保持有机完整性有关的基本情况及其控制程序、产品检测报告，以及法律法规的基本要求，等等。文件审核结束后，应将审核意见编制成文件审核报告，并提交给申请者。若申请者提交的文件不能完全符合要求时，一般要求申请者在双方确定的现场检查日期前将文件审核报告中提出的不符合内容全部纠正完毕，也可安排检查员在现场检查中进行验证。

现场检查分为例行检查和非例行检查。例行检查包括首次认证检查和例行换证检查，也称监督检查，例行检查每年至少1次。非例行检查是在获证者中按一定比例随机抽取检查对象或对被举报对象进行的不通知检查，也称飞行检查。对于产地(基地)的首次检查，检查范围应不少于2/3的生产活动范围。对于多农户参加的有机生产，访问的农户数不少于农户总数的平方根。

检查组根据文件审核评审的结果和相关信息，对现场检查进行策划，并与受检查方保持密切的沟通，确定检查的范围、场所、日期及检查组的分工等。现场检查计划一般以书面形式通知受检查方并获得确认。

对受检查方的有机生产或加工场所进行现场检查是有机产品认证的核心环节。检查通常在认证产品的收获前或加工期间进行。特别是对农产品的检查，应在作物和畜禽的收获或屠宰以前进行。

现场检查的主要工作内容是对受检查方的有机生产和加工、包装、仓储、运输、销售等过程及其场所进行检查和核实，评价这些过程是否符合认证依据的要求，技术措施和管理体系能否保证有机产品的质量，评估是否存在破坏有机完整性的风险，审核记录保持系统是否具有可追溯性，收集与支持认证决定有关的证据和材料，等等。

现场检查的另一项重要工作是对受检查方的有机生产或加工的能力和规模进行核实，核算认证年度中有机作物、畜禽等生产或加工产品的种类及其数量，以便在有机产品证书上予以明确界定。

现场检查包括对转换期的追溯核查、平行生产、转基因产品的核查，也包括对特殊情况和范围的检查如小农户的检查、投入物的核查等，以确认生产、加工过程与认证依据标准的符合性。检查过程至少应包括：

①对生产地块和加工、贮藏场所等的检查。

②对生产管理人员、内部检查人员、生产者的访谈。

③对GB/T 19630.4—2005:《有机产品　第4部分:管理体系》4.2.6条款所规定的生产、加工记录的检查。

④对追踪体系的评价。

⑤对内部检查和持续改进的评估。

⑥对产地环境质量状况及其对有机生产可能产生污染的风险的确认和评估。

⑦必要时，对样品采集与分析。

⑧适用时，对上一年度认证机构提出的整改要求的执行情况进行检查。

⑨在结束检查前，对检查情况进行总结，明确存在的问题，并确认整改的方式和期限等，同时允许被检查方对存在的问题进行说明。

⑩在完成现场检查后，根据现场检查发现，编制并向认证机构递交公正、客观和全面的关于认证要求符合性的检查报告。

3.合格评定与认证决定　认证机构应根据评价过程中收集的信息、检查报告和其他有关信息，评价所采用的标准等认证依据及法律法规的适用性和符合性、现场检查的合理性和充分性、检查报告及证据和材料的客观性、真实性和完整性，等等，并重点进行有机生产和加工过程符合性判定、产品安全质量符合性判定以及判定产品质量是否符合执行标准的要求，并最终做出能否发放证书的决定。

申请人的生产活动及管理体系符合认证标准的要求，认证机构予以批准认证。生产活动、管理体系及其他相关方面不完全符合认证标准的要求，认证机构提出整改要求，申请人已经在规定的期限内完成整改或已经提交整改措施并有能力在规定的期限内完成整改以满足认证要求的，认证机构经过验证后可以批准认证。

申请人的生产活动存在以下情况之一，认证机构不予批准认证：

①未建立管理体系，或建立的管理体系未能有效实施。

②使用禁用物质。

③生产过程不具有可追溯性。

④未按照认证机构规定的时间完成整改或提交整改措施，所提交的整改措施未满足认证要求。

⑤其他严重不符合有机标准要求的事项。

认证机构应当按照认证依据的要求及时做出认证结论，并保证认证结论的客观、真实。对不符合认证要求的，应当书面通知申请人，并说明理由。根据相关认可准则的规定，认证决定可以由认证机构委托的一组人(一般称作颁证委员会、技术委员会)或某个人做出。认证机构应当对其做出的认证结论负责。

对符合有机产品认证要求的，认证机构应当向申请人出具有机产品认证证书，并准许其使用有机产品认证标志。属于有机产品转换期间的产品，证书中应当注明“转换”字样和转换期限，并应当使用注明“转换”字样的有机产品认证标志。有机产品认证证书的有效期为1年。

证书的主要内容应当包括以下几个方面：获证单位或个人名称、地址；获证产品的数量、产地面积和产品种类；有机产品认证的类别；依据的标准或者技术规范；有机产品认证标志的使用范围、数量、使用形式或方式；颁证机构、颁证日期、有效期和负责人签字；属于有机产品转换期间的，注明“转换”字样和转换期限。

参 考 文 献

[1] 马爱国.无公害农产品管理与技术.北京:中国农业出版社,2006.

[2] 农业部农产品质量安全中心. 无公害农产品标准汇编(种植业卷上).

[3] 农业部农产品质量安全中心. 无公害农产品标准汇编(种植业卷下).

[4] 农业部农产品质量安全中心. 无公害农产品标准汇编(畜牧业卷).

[5] 农业部农产品质量安全中心.无公害农产品标准汇编(渔业卷).

[6] 马爱国.无公害农产品管理与技术.北京:中国农业出版社,2006.

[7] 农业部市场与经济信息司.农产品质量安全管理相关法律法规规章文件汇编.中国农业出版社.

[8] 农业部农产品质量安全中心.无公害农产品认证工作手册.2004,207-212.

[9] 农业部农产品质量安全中心.无公害农产品认证工作手册.2004,213-215.

[10] 农业部农产品质量安全中心.无公害农产品认证工作手册.2004,216-220.

[11] 农业部农产品质量安全中心.无公害农产品认证管理大全(2003).

[12] 农业部农产品质量安全中心.无公害农产品认证管理大全(2004).

[13] 农业部农产品质量安全中心.无公害农产品认证管理大全(2005).

[14] 农业部农产品质量安全中心.无公害农产品认证管理大全(2006).

[15] 国家标准委员会.国家认证认可监督管理委员会.有机产品,2005.

[16] 国家质检总局 67 号令.有机产品认证管理办法.

[17] 中国农产品质量法.

图书在版编目(CIP)数据

农产品安全生产技术/杜相革主编.—北京:中国农业大学出版社,2008.2
(2021.6 重印)

ISBN 978-7-81117-366-6

Ⅰ.农…　Ⅱ.杜…　Ⅲ.农产品-安全生产　Ⅳ.S37

中国版本图书馆 CIP 数据核字(2007)第 202165 号

书　　名　农产品安全生产技术

作　　者　杜相革　主编

策划编辑　席　清　梁爱荣　　**责任编辑**　李丽君
封面设计　郑　川　　**责任校对**　王晓凤　陈　莹
出版发行　中国农业大学出版社
社　　址　北京市海淀区圆明园西路 2 号　　**邮政编码**　100193
电　　话　发行部 010-62818525,8625　　读者服务部 010-62732336
编辑部 010-62732617,2618　　出　版　部 010-62733440
网　　址　http://www.cau.edu.cn/caup　　**e-mail** cbsszs@cau.edu.cn
经　　销　新华书店
印　　刷　北京时代华都印刷有限公司
版　　次　2008 年 3 月第 1 版　　2021 年 6 月第 6 次印刷
规　　格　787×980　16 开本　17.75 印张　316 千字
定　　价　42.00 元